よくわかる
最新SAPの導入と運用

SIer&情シスのための基礎知識

ERP導入コンサルタント
村上 均 著　**池上 裕司** 監修

秀和システム

注意

(1) 本書は著者が独自に調査した結果を出版したものです。

(2) 本書は内容について万全を期して作成いたしましたが、万一、ご不審な点や誤り、
記載漏れなどお気付きの点がありましたら、出版元まで書面にてご連絡ください。

(3) 本書の内容に関して運用した結果の影響については、上記（2）項にかかわらず責任
を負いかねます。あらかじめご了承ください。

(4) 本書の全部または一部について、出版元から文書による承諾を得ずに複製すること
は禁じられています。

(5) 本書に記載されているホームページのアドレスなどは、予告なく変更されることが
あります。

(6) 商標
本書に記載されている会社名、商品名などは一般に各社の商標または登録商標です。
なお、本文中には™、®を明記しておりません。

(7) SAPのバージョン
・GUI……SAPフロントエンド（Windows版）750　Final Release
・ERPパッケージ：ECC……EHP7 for SAP ERP6.0（この製品をベースに執筆）
・ERPパッケージ：S/4 HANA……SAP S/4 HANA 1709（ECCとの主な変更点を記述）

PREFACE

はじめに

　SAPのERPパッケージが日本に入ってきてから20数年になろうとしています。リアルタイム経営を実現するパッケージとして、大企業を中心に導入が行われてきました。ここ数年はデジタル化、クラウド化が進み、中堅企業および中小の企業への導入も進んでいます。

　リーマンショック以降、ERPマーケットの縮小により、本来、ERPビジネスの中心として活躍しているはずの多くSAP技術者が転職またはリタイアしました。そのため、今日のERP市場が回復して拡大傾向にある中、SAP技術者が不足しているのが現状です。特にオールラウンドプレーヤー的な、複数のモジュールを理解し、プロジェクトの中心となってプロジェクトを推進していく力を持ったSAP技術者が不足していると言われています。

　本書『図解入門 よくわかる最新 SAPの導入と運用』は、このような現状を踏まえ、より多くの技術者がSAPビジネスに参加し、共にERP市場のさらなる成長に寄与していただきたいとの願いをこめて執筆したものです。

　これからSAPの仕事に携わってみたいと考えている方が感じる疑問や不安、例えば、どのような知識が必要か、どのような仕事があり、与えられた仕事をどのようにこなしていけばいいのかなどにお応えすることで、実際のSAPの仕事のイメージを持っていただけたら幸いです。

　また、既にSAPのビジネスに携わっている方でも、今まで自分が行っている仕事以外の部分を理解するために使っていただくことで、自身のSAPの仕事の守備範囲をさらに広げていっていただきたいと思います。

　本書の具体的な構成としては、SAPの歴史やモジュールの全体像および個々のモジュールの機能紹介、導入方法、SAPシステムの構築例、業務フロー、使用トランザクションコード、組織構造、自動仕訳、パラメータ、マスター、メニュー、権限、ワークフローの設定方法、最新の動向やデータベースのSAP HANA、Add-on開発方法など事前に知っておくことで参考になるものを中心に取り上げています。

　また、姉妹書となる『図解入門 よくわかる最新SAP&Dynamics 365』と合わせて読んでいただくことで、より一層、SAPの理解が深まるものと考えております。本書を活用して、皆さまが利用されているERPシステムが、組織により良い成果をもたらし続けることを願ってやみません。

著者記す

図解入門
よくわかる最新 SAP の導入と運用

CONTENTS

はじめに 3

第1章 SAPの基礎知識

1-1 ERPとは 10

1-2 ERPのメリットとデメリット 14

1-3 SAPの種類 17

1-4 現在のERP市場 20

1-5 これからの動向 22

第2章 SAPの全体像

2-1 SAPの全体構造 26

2-2 モジュールの概要 30

2-3 どのような仕事があるか 33

2-4 SAPと財務会計 36

2-5 SAPと管理会計 39

2-6 SAPとロジスティクス 42

2-7 SAPと内部統制 44

2-8 SAPと環境構築 47

2-9 モジュールによるカスタマイズ 50

コラム 所有か借用か 38

コラム 社長の声 41

コラム 第3の案を考える 49

CONTENTS

第3章 会計管理モジュール

3-1 会計モジュールの全体構成 54

3-2 FI-GL（総勘定元帳）モジュール 57

3-3 FI-AP（債務管理）モジュール 63

3-4 FI-AR（債権管理）モジュール 67

3-5 FI-AA（固定資産管理）モジュール 72

3-6 FI-SL（特別目的元帳）モジュール 76

3-7 TR（財務/資金管理）モジュール 78

3-8 CO（管理会計）モジュール 80

3-9 EC-PCA（経営管理：利益センタ会計）モジュール 87

3-10 CO-PA（収益性分析）モジュール 89

3-11 IM（設備予算管理）モジュール 91

コラム システムアプローチ 75

コラム プロジェクトの進め方で思うこと 88

コラム 天動説と地動説 94

第4章 ロジスティクスモジュール

4-1 ロジスティクスモジュールの全体構成 96

4-2 PP（生産管理）モジュール 100

4-3 MM（在庫/購買管理）モジュール 104

4-4 SD（販売管理）モジュール 110

4-5 LE（物流管理）モジュール 117

4-6 QM（品質管理）モジュール 121

4-7 CS（得意先サービス）モジュール 123

4-8 PS（プロジェクト管理）モジュール 127

コラム もう1つのWin-Win 99

図解入門 How-nual

第5章 人事管理モジュール

5-1	HR、HCM（人事管理）モジュール	138
5-2	Personnel Management（人材管理）モジュール	141
5-3	Time Management（従業員勤怠管理）モジュール	143
5-4	Payroll（給与管理）モジュール	145
5-5	Training and Event Management（セミナー管理）モジュール	148
コラム	マンション管理組合での経験	144
コラム	希望と愛情	150

第6章 そのほかのモジュール

6-1	SAP CRM	152
6-2	BI（経営分析）ツール	159
6-3	その他のツール	167
6-4	最近、追加されたモジュール	174
コラム	クラウドのいろいろ	173

第7章 SAP導入のフロー

7-1	稼働までのフローチャート	180
7-2	プロジェクト発足	182
7-3	導入フロー	186
コラム	学びと成長	185
コラム	幸福感の源泉	192

第8章 SAP構築のフロー

8-1	構築のフローチャート	194
8-2	ERPビジネステンプレートの利用	198
8-3	構築のモデルケース	201
8-4	導入モジュールの例	203

8-5	構築期間の例（タスクとスケジュール）	207
8-6	組織構造の例	212
8-7	フローとトランザクションコードの例	215
8-8	移行例	222
8-9	運用例	226
8-10	Add-onの例	228
コラム	習慣化の力	211
コラム	同窓会での発見	227

第9章 自動仕訳の設定

9-1	会計関連の自動仕訳	232
9-2	購買関連の自動仕訳	236
9-3	販売関連の自動仕訳	238
9-4	在庫関連の自動仕訳	241
9-5	製造関連の自動仕訳	243
9-6	固定資産関連の自動仕訳	245
コラム	海外のエンジニアの休日の使い方	237

第10章 パフォーマンスチューニング

10-1	パラメータの設定	248
10-2	初期設定	259
10-3	組織構造	263
10-4	マスターの設定	266
10-5	メニューの設定	273
10-6	権限設定	277
10-7	ワークフロー	282
10-8	移送	285
コラム	傾聴の難しさ	288

第11章 SAP HANA

11-1 SAP HANA..290

11-2 SAP HANAの仕組み..292

11-3 SAP HANAの主な機能と導入効果..................................299

コラム コミュニケーション方法..302

第12章 Add-on

12-1 Add-on開発..304

12-2 Add-onオブジェクト..308

12-3 ドキュメント類..319

12-4 ABAPプログラミング入門..326

12-5 よく使用する標準オブジェクト......................................331

コラム ABAP言語を使用したプログラムの基礎知識..............330

巻末資料

巻末資料① Add-onプログラミングで覚えておくべき用語・命令文.............336

巻末資料② SAP用語集..372

巻末資料③ SAPでよく使用するテーブル一覧......................376

あとがき..380

参考文献..381

索引...382

第 **1** 章

SAPの基礎知識

ERP とは「どのようなものなのか？」「何を目指しているの
か？」「メリットとデメリットは？」から始まり、ERP の代表
格の SAP 社の歴史と、SAP 製品の種類を知っていただきま
す。さらに現在の ERP 市場の動向、およびこれからの ERP
市場の動向についても触れていきます。

1-1

ERP とは

ERPは、Enterprise Resource Planningの略で、企業資源計画という意味です。会社の基幹となる業務*で必要な情報を一元管理し、計画的で効率の良い経営を目指す考え方です。

▶▶ バラバラに管理されているマスターの一元化

会社のIT化の歴史の中で、いろいろなシステムが構築されてきました。もともとは販売管理システムや購買管理システム、在庫管理システム、給与計算システム、会計管理システムなど、各部門の**業務効率化**（部分最適化）を目指してシステム化が行われてきました。

システムを作る際には、そのシステム上に必要な基本的な情報を**マスター**として登録しておき、その業務に必要なプロセスを対象にシステム開発を行い、実現してきました。つまり、各システム上に同じようなマスターが存在し、最新の状態を保持するためにさまざまな工夫、例えば、ある部門で作成したマスターを各システムに配信する機能を用意するなどして、同期を取りながら運用を行っています。

ERPシステムでは、これらのシステム間で共通で使用するマスターは一元管理されているため、1つのマスター上の情報を更新するだけで済むので、運用しやすい形になっています（**図1**）。

▶▶ 基幹業務の統合

上記の部門ごとのシステムでは、各システム上に共通するプロセスが存在する場合があります。

例えば、ある得意先から入金があった場合、販売管理システムでは得意先の請求残高の消込*（けしこみ）が必要ですし、会計管理システム上では、対象の得意先の売掛金の残高を消込する必要があります。

＊**基幹となる業務**：購買、在庫、生産、販売、会計など。
＊**消込**：発生済みの債権や債務と、それに対応する入金、支払いデータとを照合し、一致しているものを決済すること。

1-1 ERPとは

図1 バラバラに管理されているマスターの一元管理

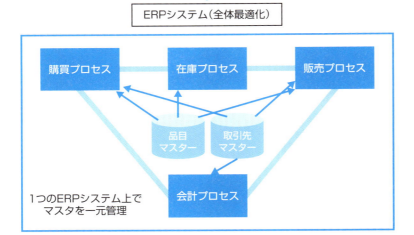

1-1 ERPとは

　このように、両方のシステムで行っているプロセスを1つのシステム上に統合すれば、業務処理効率が向上します。ERPシステムでは、企業全体のプロセスを1つのシステム上で実現することで、二重に行っているプロセスを排除し、ムダな作業をなくすことができます（**図2**）。

図2　業務（プロセス）の統合例

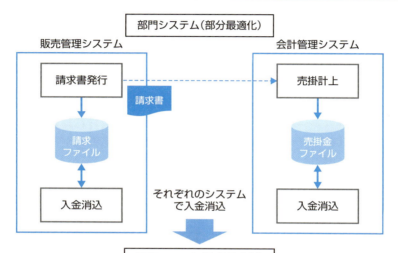

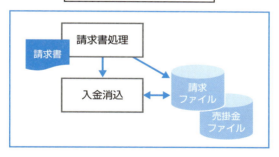

▶▶ リアルタイム経営の実現

　ERPシステムでは、各部門ごとに言わば孤立しているシステムを統合し、会社全体の視点から各プロセスを最適なプロセスに見直し、データベースを一元化することで、今現在の経営状態や経営成績が把握できるようになります。つまり、リアルタイムで経営の実態が分かるので、現在の情報をもとにした意思決定が可能になります。

　一般的に会社では、計画した目標値に対して、現在どのような状況なのかを知ることで、**PDCA***を回しながら、利益とキャッシュの増大を求めて計画的な経営を実践しています（**図3**）。

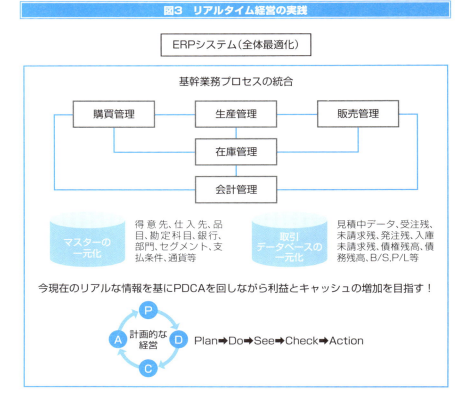

図3　リアルタイム経営の実践

＊**PDCA**：Plan（計画）➡Do（実行）➡Check（評価）➡Action（改善）を繰り返すことで、生産管理や品質管理などを継続的に改善していく手法のこと。

1-2

ERPのメリットとデメリット

ERPのメリットは、二重に行っているムダなプロセスや作業が減少することや、元の情報が1つなので多数の帳票を作成しても帳票間の数字が一致することです。また運用管理や内部統制が楽になります。逆にデメリットは、To-Be（改善目標）の全体像を描く時や、運用後の変更対応に時間がかかる点です。

▶▶ ERPのメリット

ERPのメリットとして、次の3つが挙げられます。

◆ 二重に行っている作業が少なくなる

前節で述べたように、システムが「販売管理システム」「購買管理システム」「在庫管理システム」などに分かれている場合、各システム上に**「品目マスター」**が存在するはずです。

新しい品目が発生した場合は、それぞれのシステム上の「品目マスター」に同じ品目を登録する必要がありますが、ERPシステムでは「品目マスター」は1つなので、対象の品目の登録作業は1回で済みます。

また前節の**図2**で取り上げた「販売管理システムと会計管理システム」のケースでは、お客様から販売代金を回収した場合は、販売管理システム上の「請求残高」と会計管理システム上の「売掛金残高」をそれぞれのシステム上で消込を行う作業が必要ですが、ERPシステムでは、これを1つのプロセスで同時に処理できるので、重複するムダな作業が少なくなります。

◆ 帳票間の数字が一致する

データをいろいろなシステムから集めて集計し、帳票を作成している場合があります。この場合、発生元のデータがバラバラで、同じ内容の報告書でも担当者ごとに数字が異なる場合があります。

ERPシステムでは、データベースが一元化されていて、そのデータベースから

現在の**生のデータ**を取り出せるので、これを使って作成した帳票間の数字は一致します。

◆ 運用管理が楽になる

販売管理システムや購買管理システム、在庫管理システムのように、システムが分かれて存在している場合は、システムの監視＊やバックアップなどをそれぞれのシステムごとに行う必要があります。

ERPシステムの場合は、1つのシステムなので、ERPシステムだけの監視やバックアップ作業で済み、運用管理が楽になります。また、システムとシステムをつなげるインターフェースの仕組みが少なくなるメリットもあります。

さらに基幹業務プロセス上の**内部統制**は、システムごとに行う必要があるので、IT統制の観点からも1つのERPシステムのほうがシンプルで、対応する工数が少なくて済みます。

▶▶ ERPのデメリット

ERPのデメリットは、次の2つです。

◆ 全体像を描くのに時間がかかる

ERPシステムは、会社全体やグループ会社間、あるいは販売会社と製造会社間などの**全体最適化**を目指すため、これから構築するシステムの全体像がなかなか固まらず、時間がかかってしまうケースが多く見受けられます。現状の課題の洗い出しや、クリアしなければならない問題の解決策と、実現したい全体像とのすり合わせに時間が必要となります。

そのため、トップダウンによって明確な方針を決め、時間をかけずに全体像を描くことが大切になってきます。

◆ 運用後の変更対応に時間がかかる

ERPシステムの導入後、会社の組織変更や合併、分社、あるいは法改正などがあった場合、対応に時間がかかることがあります。その理由として、会社の組織変更や合併、分社などの情報をオープンにできない社内事情があります。

特定の社員だけで対応せざるを得ないことや、変更が必要なパラメータの箇所

＊**システムの監視**：モニタリング、ログ管理、不正アクセスの監視など。

1-2 ERPのメリットとデメリット

が分かっていても、運用中のシステムに影響が出ないように本番機をバックアップ
し、バックアップしたデータを使ってテストするなど、慎重な対応が必要になるた
め、どうしても時間がかかります。

　また、運用開始後にERPシステムの構築を担当した**キーマン**が異動などでプロ
ジェクトを外れた場合にも、同様の事態が発生します。保守運用チームにうまく引
き継がれていなかったり、次のキーマンの育成ができていなかったりすると、シス
テムの変更方針や影響調査などが遅れ、時間がかかることになります。

　以上のERPのメリット、デメリットを整理すると、**表1**のようになります。

表1　ERPシステムのメリット・デメリット

メリット/デメリット	ERPシステム	ポイント
メリット	・二重作業が少なくなる	・システム（部門）間で発生している二重プロセスを１つにする（例：マスター管理、入金消込処理）
	・帳票間の数字が一致する	・同一のデータベースから直接帳票を作成する
	・運用管理が楽になる	・監視やバックアップなどのシステム（部門）ごとに行っている作業が１つで済む
デメリット	・全体像を描くのに時間がかかる	・トップの明確な方針が重要
	・変更対応に時間がかかる	・ERPシステム全体を見渡せるキーマンを育てること

1-3

SAPの種類

SAP社の最初の製品は、財務会計システムの「RF」です。これをベースにERPの「R/3」➡「ECC」➡「SoH」、そして最新の「S/4 HANA」へと進化してきました。これらは大企業中心に利用されていますが、中小企業や中堅企業向けに「SAP Business One：B1」、中堅企業向けにオンデマンドで利用する「SAP Business ByDesign」などが提供されています。

SAPのERPパッケージとは

SAPのERPパッケージの特徴を簡単にまとめると、次のようになります。

◆ECC と S/4 HANA

SAP社*は、1972年にドイツに設立された会社です。当時、IBMのドイツ法人をやめたエンジニアたちによって創業されました。最初の製品が財務会計システムの**RF***で、これをベースにERPの**R/2**（アールツー）➡**R/3**➡**ECC**➡**SoH**（エスオーエイチ）、そして、最新の**S/4 HANA**（エスフォーハナ）へと進化してきました。

ECCではオンプレミスによる利用が中心でしたが、S/4 HANAではオンプレミスでもクラウドでも利用できるようになっています。さらに、以下のような改善が図られています。

①データベースへのSAP HANA採用による処理スピードのアップ
②中間テーブルの削減などのテーブルの見直しによる大量データのリアルタイム処理の実現
③マスターの統合
④画面の遷移が少ない、使い勝手の向上

***SAP社**：「SAP」には「System Analysis and Program development（システム分析とプログラム開発）」という意味があるとされている。
***RF**：のちに「R/1」として知られる。

1-3 SAPの種類

なお、ECCのサポートが2025年に終了するため、今後、ECCユーザは、S/4 HANAへの移行が進んでいくことが予想されています（**図1**）。

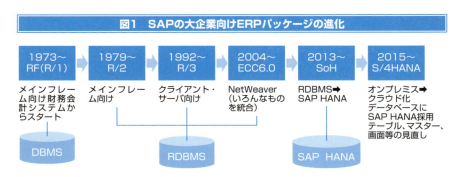

図1　SAPの大企業向けERPパッケージの進化

◆ **会社の規模に合わせた製品が用意されている**

ECCやSoH、S/4 HANAは、大企業を中心に利用されていますが、中小・中堅企業向けに**SAP Business One（B1）**が用意されています。この製品は、ECCが持っている機能を少し減らしてシンプルにしたもので、使い勝手が良いものになっています。

もう1つ、SAP社がオンデマンドで中堅企業向けに提供する製品に、ERPサービスの**SAP Business ByDesign**があります。36種のビジネスシナリオが用意されており、クラウドで利用します。自社に特別なIT基盤を持つ必要がないため、短期間の導入が可能です（**図2**）。

図2　SAPの中小・中堅企業向けERPパッケージ

▶▶ ERP以外の製品とサービス

SAP社のERP以外の製品およびサービスとして、インメモリーデータベース製品の**SAP HANA**、顧客関係管理ソフトウェアの**CRM**[*]、分析ツールの**BI**[*]などがあります。

---

*CRM：Customer Relationship Managementの略。
*BI：Business Intelligenceの略。

1-3 SAPの種類

　もともと、SAP HANA（最新は**HANA2**）は、S/4 HANA上だけで動くもの
でしたが、これをアマゾン社のAWS*やマイクロソフト社のAzure、グーグル社
のGCP*上でも利用できるデータベース製品としても販売しています。

　このほか、人材管理ソフトの**SuccessFactors**（サクセスファクターズ）、労
務管理の**Fieldglass**（フィールドグラス）、モバイルやデスクトップで利用できる
画面作成ソフトの**Fiori**（フィオーリ）、調達管理ソフトの**Ariba**（アリバ）、経費精
算管理ソフトの**Concur**(コンカー)、オムニチャネルソフトの**Hybris**(ハイブリス)、
サッカー分析ソフトの**SAP Match Insights**（マッチインサイト）などの**SaaS**
*型デジタル化支援サービスなどを提供しています。

　また、**Cloud Platform**などの**PasS***型サービスの提供も行っており、ERP以
外の売上がすでに6割を超えています（**図3**）。

図3　SAPのERP以外の製品・サービス例

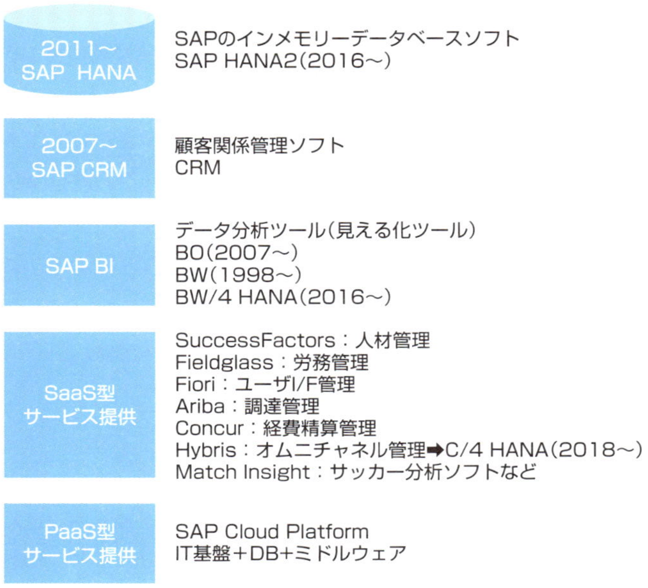

2011〜 SAP HANA
SAPのインメモリーデータベースソフト
SAP HANA2(2016〜)

2007〜 SAP CRM
顧客関係管理ソフト
CRM

SAP BI
データ分析ツール（見える化ツール）
BO(2007〜)
BW(1998〜)
BW/4 HANA(2016〜)

SaaS型 サービス提供
SuccessFactors：人材管理
Fieldglass：労務管理
Fiori：ユーザI/F管理
Ariba：調達管理
Concur：経費精算管理
Hybris：オムニチャネル管理➡C/4 HANA(2018〜)
Match Insight：サッカー分析ソフトなど

PaaS型 サービス提供
SAP Cloud Platform
IT基盤＋DB＋ミドルウェア

＊**AWS**：Amazon Web Servicesの略。
＊**GCP**：Google Cloud Platformの略。
＊**SaaS**：Software as a Serviceの略。サービスをインターネット経由で提供・利用する形態のこと。
＊**PasS**：Platform as a Serviceの略。アプリケーションが稼働するハードウェアやOSなどのプラットフォーム
をインターネット経由で提供・利用する形態のこと。

1-4

現在のERP市場

ERP市場は、会社の基幹業務の統合を目的としたシステム構築・再構築、および運用保守ビジネス市場として形成されています。2008年のリーマンショック以降、市場規模の縮小が見られましたが、現在は回復基調にあり、会社間の合併や分社化などによるERPシステムの再構築や、新規導入案件が活発になってきております。ただし、単価は、以前に比べて下落しています。

▶▶ パッケージの活用によるERPシステムの構築が主流

もしも1つの会社で基幹業務システムを個別開発してERPシステムを構築するとするなら、多くのコストと時間が必要です。例えば、マスターの統合や通貨換算処理、タイムゾーン対応、言語、自動仕訳など、**To-Be**＊（改善目標）の基幹業務プロセスを考える前に、これらの共通プログラムの開発をしなければなりません。

ERPパッケージを使用した場合は、これらの機能が標準機能として付いてくるので、開発の必要はありません。このような点や、実現までの許容期間の制約などから個別に開発をするのではなく、ERPパッケージを活用した構築が主流です。

ドイツのSAP社やアメリカのオラクル社、マイクロソフト社などの外国製のもののほか、GRANDIT、GLOVIA、OBICなどの日本製のものを利用して導入しているケースがあります。この中で、SAP社のERPパッケージは、ERP市場のリーダーとなっています（**表1**）。

▶▶ クラウド化の流れ

今までは、**オンプレミス**によるERPシステムの構築が多く見られましたが、SAP社のS/4 HANAやオラクル社のOracle ERP Cloud、マイクロソフト社のDynamics365 Finance and Operationsなどの出現により、**クラウド**によるERPシステムの構築・再構築化が進んでいます（**図1**）。

特に、ECCを使用している会社では、S/4 HANAへ移行し、クラウドでの運用

＊**To-Be**：「やがて～になる」「将来の」という意味で、これから開発するシステムや、システムを使った業務での改善目標のこと。

を考えている会社が多くなってきています。クラウドにすることで、ERPシステムへのアクセスの利便性の向上のほか、IT基盤構築コストやサーバルームの家賃・電気代が不要になり、システムのパフォーマンスの改善、アクセス状況の監視、システムのバックアップ、プログラムのメンテナンスなどの運用管理コスト面の改善が期待できます。

表1　ERPパッケージの特徴と例

区分	特徴	主なパッケージ
日本製	①使いやすい ②ヘルプ機能が充実 ③ローカルルールの対応が早い	・GRANDIT ・GLOVIA ・OBIC
外国製	①多言語対応 ②多通貨対応 ③為替レートマスターを標準装備	・S/4 HANA ・Dynamics 365 Finance and Operations ・Oracle EBS

図1　ERPシステムもクラウド化の流れ

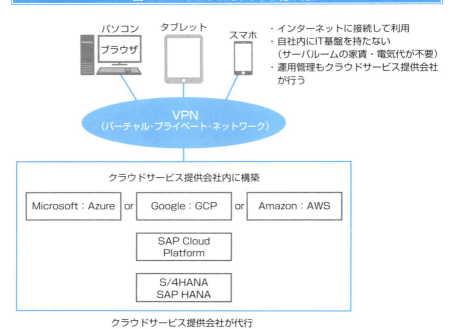

1-5

これからの動向

ERPシステムと連動した周辺システムのデジタルクラウド化やロボット、IoT、ビッグデータ、AI対応、RPA化がさらに進んでいくことが予想されます。また情報系データと業務系データの統合が進み、ユーザ自らがデータベースに直接アクセスして生のデータを取り出し、それを活用する時代になっていくものと考えます。

▶▶ デジタルクラウド化

IoT[*]の進展により、デジタル化されたいろいろなデータが簡単に取り込めるようになってきました。スマホとWi-Fiがあれば、いつでもどこからでもERPシステムを利用できます。

こうした中、顧客体験情報の共通化やパーソナライズ化により、顧客訪問結果情報や提案状況、人間関係情報などの顧客情報のデジタル化がさらに進むものと思われます。

従業員に対しても迅速に戦略を伝えたり、パートナーとのやり取り情報もデジタル化が進み、毎日、会社に集まって状況を確認するといったことが少なくなることが予想されます（**図1**）。

▶▶ ロボット、IoT、ビッグデータ、AI対応、RPA化

すでにロボットなどのセンサー機器を活用してビッグデータとして情報を集め、これをAIで分析できるようになってきました。周辺システムがロボットを使ってデータを集め、それをIoTでつなげ、ビッグデータとして蓄積し、**AI**[*]が分析してソリューションを提案するといった新しいビジネスモデルの中核に、次世代のERPシステムが位置づけられるようになることが期待されています（**図2**）。

また、SAP社は、2018年11月に**RPA（アールピーエー）**[*]ソフトウェア開発会社の仏Contextor SAS社を買収しました。今後、ビジネスプロセスの自動化を目

***IoT**：Internet of Thingsの略。さまざまなモノ、建物、車、電子機器などをネットワークを通じてサーバやクラウドサービスに接続し、相互に情報交換をする仕組みのこと。

***AI**：Artificial Intelligenceの略。「人工知能」という意味で、人間に代わって記憶や学習、推論、判断などの高度な作業をコンピュータが行う仕組みのこと。

***RPA（アールピーエー）**：Robouc PrOcess Automatonの略。

1-5 これからの動向

指し、S/4 HANAやSAP社のほかのSAPアプリケーションに組み込んでいくものと思われます。

情報系データと業務系データの統合

情報系と言われるマーケティング分野における「柔らかい不確かな情報」とERPの業務系データの統合が大きな流れになってきました。今まで別々のシステムとして取り組んできましたが、これからは1つのERPシステムの中に組み込んでいこうとしています。CRM*とERPのプロセスが統合され、潜在ニーズ、潜在顧客、見込顧客、そして顧客へとデータをつなげていくことが可能になってきました。

従来、別々に存在していた情報系のデータと業務系のデータを一元管理し、今現在の生のデータを自ら取り出し、意思決定に役立てていくものと考えます（**図3**）。

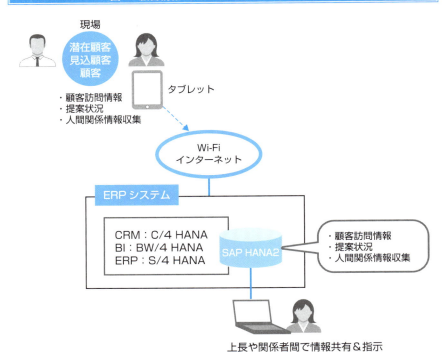

図1 顧客情報のデジタルクラウド化のイメージ

＊**CRM**：Customer Relationship Managementの略。「顧客関係管理」という意味。

1-5 これからの動向

図2　ERPシステムとロボット、IoT、ビッグデータ、AIの関係性

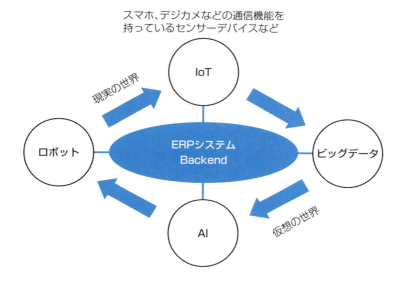

図3　SAP CRMとERPシステムの統合イメージ

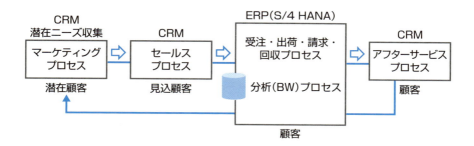

第 **2** 章

SAPの全体像

　SAP 社の ERP パッケージを導入した場合、会社のどのような業務が標準機能を使用して実現できるのか、また具体的にどのようなモジュールが用意されていて、実際の業務とどのように関わっているのかについて理解していただきます。

2-1

SAPの全体構造

　SAP社のERPパッケージは、企業の基幹業務の個々のプロセスを統合し、全体最適化を目指したものです。これらの個々のプロセスを処理するための標準のプログラムが用意されています。見込生産を行っている製造業の概略の業務プロセスを見ながら、会社の全体構造を考えてみましょう。

▶▶ まず会社のTo-Beの業務プロセスを描いてみる

　どの会社にも**基幹業務**と呼ばれる**プロセス**が存在します。

　例えば、製造業であれば、製品を作るためにいろんなプロセスが関係しています。汎用品を製造しているメーカーであれば、マーケティング情報や受注見込情報、受注情報などをもとに、どの製品をいつごろどれだけ製造すると利益が最大になるかを考えて生産計画を立案します。もちろん、工場の製造ラインの空き情報なども加味する必要があります。

　生産計画に基づいて、製品の製造に必要な原材料を購入（調達）し、在庫としてストックしておきます。購入した代金は、支払期日ごとに管理し、会社の支払条件に基づいて銀行を経由して支払われます。これらの原材料や人員、設備を使用して製造ライン上に必要な原材料を投入して製品を製造します。そして、完成した製品の品質チェックを行い、倉庫に入庫します。

　一方、工場の設備増強などを計画する場合は、設備投資計画を立案し、これに基づいて建設中の購入費用を管理し、完成したら固定資産に振替します。

　作った製品は、受注➡出荷➡請求（売上計上）のプロセスに沿って処理され、販売代金は銀行を経由して入金されます。

　以上の各プロセスが実行される裏で、会計上の仕訳*が自動仕訳され、会計帳簿にリアルタイムで転記されます。原価や利益、Cashの動きを見ながら、会社が利益を出せているかどうか、資金が足りなくなっていないかを常に計画と照らし合わせながらチェックしていきます。もし問題が発生している場合は、原因を把握し

＊**仕訳**：簿記上の取引(取引日付、金額が確定しているもの)を借方・貸方に分け、それぞれに適当な勘定科目を定めて会計伝票にすること。

た上で対処方針を明確にし、素早く対処して計画が達成できるようにPDCAを回していきます。最終的には、利益に対して計算した税金を、国や役所などに納税し、株主に対して配当を行います。

このようなプロセスの中で、マスターとして「品目マスター」「仕入先マスター」「得意先マスター」「勘定科目マスター」「銀行マスター」などが必須となります（**図1**）。

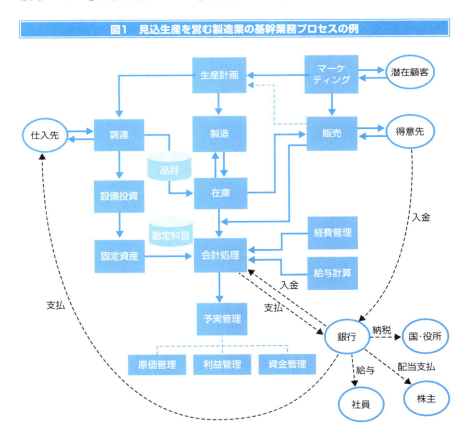

図1　見込生産を営む製造業の基幹業務プロセスの例

2-1 SAPの全体構造

▶▶ SAP社のERPパッケージの構成

　SAP社のERPパッケージには、前ページの**図1**のような基幹業務処理を目的とした業種モジュール別の標準プログラムが事前に用意されています（モジュールについては、次節で説明します）。この中から自社の業務処理に合ったプログラムを選んで使用できます。

　使用するにあたっては、事前にパラメータの設定（カスタマイズ）やメニューの作成、権限設定などが必要です。これらのプログラムもERPパッケージの中に含まれています。このほか、**Add-on**＊する場合の開発言語やマニュアル、Web上のポータルサイト、ヘルプ機能などがあります（**図2**）。

図2　SAP社のERPパッケージの構成

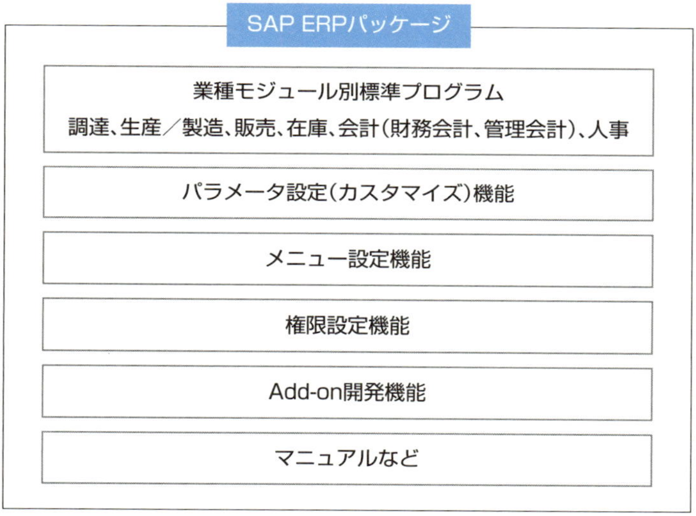

SAP ERPパッケージ

業種モジュール別標準プログラム
調達、生産／製造、販売、在庫、会計（財務会計、管理会計）、人事

パラメータ設定（カスタマイズ）機能

メニュー設定機能

権限設定機能

Add-on開発機能

マニュアルなど

▶▶ SAP社のERPパッケージを使用するまでの流れ

　まず、実際に自社の要件に合わせて利用できるようにするために、自社のありたい姿をTo-Be（改善目標）として描き、それを実現するための業務フローを作り上げます。

＊**Add-on**：標準機能として用意されていない機能を追加すること。

28

2-1 SAPの全体構造

　IT基盤*はオンプレミスで自社に用意するか、クラウドサービスを利用してクラウド上に用意します。その基盤上に開発・検証環境を構築します。

　次に、用意されているモジュールの中から、各プロセスで使用する**標準プログラム**を洗い出します。組織構造の定義、必要なパラメータの設定、テスト用マスター登録などを行い、プロトタイプを使って実現機能がフィットしているかどうか確認します。

　ギャップ機能＊について検討し、業務のやり方を変えるか、必要に応じてAdd-onまたは**モディファイ**＊します。これを何回か繰り返し、最後にユーザグループごとのメニューの作成、および権限設定を行い、パラメータの移送、マスターや残高の移行、本番運用開始へと進んでいきます（**図3**）。

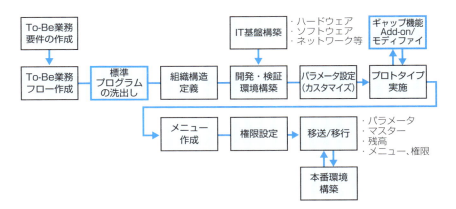

図3　SAP社のERPパッケージを使用するまでの流れ

＊ IT基盤：ハードウェア、ソフトウェア、データベース、ネットワークなど。
＊ ギャップ機能：SAPの標準機能が自社の業務のやり方にフィットしていない機能。
＊ モディファイ：標準機能の一部を変更すること。

2-2

モジュールの概要

SAP社のERPパッケージは、「モジュール」ごとのプログラムで構成されています。そのモジュールにどのようなものがあり、それをどんな時に使用するのか簡単に紹介します。詳細は、第3章以降で説明します。

▶▶ モジュールの全体構成

モジュールは、特定の業務に関連する複数の機能をまとめたプログラムの集まりで、大きく分けて**ロジ***系、**会計系**、**人事系**、**分析系**に分けて用意されています。

ロジ系では調達・在庫管理関係、生産関係、販売関係、**会計系**では財務会計、管理会計、**人事系**では人事管理、人材管理、勤怠・給与計算などがあります。

具体的なロジ系のモジュールとして、MM(在庫/購買管理)、PP(生産管理)、PS(プロジェクト管理)、QM(品質管理)、PM(プラント保全)、SD(販売管理)、CS(得意先サービス)、LE(物流管理)、WM(倉庫管理)などがあります。

また、会計系では、GL(総勘定元帳)、AP(債務管理)、AR(債権管理)、AA(固定資産管理)、SL(特別目的元帳)、TR(財務/資金管理)、CO(管理会計)、IM(設備予算管理)、EC(経営管理)などのモジュールがあります。

これらのモジュール同士がお互いに連動して使える仕組みになっています(**図 1**)。

このほか、顧客管理(CRM)*や経営分析(BI)*、開発系(ABAP*、クエリ*、LSMW*、CATT*)、クロスアプリケーション*、最近追加された「顧客体験」や「サプライヤーとの連携」「従業員」「モノ」へのデジタル化を実現する周辺のアプリなどがあります。

＊**ロジ**：「ロジスティクス」の略。調達、生産、保管、輸送、販売までを一貫して管理する過程や業務のこと。
＊**顧客管理(CRM)**：Customer Relationship Managementの略。「6-1 CRM(顧客管理)モジュール」を参照。
＊**経営分析(BI)**：Business Intelligenceの略。「6-2 BI(経営分析)モジュール」を参照。
＊**ABAP**：SAPプログラミング言語。「12-2 Add-onオブジェクト」「12-4 ABFI-APプログラミング入門」を参照。
＊**クエリ**：ユーザ向け簡易レポーティングツール。「6-3 開発/移行ツール」を参照。
＊**LSMW**：SAPの移行用ツール。「6-3 開発/移行ツール」を参照。
＊**CATT**：SAPのテストデータ生成ツール。「6-3 開発/移行ツール」を参照。
＊**クロスアプリケーション**：文書管理機能などのモジュール共通のアプリケーションのこと。

2-2 モジュールの概要

図1　SAP社のERPパッケージに用意されているモジュール例

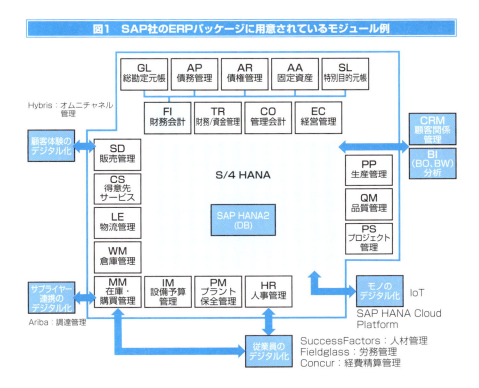

2-2　モジュールの概要

▶▶ 主なモジュールのプロセス

　主なモジュールは、標準的なプロセスに合わせて考えられています。前ページの**図1**の主なモジュールと、その対象プロセスをまとめたものが**表1**です。

表1　主なモジュールの対象プロセスの例

分類	モジュール名	主な対象プロセス
ロジ系	SD 販売管理	見積、受注、出荷、請求に関わるプロセス用
	CS 得意先サービス	保守サービスなどの点検、修理、請求に関わるプロセス用
	LE 物流管理	モノの移動（運搬）に関わるプロセス用
	WM 倉庫管理	倉庫管理プロセス用
	MM 購買・在庫管理	商品や原材料の発注、入庫、請求書照合に関わるプロセス用
	PP 生産管理	製品の生産計画及び製造に関わるプロセス用
	QM 品質管理	出来上がった製品の品質管理に関わるプロセス用
	PS プロジェクト管理	工事やITのプロジェクトなどの収支・スケジュール管理プロセス用
	PM プラント保全管理	プラントなどの設備の保守管理プロセス用
人事系	HR 人事管理	人事・人材管理、勤怠・給与計算プロセス用
会計系	FI-GL 会計：総勘定元帳	会計伝票入力および財務諸表に関わるプロセス用
	FI-AP 会計：債務管理	仕入先別の債務管理（支払含）に関わるプロセス用
	FI-AR 会計：債権管理	得意先別の債権管理（入金消込含）に関わるプロセス用
	FI-AA 会計：固定資産管理	固定資産の取得、減価償却計算、処分に関するプロセス用
	FI-SL 会計：特別目的元帳	総勘定元帳と別な切り口で元帳を使いたい場合用
	TR 財務／資金管理	資金管理ポジション・流動性予測用
	CO 管理会計	原価管理プロセス用
	EC 経営管理	利益管理プロセス用
	IM 設備予算管理	新たに設備を作る場合の予実績管理プロセス用

2-3

どのような仕事があるか

SAPビジネスにこれから取り組む場合に、どのような役割の人が必要で、それぞれの人がどのような仕事をすることになるのかを例示します。自分が仕事として目指すべき方向を考える場合に役立ちます。

▶▶ SAPプロジェクトのメンバー

SAPビジネスは、多くの人が参加するプロジェクト型になることが多く、参加するメンバーの役割が明確になっています。例えば、次のような役割のメンバーが必要です（**図1**）。

図1　SAPプロジェクトのメンバー

プロジェクトオーナー	プロジェクトマネージャー	プロジェクトリーダー

導入コンサルタント　　　　ERPパッケージの導入および運用　　　　業務担当

SE、PG　　テスト担当

メニュー作成・権限設定担当　　移行担当

インフラ構築担当　｜　マニュアル作成・トレーナー　｜　運用・維持担当　｜　事務局、ヘルプデスク

2-3　どのような仕事があるか

◆プロジェクトオーナー
プロジェクトの全責任を持ち、意思決定をする役割です。

◆プロジェクトマネージャー
プロジェクトの予算管理および要員、資材の調達・管理、スケジュール管理などが主な役割になります。プロジェクトマネージャーをサポートする事務局を用意することがあります。

プロジェクトマネージャーをサポートする事務局では、会議の手配や議事録作成サポート、参画している要員の勤怠管理、作業報告書の管理、入退室カードの管理、使用するPCの管理などを行います。

◆プロジェクトリーダー
定められた計画（スケジュール）通りに進捗しているかを管理し、問題や課題を迅速に吸い上げ解決するようプロジェクトメンバーをサポートします。

◆導入コンサルタント
主にロジ系（購買、在庫、販売）、生産管理系（MRP、製造、原価計算）、会計系（財務会計、管理会計、固定資産）、BI系（多次元分析）に分かれていることが多いです。トップやユーザからの要件のヒアリングおよび実現するためのソリューションを提案する立場で参画します。

SAPの機能を理解している必要があり、パラメータの設定もできると活躍の場が広がります。また、多国籍プロジェクトの場合は、英語を話せることも必要になります。

◆SE やプログラマー
Add-onやモディファイが発生するプロジェクトでは、プログラム開発要員としてSEやプログラマーも必要になります。SAPの場合は、ABAPという特殊なプログラミング言語で開発するので、この言語を覚える必要があります。

◆Basis 担当者
ITインフラ、開発環境などの構築要員として、Basis[*]担当者も必要です。

＊**Basis**：Business Application Software Integrated Solutionの略。「2-8 SAPと環境構築」を参照。

34

2-3 どのような仕事があるか

このほか、ERPシステムが完成に近づくと、メニュー作成や権限設定、システムテスト、受入テストの「サポート要員」、でき上がったERPシステムの「操作研修担当」、マスターや残高などの「移行要員」も必要になります。運用開始後は「問い合わせ窓口担当」や「ヘルプデスク要員」として参加することもあります（**表1**）。

表1　SAPビジネスにはさまざまな仕事がある	
仕事の種類	**仕事の内容**
プロジェクトオーナー	プロジェクトの全責任を持ち、意思決定できる人
プロジェクトマネージャー	プロジェクトの予算管理及び要員、資材の調達・管理、スケジュール管理
プロジェクトリーダー	定められた計画(スケジュール)どおりに進捗しているかを管理し問題や課題を迅速に吸い上げ解決するようプロジェクトメンバをサポート
導入コンサルタント	業務要件を聞き、要望に合うソリューションの提案を担当
SE・PG	Add-on開発、モディファイ担当
メニュー作成・権限設定担当	ユーザグループ別のメニュー作成と権限設定を担当
インフラ構築担当	サーバ、DB、ERPパッケージ、ネットワークなどの構築を担当(Basis担当)
業務担当	お客様側の業務内容を理解している人でコンサルなどとの橋渡しをする人
テスト担当	システムテスト及びユーザ受入れテストのサポート
マニュアル作成・トレーナー	操作マニュアルの作成及びユーザへのトレーニングを担当
移行担当	新システムへのマスター、残高の移行担当
事務局、ヘルプデスク	プロジェクトマネージャーをサポート、問い合わせ対応
運用・維持管理担当	保守メンテナンスを担当

2-4 SAPと財務会計

　財務会計は、財務諸表上の棚卸資産の評価額の算定や、税務調査対応、公認会計士監査対応など、外部に対する公表を目的として、会社法や法人税法および上場している証券取引所などのルールに基づいて処理されます。自動仕訳またはマニュアル入力した会計伝票をもとに、総勘定元帳（GL）に記帳します。合計残高試算表から貸借対照表（B/S）、損益計算書（P/L）を作成し、利益などを計算します。

▶▶ SAPのFIモジュールの構成

　SAP社のERPパッケージでは、財務会計は**FI**（Financial Accounting）というモジュールを使用して実現します。**総勘定元帳**＊（GL）、**債権管理**（AR）、**債務管理**（AP）、**固定資産**（AA）、**特別目的元帳**（SL）などから構成されています（図1）。

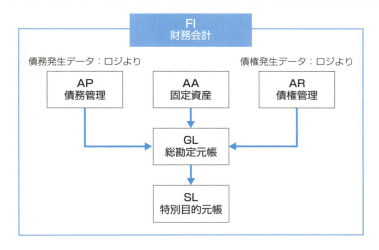

図1　SAPと財務会計の関係

＊**総勘定元帳**：すべての会計伝票が記載されている財務会計の基本となる勘定科目別の帳簿。

会計伝票入力と財務諸表の作成

基本的に会計伝票は、ほかのモジュールから自動仕訳され、総勘定元帳に転記されます。それ以外の会計伝票をマニュアルで入力します。税込み金額で入力して消費税を自動計算させるか、税抜き金額で入力し、消費税を自動的に計算させるかどうかの選択をパラメータでコントロールできます。

会計伝票を直接、伝票転記するか、一旦、未転記で登録しておき、承認者に承認をもらった後、転記することもできます。仕訳日記帳、総勘定元帳、合計残高試算表のほか、貸借対照表（B/S）、損益計算書（P/L）を合わせた財務諸表が作成できます。

債権・債務の管理

債権管理は、得意先別に未決済明細を管理しています。ロジ側で、自動仕訳によって発生した**売掛金**の残高を管理します。入金の消し込み方法は、明細を選択して個別に消し込む方法のほか、一部入金処理や残余明細処理ができます。

債務管理では、仕入先別に未決済明細を管理しています。ロジ側で、自動仕訳により発生した**買掛金**の残高を管理します。支払の消し込み方法は、明細を選択して個別に消し込む方法のほか、一部支払処理や残余明細処理ができます。また、銀行に送るFBデータ※を作成できます。

固定資産の管理

固定資産の管理を行えます。固定資産別の減価償却計算を行い、計算結果を自動仕訳し、会計伝票として転記してくれます。

固定資産の取得データですが、ほかのモジュールと連動させて取得できるほか、会計伝票（仕訳）イメージで取得入力できます。定率法や定額法など税法上の償却方法に基づいて減価償却費を計算できます。償却資産税への対応も可能です。

複数の総勘定元帳

パラレル元帳や特別目的元帳を使用して、複数の総勘定元帳を持つことができます。通常、自国の通貨で、自国の会計基準に合わせた総勘定元帳を作成しますが、

※**FBデータ**：FBは「Firm Banking」の略。金融機関と法人顧客のシステムを専用回線や専用ソフトウェアなどで接続するデータ通信のサービスのこと。

2-4 SAPと財務会計

海外進出先の国の通貨、および会計基準用の総勘定元帳を作成することもできます。

　特別目的元帳を使用することで、勘定科目のほかにキーとなる項目を追加でき、いろんなパターンの総勘定元帳を作れます。

COLUMN **所有か借用か**

　10数年前、「クラウド」という言葉が登場した時、「雲をつかむような話でよくわかりません」と言った会話をしていたことを思い出します。

　それがどうでしょう。今では、クラウドが当たり前になってきました。メールやファイルの共有、ExcelやWordなどのツールの利用から、基幹業務処理まで、クラウドで提供される時代になりました。「自前で持つ」という考え方が変わりつつあります。

2-5

SAPと管理会計

管理会計は、会社の内外のプロセス上のムリ・ムダ・ムラの排除や、時間短縮を図ることで生産性の向上を目指すとともに、利益の予測や損益分岐点の管理、これからの収益源探しなど、内部管理を目的としたもので「経営者のための会計」とも言われています。SAP社のERPパッケージでは、COというモジュールを使用して実現します。

SAPのCOモジュールの構成

SAPの**管理会計**は**CO**（Controlling）というモジュールを使用し、以下の機能で構成されています。

①原価要素会計（CO-CELモジュール）
②原価センタ会計（CO-CCAモジュール）
③内部指図会計（CO-OPAモジュール）
④製品原価管理（CO-PCモジュール）
⑤利益センタ会計（EC-PCAモジュール）
⑥収益性分析（CO-PAモジュール）

実績データは、ロジやFI（財務会計）から自動仕訳で流れてきます。また計画データは、管理会計上で登録して使用します（**図1**）。

2-5 SAPと管理会計

図1　SAPと管理会計の関係

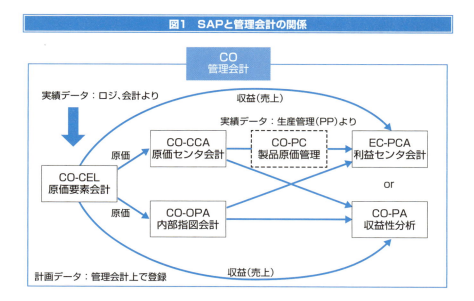

▶▶ 原価の管理

原価要素（勘定科目＋二次原価要素）と**原価センタ**、**内部指図**＊などを使って、管理したい原価管理の最小の単位別に原価を集計できます。原価センタグループなどを使用して、グループに紐付く原価を把握できます。計画値との比較や、共通経費の**配賦**＊機能が用意されています。

配賦で使用する人数や面積などの配賦基準値は、**統計キー数値**としてマスターに登録しておきます。原価センタおよび内部指図から、利益センタまたは収益性分析にデータが自動的に流れる仕組みになっています。

＊**内部指図**：社内のイベントの費用などの特定の費用を集計したい場合に使用する。原価集計単位の1つ。
＊**配賦**：電気代や水道代など、直課が難しい共通の費用などをある配賦基準に基づいて計算し、負担先に振り替えること。

▶▶ 利益の管理

　原価要素（勘定科目＋アルファ）と**利益センタ**、**収益性セグメント**＊などを使用して、管理したい利益を集計できます。

　利益センタ会計では利益センタグループなどを使用して、グループに紐付く利益を把握できます。売上データは利益センタおよび収益性分析に自動的に流れる仕組みになっています。

　また収益性分析では、分析したいキーを定義し、売上の分析や売上原価の分析および粗利、限界利益などを把握できます。

社長の声

　以前どこかで聞いたことですが、小さな会社であっても大きな会社であっても「社長の声は大きい」そうです。「そして、これにはほぼ例外がないんだ」とも聞きました。

　不思議な話ですが、そうなのだそうです。特に小さな会社であるほど、社長1人の力によって、その会社の成否（生死）が決まってしまうほど、社長の影響力は絶大です。

　社員やお客さんやそれ以外の関係者に対して、明確に熱意を込めて話すためには、声の大きさは決定的に重要なのだろうと思います。

＊**収益性セグメント**：分析したい特性（例えば、品目グループ、国、地域、得意先など）をキーとした集計単位。

2-6

SAPとロジスティクス

ロジスティクスのプロセスは、「会社の基幹業務」と言われ、なくてはならない機能です。例えばメーカーであれば、モノを作るプロセス、作るための原材料を仕入れるプロセス、仕入れた原材料を在庫するプロセス、作った製品を販売するプロセスなどがあります。SAP社のERPパッケージでは、標準でこれらの機能を持ったプログラムが用意されています。

▶▶ ロジスティクスの主な基幹業務

ロジスティクスの主な基幹業務として、以下の業務があります（**図1**）。

図1　主なロジプロセスの例

計画➡原材料投入➡製造➡完成（製品入庫）➡原価計算

仕入先 ← 調達 | 生産 | 販売 → 得意先

購買依頼➡見積➡発注➡入庫➡支払

品目　　品目

見積➡受注➡出荷➡請求➡回収

在庫

入庫➡出庫➡棚卸

◆ 購買管理

仕入先から原材料や商品を仕入れる業務。

◆ 生産管理

仕入れた原材料や機械設備、人員などを使用して製品を作る業務。

◆ 在庫管理

仕入れた原材料や作った製品の在庫を管理する業務。

2-6　SAPとロジスティクス

◆販売管理

作った製品を得意先に販売する業務。

▶▶ 主なモジュールのプロセス

　SAP社のERPパッケージの主なモジュールは、以下の標準的なプロセスで考え
られています。また、マスターとして「得意先マスター」「仕入先マスター」「品目
マスター」が必要になります。

◆生産プロセス

計画 ➡ 原材料投入 ➡ 製造 ➡ 完成（製品入庫）➡ 原価計算

◆在庫プロセス

入庫 ➡ 出庫 ➡ 棚卸

◆購買プロセス

購買依頼 ➡ 見積 ➡ 発注 ➡ 受入検収（入庫）➡ 請求書の受け取り（買掛計上）
➡ 代金支払

◆販売プロセス

見積 ➡ 受注 ➡ 出荷（出庫）➡ 請求書発行（売掛、売上計上）➡ 代金回収

2-7 SAPと内部統制

内部統制は、経営者の思い*を実現するために、経営管理に組み込んで実現しています。経営者および関係する監査人がそれぞれの立場から、内部統制がうまく運用されているかを確認します。SAPでは、ERPパッケージの中に統制機能を組み込んで実現できるほか、監査人などが確認するためのメニューを用意できます。

▶▶ 内部監査と監査人

内部統制に携わる**監査人**は、社員が社内の業務処理規定や法規定、金融商品取引法、会社法、システム監査・管理基準、情報セキュリティ監査・管理基準、ISMS要求事項などを遵守して仕事を行っているかを第三者の立場からチェックしています。監査人には以下の種類があり、それぞれの要求に対応していくことが求められます（**図1**）。

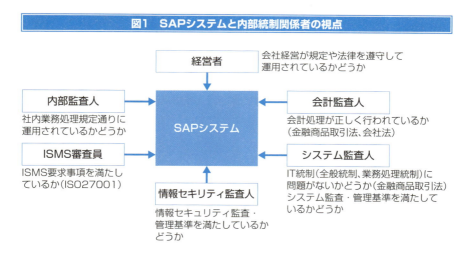

図1　SAPシステムと内部統制関係者の視点

＊経営者の思い：例えば、「業務処理上の間違いを未然に防ぎ、リカバリのためのムダな仕事を少なくしたい」「規定や法制度を遵守して仕事をしてほしい」など。

◆ 内部監査人

業務処理が規定通りに業務が遂行されているかをチェックします。

◆ 会計監査人

会計処理が正しく行われているかをチェックします。

◆ システム監査人

IT統制が正しく行われているかをチェックします。

◆ ISMS 審査員

ISMSの要求事項に沿って運用されているかをチェックします。

◆ 情報セキュリティ監査人

情報セキュリティ監査・管理基準と照らし合わせて確認します。

▶▶ ERPパッケージの中に統制機能を組み込む

SAP社のERPパッケージでは、さまざまな統制機能が用意されています（**図2**）。ユーザのアクセス管理や、アクセスログの管理、パフォーマンス管理、権限管理、プログラムの変更管理などのほか、個々の業務プロセスに対して統制機能を組み込んでいます。

図2　SAPシステムの監査人用メニューの例

SAP監査人用メニュー

・権限設定管理照会
・プログラム変更管理履歴照会
・移送履歴照会
・マスター変更履歴照会
・トランザクション、バックアップログ照会

・BS、PL照会
・科目別残高照会
・債権残高照会
・債務残高照会
・トランザクション照会
・マスター照会

2-7 SAPと内部統制

　例えば、出荷済みでなければ請求できない仕組みや、入庫していなければ債務を計上できないなど、業務プロセスに沿ってプログラムが用意されており、処理ミスを未然に防止できるようになっています。

　またワークフローなどを使用して事前に統制機能を組み組むことで、各プロセスに定められた統制条件に基づいて自動的にチェックし、入力時や申請の段階で矛盾のある取引を見つけて警告やエラーを表示することもできます（**図3**）。

図3　矛盾した順序で処理された場合はエラーになる

2-8 SAPと環境構築

　SAP社のERPシステムを使用するにあたって、IT基盤を構築する必要があります。SAPのプロジェクトでは、環境構築をBasis担当者が行い、その中にSAP社のERPパッケージやデータベースをインストールします。そのほか、サイジングやパフォーマンスチューニング、ログの監視、データのバックアップなどもBasis担当者が行います。

▶▶ 開発環境の構築

　Basis担当者は、まず開発環境の構築を行います。その中にSAP社のERPパッケージやデータベースをインストールし、SAPのコンサルタントなどがパラメータ設定を行い、移行担当者がマスターのセットアップを行います。開発者は、この環境を使ってAdd-onプログラムの開発を行います（図1）。

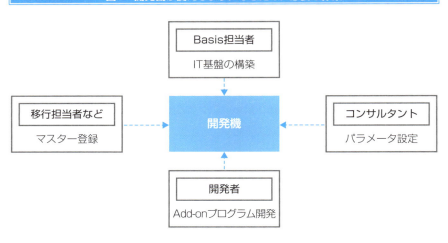

図1　開発機が使えるようになるために必要な作業

2-8 SAPと環境構築

そのほか、Basis担当者は、CPU、メモリ、ディスク容量などのサイジングや
レスポンスの改善のためのパフォーマンスチューニングのほか、プログラムやデー
タの定期的なバックアップなども行います（**表1**）。

なお、今後はクラウド化の進展に伴い、これらの作業はクラウドサービス提供会
社が行うことになります。

表1 Basis担当者の主な作業の例

Basis担当者の主な作業	作業内容
IT基盤の構築	開発機、検証機、本番機などのIT基盤を構築/SAPのERPパッケージやデータベースのインストール
サイジング	CPU、メモリ、ディスクなどの最適化
パフォーマンスチューニング	レスポンスなどの改善のためのチューニング
ログの監視	不正アクセス、障害発生、レスポンス状況などの監視
バックアップ	ERPシステム、データなどのバックアップ
移送	開発機➡検証機➡本番機へのプログラム、パラメータ等の移送

▶▶ ランドスケープと移送

システムの導入から運用保守までのサイクルの中で、システムを効率よく安定
稼働させていくために必要なシステム構成のことを**ランドスケープ**と呼び、**開発
機、検証機、本番機**の3台を用意するので**スリーランドスケープ**と呼びます。この
3つの環境を構築するのが、Basis担当者です。まず開発機でベースとなるパラメー
タ設定を行い、十分なテストを実施します。

テストの終了後、開発機上のAdd-onプログラムやパラメータなどを検証機へ移
送します。検証機で問題ないことを確認できたら、Add-onプログラムやパラメー
タなどを本番機に移送していきます。この移送作業もBasis担当者が行います。

バージョンアップやプログラムの改訂などが発生した場合も、開発機➡検証機
➡本番機という同様の手順でBasis担当者がインストール作業を行います（**図2**）。

2-8 SAPと環境構築

図2 スリーランドスケープと移送の例

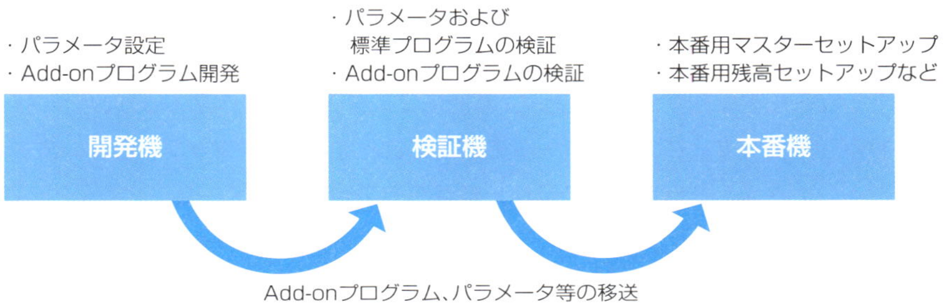

・パラメータ設定
・Add-onプログラム開発

開発機

・パラメータおよび
　標準プログラムの検証
・Add-onプログラムの検証

検証機

・本番用マスターセットアップ
・本番用残高セットアップなど

本番機

Add-onプログラム、パラメータ等の移送

第2章 SAPの全体像

COLUMN 第3の案を考える

　プロジェクトに参加するとメンバー間で意見が合わず、解決のために、ほかの
メンバーの意見を採用するか、自分の意見を押し通すか悩むことがあります。
　このような時、ゴールを共有し、みんなで第3の案を考える方法があります。きっ
と何か解決策があるはずだと思って智慧をしぼると、思いがけない方策が見つか
ることがあります。

49

2-9

モジュールによるカスタマイズ

　各モジュールを使用するにあたって、事前にマスターの登録作業のほか、パラメータの設定が必要です。このパラメータの設定のことを「カスタマイズ」と言います。各モジュール共通のパラメータのほか、組織構造の定義パラメータ、モジュール固有のパラメータ、チェックと代入パラメータ、GUI関係パラメータなどがあります。

▶▶ モジュール共通のパラメータ

　モジュール共通のパラメータとして、以下の項目があります（標準のものが用意されています）。

　これらを最初に明確にした上で、設定をしておきます。

①国コード
②国情報
③通貨コード
④数量単位
⑤タイムゾーン
⑥税コード
⑦税率など

　また、パラメータの中には**クライアント依存**と**クライアント非依存** ＊ があります（**表1**）。

＊**クライアント依存**：1つのサーバ上に複数の環境／クライアントを作ることができ、そのパラメータを設定したクライアント内だけ有効な設定のこと。なお、クライアントは、3桁の数字で構成される独立したデータを管理できる環境のこと。
＊**クライアント非依存**：1つのサーバ上の全部のクライアントに有効な設定のこと。

2-9　モジュールによるカスタマイズ

表1　共通カスタマイズの例	

モジュール共通のカスタマイズ	主な設定内容
国コード	名称、言語、ISOコード、アドレスチェック（郵便番号を必須とするか、郵便番号の長さなど）
通貨コード	テキスト名、ISOコード、有効期日など
数量単位	テキスト名、ISOコード、小数点以下の桁数など
タイムゾーン	テキスト名、標準時間との差、夏時間規制など 国コードに紐づけて設定

組織構造の定義パラメータ

　会社コードや会社情報、事業領域（例：事業部）、管理領域、プラント（例：工場）などのモジュールのパラメータを設定する前に、**組織構造**の定義を行う必要があります。全社で使用する共通のコードとなるので、全社的視点から定義していかなければなりません。

　この組織構造に紐付けて、モジュール別のパラメータを設定していきます（**表2**）。

表2　組織構造カスタマイズの例	

組織構造の定義カスタマイズ	主な設定内容
会社コード	名称、国、通貨、言語を設定 使用する会社（複数社設定可能）分を設定
事業領域	使用するかどうか、名称など 〈例〉事業部、セグメント
管理領域	名称、通貨タイプ、通貨コード、勘定コード表、会計年度バリアントなど 管理会計（CO）での管理単位を設定 〈例〉1つで管理するか会社別にするか
プラント	名称のほか、稼働日カレンダ、国コード、言語などを設定 〈例〉工場、物流センター

2-9 モジュールによるカスタマイズ

▶▶ モジュールごとのパラメータ

使用するモジュールについて、個別のパラメータを設定していきます。

例えば、FI（財務会計）モジュールでは、以下のパラメータを設定します（**表3**）。使用しないモジュールのパラメータ設定は不要です。

①会計年度バリアント＊（決算月など）

②事業領域別の財務諸表を作るかどうか

③会計伝票タイプ

④会計伝票番号範囲

⑤消費税コードと税率

表3　FIモジュールのカスタマイズ例	
財務会計のカスタマイズ	**主な設定内容**
会計年度バリアント	決算月までを1年の会計期間として設定 〈例〉3月決算の会社なら4月〜3月
会計伝票タイプ	振替伝票や請求の会計伝票、入金の会計伝票、支払の会計伝票などの伝票の種類別に用意
会計伝票番号範囲	会計伝票番号がダブらないように番号範囲を定義し、これを伝票タイプに紐づけて自動採番する
消費税コード	仮払消費税、仮受消費税別税率、切捨て・切上げ等の設定

＊バリアント：同じ条件で実行することが多いプログラムに対して、条件の入力値をあらかじめ登録できる機能。条件を入力する必要がなくなり、条件指定が楽になる。

会計管理モジュール

　会計伝票の入力と入力した会計伝票の総勘定元帳への転記、および転記された総勘定元帳から財務諸表の作成という簿記一連のプロセスに対応したモジュールで、財務会計と管理会計に分かれています。多くの会計伝票は、ほかのモジュールから自動仕訳機能により、総勘定元帳にリアルタイムに転記されます。

3-1 会計モジュールの全体構成

　会計モジュールは、大きく分けてFI（財務会計）とCO（管理会計）の2種類で構成されています。FIおよびCOは、ほかのモジュールで実施された処理に基づいて会計に関する情報がリアルタイムで連携される仕組みになっています。

▶▶ FI（財務会計）モジュールの概要

　FI（Financial Accounting：**財務会計**）モジュールは、**制度会計**＊（外部報告用）として決算書の作成、および作成に必要な情報の登録、処理などを扱います（**図1**）。

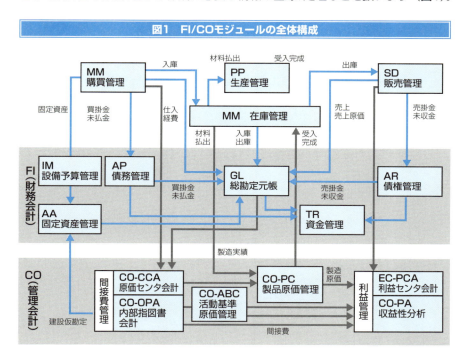

図1　FI/COモジュールの全体構成

＊**制度会計**：法律に準拠して行われる会計（財務会計、税務会計）。

FIモジュールには、各モジュールから仕訳の形でデータが連携されます。例えば、MM（在庫/購買管理）＊モジュールからは、購買発注取引によって発生する在庫計上や経費、買掛金などの情報、在庫の動きに伴う在庫の増減や費用計上などの金額情報が連携されます。

SD（販売管理）＊モジュールからは、受注取引により発生する在庫払出＊や売上原価の計上、売掛金や売上などの金額情報が連携されます。

CO（管理会計）モジュールの概要

CO（Controlling：管理会計）モジュールは、内部の業績管理用として、部門やプロジェクトなど企業内の管理単位に基づく費用や利益の管理、予算との対比などを行います（図1）。

管理会計には、各モジュールから、取引時に発生した収益、費用などのデータが管理に必要な情報を含めて連携されます。

例えば、MMからは、発注取引により発生する在庫の受け入れ、外注費、経費などの情報が連携されます。SDからは、受注取引により発生する出荷時の売上原価および収益計上時の売上といった情報が連携されます。

FIおよびCOのサブモジュール

FIおよびCOは、モジュール内で管理を行う対象ごとに、いくつかのサブモジュールに分かれており、それぞれ表1に示したものがあります。

表1　FIおよびCOのサブモジュール

モジュール	サブモジュール
財務会計	FI-GL（総勘定元帳）
	FI-AP（債務管理）
	FI-AR（債権管理）
	FI-AA（固定資産管理）
	FI-SL（特別目的元帳）
	TR-CM（財務/資金管理）

＊ MM（在庫/購買管理）：「4-3 MM（在庫/購買管理）モジュール」を参照。
＊ SD（販売管理）：「4-4 SD（販売管理）モジュール」を参照。
＊ 在庫払出：在庫が使われて減少すること。

3-1　会計モジュールの全体構成

管理会計	CO-OM-CEL（原価要素会計）
	CO-OM-CCA（原価センタ会計）
	CO-OM-OPA（内部指図書会計）
	CO-ABC（活動基準原価計算）*
	CO-PC（製品原価管理）
	EC-PCA（利益センタ会計）
	CO-PA（収益性分析）

このほか、本書では、設備予備管理（IM）モジュールについて取り上げています。

＊**CO-ABC（活動基準原価計算）**：本書では説明を省略。

3-2 FI-GL（総勘定元帳）モジュール

　FI（財務会計）は、企業の会計情報を取り扱うモジュールです。日々の取引を元帳*に記録していき、決算を行うための情報集約や決算帳票となる貸借対照表（B/S）や損益計算書（P/L）などの作成を行います。また、企業が持つ資産や負債の管理も対象とし、流動資産*や固定資産、流動負債*の状況や、関連する入金や支払などの処理を行います。

▶▶ FI-GL（総勘定元帳）モジュールの概要

　FI-GL（総勘定元帳）モジュールでは、日々の取引を仕訳として登録し、勘定ベースで管理を行います。また、決算を行うために必要な月次処理、年次処理についてもFI-GLとして分類するのが一般的です。
　FI-GLモジュール内で行う処理は大きく分けて、以下の3種類に分類されます（図1）。

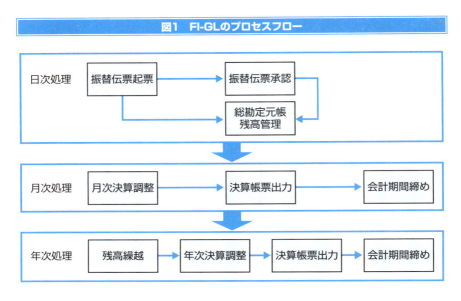

図1　FI-GLのプロセスフロー

* **元帳**：簿記の大本になる主要帳簿。勘定科目ごとに増減を記入する。総勘定元帳のこと。
* **流動資産**：現預金や売掛金などの債権のこと。
* **流動負債**：買掛金などの債務のこと。

3-2　FI-GL（総勘定元帳）モジュール

◆日次処理

日々発生する取引の元帳への記帳、および勘定別の残高管理を行います。

◆月次処理

月次決算を行い、残高を確定するための月次調整（例：外貨評価など）の処理や決算帳票の出力、月次の締め処理などを行います。

◆年次処理

企業の決算を行うために必要な決算調整仕訳の入力や決算帳票の出力、対象の会計年度を締めて翌年度に残高を繰り越し、翌年度の期首残高を作成する残高繰り越し処理などを行います。

▶▶ 振替伝票登録、承認

振替伝票登録は、日々発生する取引を仕訳として登録します。ほかのモジュール（MM、SD）と連動する仕訳については自動で計上されるため、登録は不要となります。また債権・債務や固定資産を計上する場合は、FI-AP（債務管理）、FI-AR（債権管理）、FI-AA（固定資産管理）での計上となるため、FI-GLでは、そのほかの振替伝票の登録を行います。

振替伝票登録には、伝票を一度未転記（元帳には記帳されない）で登録し、承認を行うことで元帳に記帳される**未転記伝票登録**と、登録時に元帳に記帳される**転記伝票登録**があります。

また、入力画面もSAPではいくつか用意されており、画面によって入力方法に違いがあります。例えば、伝票入力のトランザクションコード＊は、**表1**のようになります。

表1　伝票入力のトランザクション

機能名	Tr-cd	内容説明
未転記伝票入力（Enjoy）	FV50	未転記状態で伝票を登録する （1画面で複数明細入力）
未転記伝票入力	F-65	未転記状態で伝票を登録する （1画面1明細ずつ）
未転記伝票変更	FBV2	未転記伝票を変更する

＊**トランザクションコード**：プログラムを起動する時に使用するコードのこと。

3-2 FI-GL（総勘定元帳）モジュール

未転記伝票転記	FBV0	未転記伝票を転記する
会計伝票登録(Enjoy)	FB50	直接転記の伝票を登録する （1画面で複数明細入力）
会計伝票登録	FB01	直接転記の伝票を登録する （1画面1明細ずつ）

伝票登録、承認の利用方法

　会計伝票の起票には、不正の防止や内部統制の観点から、承認を行う必要があります。SAPを利用した際の伝票の承認については、いくつか方法があります。

◆システムによる承認（未転記伝票）

　記帳担当者は未転記伝票※の登録を行い、上長が承認（転記）を行うことで元帳に記帳されます（図2）。

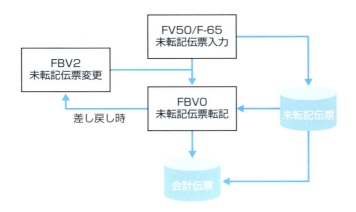

図2　システムによる承認（未転記）

◆システム承認なし（事後承認）

　システムによる承認は行わず、記帳担当者が伝票登録を行うことで元帳に記帳されます。上長は記帳後の伝票内容を画面もしくは印刷した紙で確認し、押印するなどで承認行為を行います。一度記帳した伝票は原則変更や削除はできないため、内容に不備があった場合は、反対仕訳で取消を行う必要があります（図3）。

※**未転記伝票**：総勘定元帳に転記する前の状態の会計伝票のこと。

3-2 FI-GL（総勘定元帳）モジュール

図3　システム承認なし（事後承認）

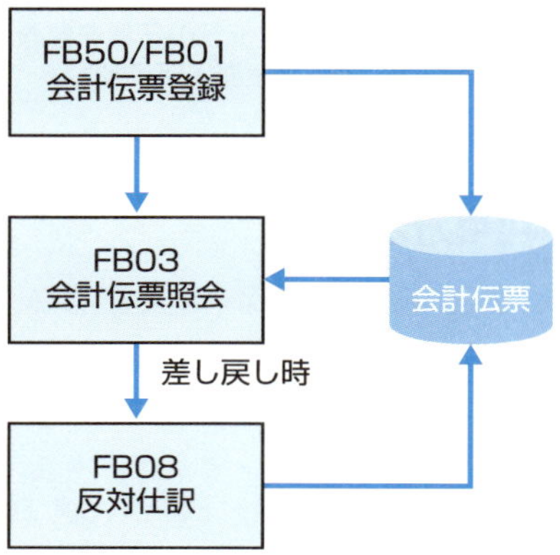

```
┌─────────────┐
│ FB50/FB01   │─────────────┐
│ 会計伝票登録 │             │
└─────────────┘             │
       │                    │
       ↓                    ↓
┌─────────────┐      ╭───────────╮
│ FB03        │←─────│           │
│ 会計伝票照会 │      │  会計伝票  │
└─────────────┘      │           │
       │  差し戻し時  ╰───────────╯
       ↓                    ↑
┌─────────────┐             │
│ FB08        │─────────────┘
│ 反対仕訳     │
└─────────────┘
```

◆ **システム承認による転記（ワークフロー）**

　SAPでは、承認が必要なプロセスに対して「ワークフロー」という機能を利用できます。ただし、すべてのプロセスで利用できるわけではありません。これを利用して、「伝票入力➡承認者への連絡➡承認」の流れで承認を実施していきます。

▶▶ 伝票の未転記伝票登録可否

　会計伝票の登録に関して、システムによる承認を行う際に未転記伝票を利用するケースが多く見られますが、SAPの会計伝票の中には、未転記伝票としては登録できないケースがあります。その場合には、会計伝票は直接転記となり、承認は事後で行う形になります。

　未転記で登録できない例として、次のケースがあります。

①他モジュールから自動仕訳で計上される伝票（一部例外あり）
②売掛金や買掛金などの未消込明細の消込を伴う伝票
③特殊仕訳（手形、前受金、前払金）

3-2 FI-GL（総勘定元帳）モジュール

▶▶ 月次処理

SAPの決算処理の考え方は1年間を決算期とし、年度を「会計年度」、月を「会計期間*」として表すのが一般的です。会計期間ごとに定期的な取引の登録や、期末にその時点での再評価が必要な科目について調整を行う機能が用意されています。これらの機能により、月次での決算帳票の作成が可能となっています（**表2**）。

表2　月次/年次処理として利用される機能

機能名	Tr-cd	内容説明
繰返伝票	FBD1 F.14	毎月決まった取引/金額の伝票を定期的に計上する
外貨評価	F.05 FAGL_FC_VAL	外貨建で計上した金額を月末レートなどで評価替を行う
貸借対照表調整	F.5D F.5E	事業領域別/利益センタ別B/Sを作成するにあたり、伝票登録時に、これらの単位で計上できない取引に対し、調整し貸借一致させる
見越/繰延転記	FBS1 F.81	会計取引として計上した費用や収益について、本来その期間に計上されるべきでない分の金額について先の期間に繰り延べる。 または、その逆に、本来計上されるべき分の金額を当期に含める

▶▶ セグメント別の貸借対照表/損益計算書の作成

SAPでは、法人の単位を**会社コード**として定義するのが一般的であり、会社コード単位での貸借対照表（B/S）や損益計算書（P/L）を作成できます。

企業によっては、法人単位以外にも事業別、拠点別の貸借対照表や損益計算書を作成する場合があります。その際には、SAPで使用できる切り口として「事業領域」「利益センタ」「セグメント」といったコードを使って、それぞれの単位で作成できます（**表3**）。

なお、事業領域や利益センタは古くから定義されているコードで、FIやCOモジュールにおける管理単位として使用されてきましたが、ほかのモジュールとの紐付きが強く、変更が容易でないため、NewFI-GLモジュールではFI-GLモジュール内のみで設定できる単位として「セグメント」が使用可能になりました。

＊**会計期間**：例えば、3月決算の会社の場合は、4月が第1会計期間、5月が第2会計期間、3月が第12会計期間。

3-2 FI-GL（総勘定元帳）モジュール

　どちらであっても財務諸表の作成は可能ですが、ほかのモジュールとの関連性
を求めるか、決算書および残高管理を行いやすくするかどうかによって、使用する
コードを切り分ける必要があります。

表3　財務諸表作成の切り口として使用できる単位

財務諸表の切り口	特徴
事業領域	・財務会計以外の他モジュールと連携する ・入力元モジュールのカスタマイズなどで、仕訳計上時に設定される値を決定する ・計上時に値が一意に決まらない場合は、「貸借対照表調整」にて調整を行う
利益センタ	・同上
セグメント	・財務会計（新総勘定元帳：NewGL）内のみで設定・使用できる ・NewGL内のカスタマイズで仕訳計上時に設定される値を決定する ・計上時に値が一意に決まるよう、リアルタイムで伝票分割が行われる

▶▶ 年次処理

　SAPでは、月次決算の積み重ねが年次決算になるとの考え方から、年次決算で
実施できる処理は、基本的に、月次処理と同様になります。
　ただし、年次決算特有の処理として、「残高繰越」があります。また、月次処理
で挙げた機能についても、毎月必ず行うのではなく、四半期/半期/年次などで実
行することも可能です。

3-3 FI-AP（債務管理）モジュール

FI-AP（債務管理）モジュールでは、MM（在庫/購買管理）モジュールの購買プロセスで計上した買掛金や未払金、前払金などの債務、支払後の支払手形の管理などを行います。支払処理では、支払予定日や支払方法をもとに、支払データを自動的に生成し、銀行に送るFBデータを作ることもできます。

▶▶ FI-AP（債務管理）モジュールの概要

FI-AP（債務管理）モジュールでは、支払を行う債務に関して、いつ、誰に、いくら支払うのかといった情報の管理を行います。購買を行う取引に対して債務計上[*]、支払に対する承認、支払手続きを行います。

プロセスとしては次の流れとなり、それぞれの状態に関して随時、債務残高や消込状態の確認を行います（図1）。

債務計上 ➡ 支払承認 ➡ 支払処理

図1　FI-APのプロセスフロー

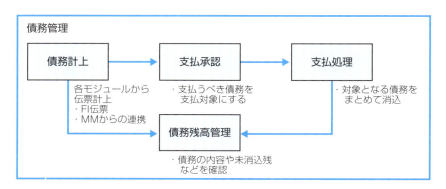

＊**債務計上**：買掛金などのまだ支払っていない負債を貸方に計上すること。

3-3 FI-AP（債務管理）モジュール

▶▶ 債務計上

　支払を伴う取引から債務計上仕訳として登録します。支払条件などから支払予定日や支払方法を定めます。MM（在庫/購買管理）で購買発注を行った取引の仕訳は、自動仕訳で計上されます。それ以外の債務計上は、例えば、FI（財務会計）の「Tr-cd*：FB60（仕入先請求入力）」などを使ってマニュアルで登録を行います。

　SAPのFI-APモジュールとして、対象とする勘定は**表1**のようなものになります。FI-APでは、仕入先の情報が必要となり、仕入先を「仕入先マスター」に登録して管理します。

　一般的に、債務計上の振替伝票の場合は、貸方に買掛金などの勘定科目を入力しますが、「Tr-cd：FB60」では、仕入先コード欄に「仕入先コード」を入力し、債務の勘定科目は入力しません。このように債務計上仕訳の登録時に貸方の勘定コードは入力せずに、「仕入先マスター」などの関連するマスターで管理する勘定を**統制勘定**と呼びます。

　転記された債務計上伝票は、仕入先別に補助簿*に債務計上取引が記帳されるほか、FI-GL（総勘定元帳）には、「仕入先マスター」登録時に設定した買掛金などの統制勘定（勘定科目）に記帳されます。

　なお、カスタマイズが必要ですが、債務計上伝票入力時に、統制勘定を上書きで変更できるように設定可能です。

表1　FI-APの対象となる勘定科目

対象勘定	内容説明
買掛金	企業の主要事業の取引に関する債務
未払金	主要事業以外の取引に関する債務
預り金	他が支払うべき債務を代わりに支払うため受け取っている債務
支払手形	買掛金などの債務を手形を発行して支払ったもの
前払金	取引に先立って支払った代金*

＊**Tr-cd**：トランザクションコードの略。トランザクションコードはプログラムを起動する時に使用するコードのこと。
＊**補助簿**：総勘定元帳の内訳帳簿（例えば、仕入先別買掛金）。
＊**取引に先立って支払った代金**：債務ではないが、SAPでは「仕入先マスター」と紐付を行うため、債務管理の対象となる。

64

3-3　FI-AP（債務管理）モジュール

▶▶ 債権・債務計上伝票入力時の債権・債務側の勘定科目の変更

　債権・債務の計上時の債権・債務勘定科目は、「得意先マスター」または「仕入先マスター」に設定する「統制勘定コード」で仕訳が計上されます。同一の得意先または仕入先でこれを変更したい場合※は、以下の2通りの方法で勘定を変更する機能が用意されています。

> **代替統制勘定機能を使用 ➡ 伝票計上時に代替統制勘定を直接変更する**

> **特殊仕訳機能を使用 ➡**
> **あらかじめ勘定コード別に定義した「特殊仕訳コード」を伝票登録時に入力する**

　なお、**代替統制勘定**機能および**特殊仕訳**機能を使って勘定科目を変更する場合、**表2**のメリットと制約事項があります。

表2　代替統制勘定と特殊仕訳を使った場合のメリットと制約事項

対象勘定	メリット	制約事項
代替統制勘定	・使用可能な勘定の数に制限がない	・手形などの特殊な科目の取引入力専用画面が用意されているケースでは使用できない ・勘定別の残高テーブルを持たない
特殊仕訳	・勘定別の残高テーブルを持っている ・1桁のコード値であり入力や判別がしやすい	・特殊仕訳コードが1桁しかないため数に限りがある（数字orアルファベット） ・SD,MMからの連携時には使用できない（一部例外を除く）

▶▶ 支払承認

　支払に関しては、SAPの自動支払処理で銀行から振込を行うためのFBデータの作成が可能です。これを使って保有する銀行口座からの振込を行うことが可能となっており、多くの企業でこの機能を使用して支払を行っています。支払処理をマニュアル作業で行うことは可能ですが、不正な支払につながる恐れがあり、これを避けるために、一般的に支払承認のプロセスを通して支払を行います。

※ **変更したい場合**：例えば、売掛金と前受金、買掛金と前払金に使い分けたい場合など。

3-3 FI-AP（債務管理）モジュール

　支払承認をSAPで実現する方法として「支払保留フラグ」を使用する方法があります。債務計上時に支払保留フラグを付けておき、自動支払処理で一旦、支払対象外にします。支払保留フラグを外すことで支払可能となるため、承認者が対象の支払予定日の債務の支払保留フラグを外すフローにすることで、SAPシステム上で支払統制を実現できます。

▶▶ 自動支払処理

　債務計上によって計上した債務は、支払期日までに支払う必要があります。ただし、取引量によっては、手作業では処理しきれない可能性があります。このような場合には、まとめて支払を行う自動支払処理の機能を使って対応できます。

　自動支払処理を使うには、いくつかのカスタマイズが必要ですが、債務支払の仕訳の自動仕訳や債務の消込、銀行振込用のFBデータの作成などの支払業務の効率化が図れます。

　自動支払処理の処理フローは、**図2**のようになります。

図2　自動支払処理の処理フロー

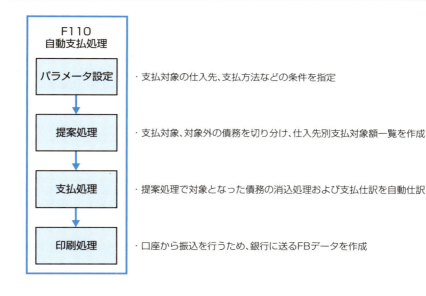

3-4 FI-AR（債権管理）モジュール

FI-AR（債権管理）モジュールでは、SD（販売管理）モジュールで計上した売掛金や未収入金、立替金、前受金などの債権、回収後の受取手形の管理などを行います。日本特有の締請求処理にも対応しています。また、銀行から入手できるFBデータも扱える仕組みになっています。

FI-AR（債権管理）モジュールの概要

FI-AR（債権管理）モジュールでは、回収を行う債権に対して「いつ」「誰から」「いくら」もらうのかといった情報の管理を行います。販売を行う取引に対して、債権計上、請求書発行、入金と債権の消込を行います。

FI-ARのプロセスは、次の流れで処理され、それぞれのステータス管理や債権残高および消込状態の確認を行います（**図1**）。

債権計上 ➡ 請求書発行 ➡ 入金消込

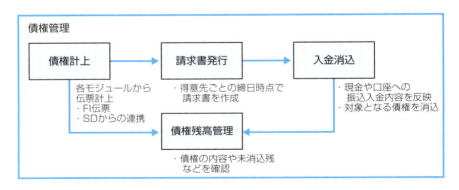

図1　FI-ARのプロセスフロー

3-4 FI-AR（債権管理）モジュール

▶▶ 債権計上

債権の計上は、SD（販売管理）モジュールなどから自動仕訳を通じて自動的に計上されます。それ以外の、例えば未収や立替などの債権をFI（財務会計）の「Tr-cd：FB70（得意先請求書入力）」などを使って計上します。得意先の支払条件をもとに、入金予定日や支払方法が定められます。

SAPのFI-ARの対象となる勘定科目は、**表1**の通りです。

表1　FI-ARの対象となる勘定	
対象勘定	**内容説明**
売掛金	企業の主要事業となる取引に関する債権
未収入金	主要事業以外の取引に関する債権
立替金	他が支払うべき債権を事前に代わって支払った債権
受取手形	売上債権を手形で回収したもの
前受金	取引に先立って受け取った代金*

▶▶ 請求書発行

売上計上時に代金を回収せずに売掛金などの債権を計上した場合、回収のために請求書を作成し、得意先に対して送付を行います。

海外では、取引の都度発行が一般的であり、SDの請求伝票計上から請求書の発行を行います。一方、日本の企業間の取引では、取引条件として締日と支払日を事前に決めておき（例：月末締め翌月末振込払い）、締め単位での請求、入金とすることが多く行われています。

SAPはドイツ製のERPパッケージのため、締め請求機能はもともと、標準機能としてはありませんでしたが、現在は拡張機能に入っており、この機能を有効化することでSAP標準機能として使用できます。

締め請求書では、日本の締め請求の要件に合わせて締め時点の請求額、入金額を把握できる作りになっています。締め時点でデータ作成を行うことで、締め時点の請求書ヘッダ、明細のデータを作成します。その後、今回の請求対象から除外するなどの調整を請求書データに対して行えます。調整後の請求書データをも

＊**取引に先立って受け取った代金**：債権ではないが、SAPでは「得意先マスター」と紐付を行うため、債権管理の対象となる。

3-4　FI-AR（債権管理）モジュール

とに、請求書を作成します。ただし、レイアウトは企業独自の様式となるため、SAP標準ではサンプルのみの提供となり、Add-on開発が必要となります（**図2**）。

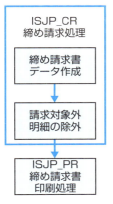

図2　締め請求処理の流れ

- ISJP_CR 締め請求処理
  - 締め請求書データ作成：締め請求書を発行するためのデータを作成
  - 請求対象外明細の除外：請求内容を確認し、今回請求対象から外す債権を除外
- ISJP_PR 締め請求書印刷処理：作成を行う請求書データを選択し、印字
  ※印刷レイアウトは導入する企業に合わせ作成する必要がある

▶▶ 入金消込

　回収すべき債権に対して入金があった場合、対象の債権と入金金額の消込を行うことで、債権の回収状況を把握できるようにします。債権回収の方法としては現金、振込、手形、自動引き落しなどいろいろな方法があります。ここでは、入金があった場合の処理方法として、伝票をマニュアル入力する場合と、銀行からFBデータを受領し、SAPに取り込む2つの処理の流れを説明します。

◆マニュアル入金消込処理

　現金などで入金があった場合、入金金額を会計伝票として入力するとともに、対象となる債権を消し込む必要があります。まず入金伝票の登録に必要な情報と入金金額を入力します。続いて、入金金額に対応する債権を見つけて選択し、転記処理をすると売掛金などの債権の消込が行われると同時に、入金の会計伝票が登録されます（**図3**）。

3-4　FI-AR（債権管理）モジュール

図3　マニュアル入金時の流れ

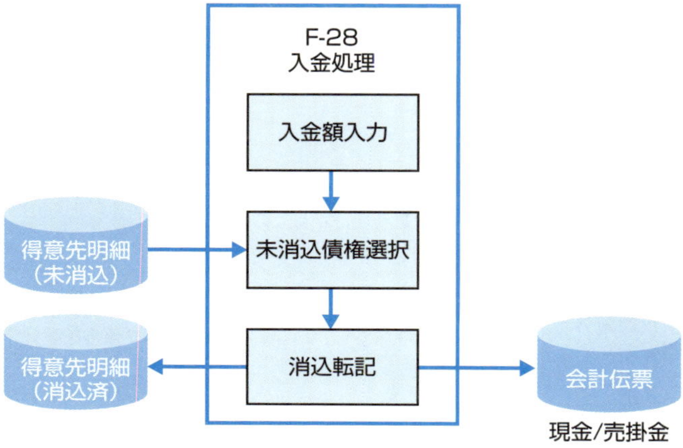

```
                      F-28
                     入金処理

                    ┌─────────┐
                    │ 入金額入力 │
                    └─────────┘
                         │
   ┌─────────┐           ▼
   │ 得意先明細 │    ┌──────────┐
   │（未消込）  │──▶│ 未消込債権選択 │
   └─────────┘    └──────────┘
                         │
   ┌─────────┐           ▼           ┌─────────┐
   │ 得意先明細 │    ┌─────────┐      │ 会計伝票 │
   │（消込済）  │◀──│ 消込転記 │─────▶└─────────┘
   └─────────┘    └─────────┘        現金/売掛金
```

◆ **振込入金時の FB データ取り込み処理**

　振込入金については、入金結果を銀行からデータで受領してSAP側に取り込み
を行うことで、一括で伝票の登録および債権の消込を行うことができます。

　銀行との契約が必要となりますが、日本の銀行から全銀協フォーマットの入金
データを取得して、SAPの電子銀行報告書インポート機能を使って、入金伝票の
起票と債権の消込を一括で行えます。

　入金データの取り込み時に入金伝票と消込伝票は、別々に作成されます。債権
とマッチングした入金データは、入金伝票と消込伝票が両方同時に作成され、債
権の消込まで実施されます。アンマッチの場合は、入金伝票のみ作成され、債権
の消込は行われません。

　この場合は、対象の債権をマニュアルで選択して消込する必要があります（**図4**）。

3-4 FI-AR（債権管理）モジュール

図4　FBデータ取り込み入金消込の流れ

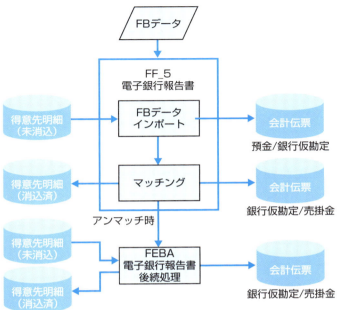

3-5

FI-AA（固定資産管理）モジュール

FA-AA（固定資産管理）モジュールは、会計上、固定資産として計上している資産の管理を行います。減価償却費は税法、会社法、IFRSなど複数の基準別に計算することができます。減損処理や償却資産税申告処理などの日本固有の税法にも対応しています。

▶▶ FI-AA（固定資産管理）モジュールの概要

固定資産の取得や売却など、資産の動きを管理するために使用するのが**FI-AA（固定資産管理）**モジュールです。FI（財務会計）では、FI-GL（総勘定元帳）に対する補助元帳の役割を果たします。

また、固定資産は支出額が大きいことが多いため、一度に費用化せずに、耐用年数期間に渡って減価償却を行い、徐々に費用化していきます。FIでは、FI-GLに対する補助元帳の役割を果たし、固定資産を含む取引に関する詳細な情報を提供します。

FI-AAモジュールでは、土地や構築物、機械装置などの有形固定資産、ソフトウェアや特許権のような無形固定資産など、さまざまな種類の資産を**資産クラス**で分類して管理します（**図1**）。

企業によっては大量の資産を管理する必要があるため、資産クラス以外にも**資産グループ**や**名称コード**などの項目で集約し、ソート順として管理することも可能です。

資産クラスには、管理する項目や償却基準などを割り当てることができます。

3-5 FI-AA（固定資産管理）モジュール

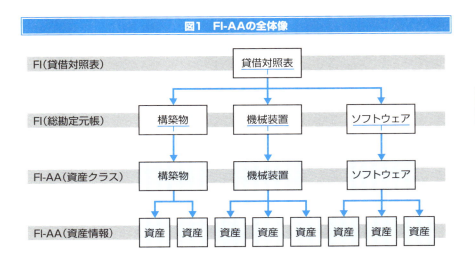

図1　FI-AAの全体像

▶▶ FI-AAの異動処理

FI-AAでは、さまざまな資産の異動に対応しています。主な異動は以下の通りです。

◆取得／過年度修正

資産を購入、取得した際に行います。また、決算後の棚卸などで未登録の資産が見つかった場合など、過去に取得している資産を登録する時は過年度修正を行います。

◆滅却／売却

資産を滅却（破棄）したり、売却したりした際に行います。取得価額よりも高く売却すれば売却益、安く売却すれば売却損の会計伝票を自動起票することも可能です。

◆振替

会社、事業領域間の振替や、資産の合併、分割などを行う際に行います。振替バリアント※を使用することで、複数資産の一括処理も可能です（図2）。

※振替バリアント：振替対象資産の抽出条件を定義したもの。

3-5 FI-AA（固定資産管理）モジュール

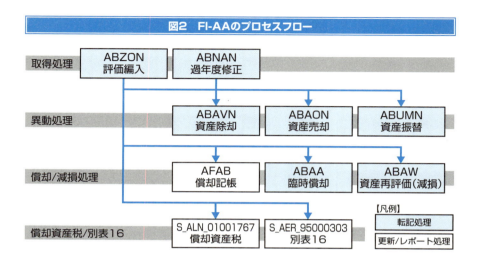

図2　FI-AAのプロセスフロー

▶▶ さまざまな償却

　定期的に行う**償却記帳**（**減価償却**）や不定期に行われる臨時償却、減損損失などの計上などが行えます（**図2**）。

　減価償却（償却記帳）の実施間隔は企業によって異なるため、1年、半期、四半期、月次など業務に合った周期で実行できます。

▶▶ 償却領域

　固定資産は、会計と税法など異なる観点で評価額を管理する必要があるため、資産クラスごとに複数の評価額を管理する領域を持たせることができます。

　例えば、30万円以上のパソコンを購入した場合を例に挙げると、パソコンは「税法」では償却期間を4年と定めていますが、実際に業務で使用する期間を会社（会計）が3年と判断する場合は、異なる基準で減価償却を行い、費用を計上する必要があります。

　また、IFRS[*]を適用する場合は、IFRS用の償却領域も必要になります。

---

[*] **IFRS**：International Financial Reporting Standardsの略。「国際会計基準」のこと。

3-5　FI-AA（固定資産管理）モジュール

▶▶ 償却資産税申告

　固定資産では、1月1日時点で所有している資産について、税務署への申告が義務付けられています。その際に行うのが**償却資産税申告処理**になります。償却資産税申告処理では、「資産マスター」に登録されている申告情報をもとに抽出・集計を行い、申告書や**種類別増減明細**、法人税申告で使用する**別表16**＊などを出力できます（**図2**）。

第3章 会計管理モジュール

COLUMN　**システムアプローチ**

　一つひとつのプロセスの改善だけでは限界があります。

　そもそも会社の各業務プロセスはつながっていて、一つひとつのプロセスを改善して行くという考え方から、会社全体、または、システム全体の視点から改善案を考えることで、より大きな改善効果が期待できると言われています。

　QMS（品質管理マネジメント)の7原則の中に、プロセスアプローチがありますが、この中にシステムアプローチの考え方も含まれています。

＊ **別表16**：計上した減価償却費の計算根拠として申告書に添付する書類のこと。

3-6

FI-SL（特別目的元帳）モジュール

メインとなる総勘定元帳のほかに、いろんな目的に応じて複数の元帳を必要とする場合に、このFI-SL（特別目的元帳）モジュールを使用します。

▶▶ FI-SL（特別目的元帳）モジュールの概要

FI（財務会計）モジュールでは、メインの元帳としてFI-GL（総勘定元帳）に取引を記帳し、その内容を集計して財務諸表などを作成していきます。FI-GLに記帳する取引は、外部に報告する会計基準に従った内容となりますが、これとは別の目的で元帳を保持できます。これを**FI-SL（特別目的元帳）**と呼んでいます。

FI-SLを作成するケースの例として、以下のものがあります。

◆ 企業内で別の評価方法による評価

FI-GLは、**会計原則（GAAP**＊**）**に則った取引を記帳しますが、例えば**IFRS（国際会計基準）**で決算帳票を作成した場合は、IFRS用元帳として元帳を追加します。IFRS用元帳には、FI-GLからの仕訳を連携するように設定できるほか、追加した元帳独自の伝票を登録することも可能です（**図1**）。

◆ 標準の SAP 残高テーブルにはない集計項目で残高確認

標準のSAPの勘定残高テーブル＊は、事業領域や利益センタ別の集計残高を持っていますが、ほかの項目別の残高を管理したい場合に、必要な項目を追加して、集計のキーとした元帳を作成することにより、その追加した項目での残高管理が可能になります。

例えば、元帳の種類と各集計テーブルの集計項目は、次ページ中段の**表1**のようになります。

＊**GAAP**：Generally Accepted Accounting Principlesの略。一般に認められた会計原則の略称。
＊**勘定残高テーブル**：総勘定元帳などの残高を管理しているテーブル。
＊**会社コード、事業領域、取引先、通貨コード**：集計項目を指定できる。

3-6　FI-SL（特別目的元帳）モジュール

図1　別会計基準用の元帳を追加した例

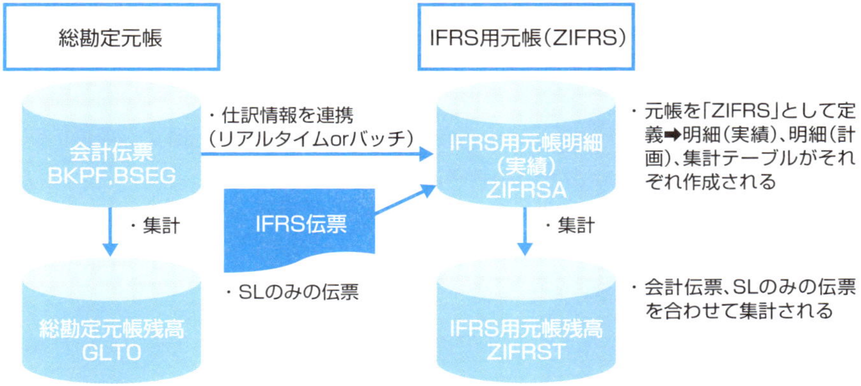

総勘定元帳

IFRS用元帳（ZIFRS）

会計伝票
BKPF,BSEG

・仕訳情報を連携
（リアルタイムorバッチ）

IFRS伝票

・SLのみの伝票

・集計

総勘定元帳残高
GLT0

IFRS用元帳明細
（実績）
ZIFRSA

・集計

IFRS用元帳残高
ZIFRST

・元帳を「ZIFRS」として定
義➡明細（実績）、明細（計
画）、集計テーブルがそれ
ぞれ作成される

・会計伝票、SLのみの伝票
を合わせて集計される

表1　元帳の種類と集計単位となる主要な項目

元帳の種類	テーブル名	集計単位となる主要な項目
総勘定元帳	GLT0	会社コード、事業領域、通貨コード
利益センタ別残高	GLPCT	会社コード、利益センタ、通貨コード
事業別取引先別残高 （SL元帳）	ZxxxxT	会社コード、事業領域、取引先、通貨コード[*]

FI-SLの使用

　FI-SLで作成したテーブルは、明細（実績/計画）用、集計用がセットで作成される形になっており、**レポートペインタ**[*]などで作成するレポートの元データとして使用できます。これによって、利用者のニーズに合った情報を必要とするレイアウトで容易に作成できるようになります。

[*]**レポートペインタ**：主にFI（財務会計）、CO（管理会計）で使用されるレポート作成を支援するツール。どのテーブルのどのデータを表示するのか、集計対象として、どの項目を使用するのかを定義できる。

3-7

TR（財務 / 資金管理）モジュール

TR（財務/資金管理）モジュールは、資金繰実績の把握や銀行口座別の将来の残高把握、得意先別の入金予定、仕入先別の支払予定などを把握する場合に使用します。資金管理ポジションと流動性予測の機能があります。

▶▶ TR（財務/資金管理）モジュールの概要

TR（財務/資金管理）モジュールでは、資金繰りを判断するために必要な情報の集約、確認を行います。販売、購買などの取引から発生する入出金の予定情報や、現金・預金などの流動資産の残高を把握し、いつの時点でいくら資金が必要なのか、どれだけの取引拡大や投資が可能なのかを所有する資金の観点で確認できるようにします。

SAP R/3では多くの機能がありましたが、そのうちの多くは**FSCM**＊へと移行し、別製品となっています。入出金の予定情報や実績を確認する機能として、**図1**に示した機能は継続して利用できます。

図1　TRモジュールの機能	
資金管理ポジション	日々の現預金の実績金額を把握する 現金、預金の勘定別の実績金額の動き、および残高を日別に表示できる
流動性予測	一定期間における入出金の予定額を把握する 債権、債務、発注、受注などの情報を元に、期日別の入金/支払予定を日別に表示できる

＊**FSCM**：Financial Supply Chain Managementの略。キャッシュフローに影響を与える業務プロセスの統合により、運転資金の最適化を図るモジュール。

3-7　TR（財務/資金管理）モジュール

資金管理ポジション

　現金や預金の残高を確認するための機能が**資金管理ポジション**です。現金や預金などの管理したい単位を「資金管理勘定名」として定義し、資金管理勘定名ごとの実績金額の確認が可能となっています。実績金額は、会計伝票として登録されているものがリアルタイムで反映されています。

　実行時の出力条件として、日別や指定した日数別単位 ※ での表示、1円単位や1,000円単位などでの金額表示、残高や表示する日数単位の差分などの指定が可能です。これにより、現金や預金の直近もしくはある程度の期間残高や増減を把握できます。「各口座や現金の残高が支払に足りるかどうか」「資金集中を行う場合にいくら資金を移動するか」などの確認を資金管理担当者が行います。

　なお、注意点として、資金管理勘定名は、勘定コード（勘定科目）に対して設定します。そのため、資金管理ポジションで管理する必要がある預金口座ごと、現金を管理する単位ごとに勘定コードを分ける必要があります。

流動性予測

　流動性予測は、債権や債務などの情報をもとに、短期〜中期の入出金予定を把握するための機能です。債権は得意先、債務は仕入先ごとの管理となり、流動性予測の中で確認したい単位を「計画グループ」として定義します。これを「得意先・仕入先マスター」に割り当てることで、計画グループ単位での入出金予定を把握できます。

　また、仕訳として計上する勘定科目別での確認も可能となっています。これは「計画レベル」として定義し、勘定コードなどに割り当てることで、勘定科目のグループによる確認も可能です。

　SD（販売管理）やMM（在庫/購買管理）とも連携しており、債権や債務などの仕訳が計上され確定したものだけでなく、受注済みや発注済みのもので、債権や債務がまだ計上されていない段階でも、受注伝票や発注伝票の情報をもとに入出金予定を把握できます。

※ **日数別単位**：例えば、7日など。

3-8

CO（管理会計）モジュール

CO（管理会計）モジュールには、原価要素会計、原価センタ会計、内部指図会計などがあります。原価管理にスポットライトを当てたモジュールで、いろんな単位で原価を把握でき、管理会計の中心的な機能です。利益センタ会計および収益性分析については、次節以降で説明いたします。

▶▶ CO（管理会計）モジュールの概要

CO（管理会計）モジュールは、企業内部の経営情報の管理や、収支分析などを取り扱うモジュールです。「どこに、どれだけの費用がかかっているのか」「利益がどれくらい出ているのか」などを把握します。また予算に対し、実績がどれくらい出ているのかなどを把握できます。

費用科目や収益科目を「原価要素」として登録し、いろいろな集計単位（原価センタ、内部指図、利益センタなど）で原価や利益の分析を行うことができます。

▶▶ CO-OM-CEL（原価要素会計）

COでは、どのような原価が設定されたかの内容を表す単位を**原価要素**とし、原価の内容を管理しています。

CO-OM-CEL（原価要素会計）モジュールとほかのCOモジュールとの関係は、**図1**のようになります。各原価の分析の切り口となる原価センタや内部指図に対して、どのような原価が設定されているかを表し、紐付けを行います。紐付けを行った原価は、利益センタへの紐付けが行われ、利益の管理は利益センタ単位で行います。

3-8 CO（管理会計）モジュール

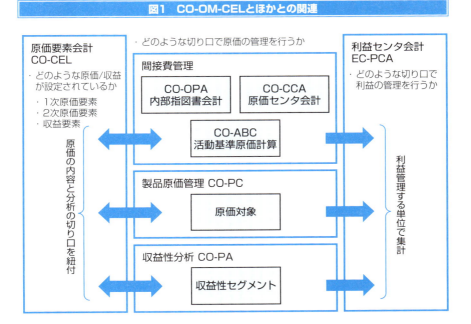

図1　CO-OM-CELとほかとの関連

◆ **原価要素マスター**

　原価要素には、一次原価要素、二次原価要素、収益要素の3つのタイプがあります。基本的に勘定科目と同じ内容で、費用科目は一次原価要素として原価要素マスターに登録します。

　一次原価要素については、会計伝票の登録と同時に原価要素に対しても実績が計上され、リアルタイムにCOモジュールにも連携されます。売上などの収益科目は、収益要素として原価要素マスターに登録します。収益要素も会計伝票の登録と同時に利益センタ会計などに連携されます。

　そのほか、COモジュールのみで使用される原価要素として、二次原価要素を登録します。配賦などを行う際の計上先として使用されます。

3-8 CO（管理会計）モジュール

▶▶ CO-OM-CCA（原価センタ会計）

　原価がどこで発生するかを管理するのが**原価センタ**です。COモジュールで組織単位として扱われます。原価の発生時に原価センタを割り当てることにより、実績が計上されていきます。

　原価センタは、**原価センタグループ**という階層構造で管理できます。原価センタグループを階層構造として登録し、上位階層との紐付けを行って階層を作成します。実際の原価の計上先は原価センタとなり、原価センタを原価センタグループに割り当てます。

　原価センタ階層の定義例が**図2**です。ここでは原価センタグループおよび原価センタを企業内の部門として階層化しています。組織の階層を原価センタグループとして登録し、原価センタと紐付けを行います。階層の最下位に、計画や実績を計上する原価センタを登録します。

　全社共通や部門共通の費用などを集計する原価センタを登録する場合は、全社や上位部門の原価センタグループに直接、紐付く原価センタとして登録し、これを使用します。

　また、原価センタグループは、複数登録できます。目的に応じて必要な原価センタグループを選択し、分析の切り口などに使うことができます。

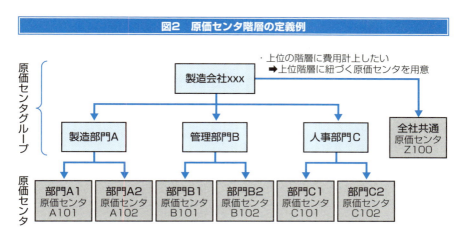

図2　原価センタ階層の定義例

3-8 CO（管理会計）モジュール

▶▶ CO-OM-OPA（内部指図書会計）

費用を計上する際に、原価センタなどの組織単位ではなく、ある活動に対して集計したい場合に**内部指図書**を使用します。内部指図書は、例えば以下の単位で登録し使用します。

①工事を受注したので工事単位で原価を把握
②イベントを企画し開催したのでイベント単位で原価を把握
③社内でプロジェクトを立ち上げたのでプロジェクト単位で原価を把握

なお、プロジェクトのフェーズ別の管理は通常、PS（プロジェクト管理）＊モジュールで行います。内部指図も原価センタ同様に階層管理を行うことが可能で、指図グループとして登録します。指図グループも分析を行う切り口として使用できます。

▶▶ 原価センタや内部指図への計画登録

原価センタや内部指図などに対しては、計画を登録できます。まず計画の種類を**計画バージョン**として設定しておき、各バージョンに対して原価センタ、または内部指図別原価要素の計画を登録します。

画面から直接計画値を入力できるほか、カスタマイズすれば、Excelアップロードによる一括登録を行うこともできます。

登録した計画については、計画/実績比較のレポートが用意されており、比較対象とするバージョンの計画値と実績値の比較と、予実分析を行うことができます（**図3**）。

＊**PS（プロジェクト管理）**：「4-8 PS（プロジェクト管理）モジュール」を参照。

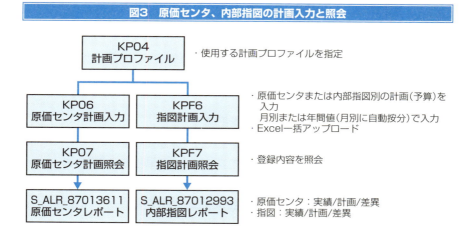

原価センタや内部指図への実績集計

　原価センタや内部指図への実績計上は、FIモジュールの会計伝票の登録時に、原価センタ、または内部指図を入力することにより、自動で集計されます。FIモジュールの会計伝票入力や、MMモジュールの購買発注の入庫や発注外入庫などで計上される費用は、指定した原価センタや内部指図に計上され、実績がCOモジュールに連携されます（**図4**）。

　なお、COの集計対象への実績計上は、1か所のみに限定されます。そのため、原価センタと内部指図の両方が入力されていても、COでの実績はどちらか1つに計上されます。この点に関しては、一方を**実績計上**する設定としておき、もう一方を**統計転記**と設定することで、統計実績として計上できます。

　また、統計実績については、実績と同様、CO上で原価の集計単位ごとに確認できますが、参照用のみであり、配賦などに振替る対象とすることはできません。

3-8 CO（管理会計）モジュール

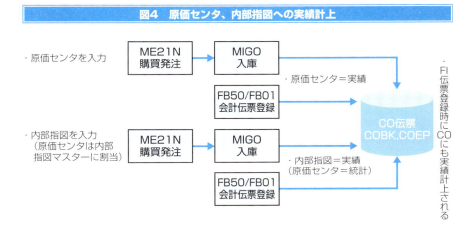

図4 原価センタ、内部指図への実績計上

配賦に関する機能

　原価センタや内部指図は、実績値や計画値を登録して集計するほか、ほかの原価センタや内部指図に**配賦**を行うことができます。配賦のほかに、**付替**があります。付替と配賦の違いは、実行した際に計上される原価要素が異なることにあります。付替と配賦は、ともに原価センタや内部指図に按分※を行うことが可能ですが、**表1**に示した違いがあるため、目的によって使用する機能を使い分けてください。

表1 付替と配賦の違い

配賦の種類	計上される原価要素	注意点
付替	・配賦元／配賦先の原価要素は実績計上時と同じ	・配賦先の原価要素を、実績計上と同じ原価要素で把握する
		・配賦元は原価要素別にみたときはゼロになる
配賦	・配賦元／配賦先の原価要素は実績計上時と異なる	・配賦元には元の原価要素の金額は残って見える
		・配賦先は元の科目とは異なるため元の科目はわからない※

※**按分**：何らかの係数にもとづいて比例配分すること。
※**元の科目はわからない**：複数科目をまとめて配賦すると、まとまる。

3-8 CO（管理会計）モジュール

▶▶ 配賦処理の流れ

配賦処理の流れは、**図5**のようになります。配賦の実行を行うには、まず事前にルールを決めておき、それを**周期**として登録します。周期には、対象とする原価要素*、配賦元、配賦先、配賦基準を登録しておきます。配賦基準として、会計伝票で登録された実績*を利用できます。

そのほか、別途基準とする固定の数値*を利用でき、これを統計キー数値として定義して、事前に値を登録しておきます。配賦ルールとなる周期の登録や配賦基準などの登録ができたら配賦を実行します。配賦ルールと配賦基準に基づいた配賦計算結果が出力されます。

図5　配賦処理の流れ

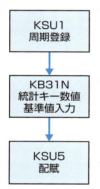

KSU1 周期登録
・配賦を実行する条件を定義
　配賦対象の原価要素
　配賦元（どこから配賦するか：原価センタなど）
　配賦先（どこに対して配賦するか）
　配賦基準（それぞれどういう比率で按分するかのルール）

KB31N 統計キー数値基準値入力
・配賦基準が固定の場合、統計キー数値として登録しておく
　人数、面積など
　これらに対し、配賦先ごとの値を登録する

KSU5 配賦
・周期として登録した配賦ルールと、配賦基準の値を元に配賦処理を実行

＊**原価要素**：配賦元の金額を集計する原価要素、配賦結果を計上する原価要素。
＊**登録された実績**：例えば、部門別に計上されている経費を基準にする。
＊**固定の数値**：例えば、部門ごとの社員数や、事務所の面積など。

3-9
EC-PCA(経営管理：利益センタ会計)モジュール

EC-PCA（経営管理：利益センタ会計）モジュールは、利益の管理にスポットライトを当てたモジュールです。利益センタグループを使って、組織別の損益計算書などを作成することができます。

▶▶ EC-PCA（経営管理：利益センタ会計）モジュールの概要

CO-OM-CCA（原価センタ会計）モジュールでは、費用のみが対象になるのに対し、**EC-PCA（経営管理：利益センタ会計）**モジュールでは、費用/収益ともに対象になります。**利益センタ**のマスターの構成や**利益センタグループ**の階層構造を持つ点は、原価センタとほぼ同様であり、分析も同じように行うことができます。

原価センタと利益センタは紐付けを行うことで、実績計上時に原価センタを入力すると、利益センタにも実績を連携できます。利益センタと原価センタの紐付けは、「原価センタマスター」に利益センタを割り当てることで可能となるため、「原価センタ：利益センタ＝N：1」の関係となります（**図1**）。

図1　原価センタと利益センタの関係

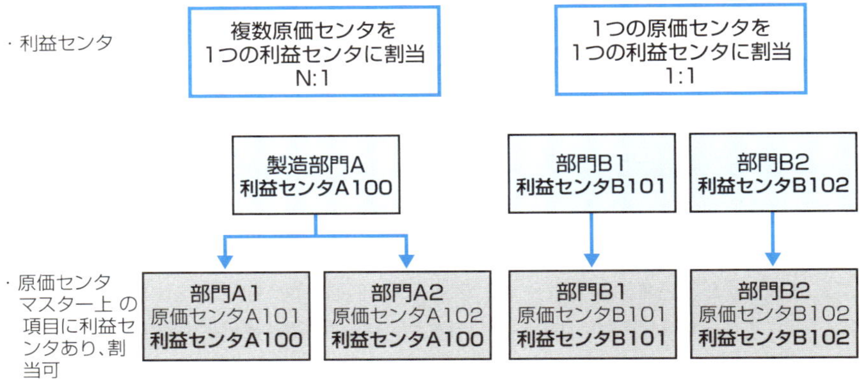

- 利益センタ

| 複数原価センタを
1つの利益センタに割当
N:1 | 1つの原価センタを
1つの利益センタに割当
1:1 |

製造部門A
利益センタA100

部門B1
利益センタB101

部門B2
利益センタB102

- 原価センタマスター上の項目に利益センタあり、割当可

| 部門A1
原価センタA101
利益センタA100 | 部門A2
原価センタA102
利益センタA100 | 部門B1
原価センタB101
利益センタB101 | 部門B2
原価センタB102
利益センタB102 |

3-9 EC-PCA（経営管理：利益センタ会計）モジュール

EC-PCAモジュールでできること

　EC-PCAモジュールは、CO-OM-CCAと基本的な作りは同じですが、費用のほかに収益も含めて、計画値の登録や、分析レポートでの計画/実績比較などの分析、付替、配賦を行うことができます。

　また、B/S勘定*にも利益センタを設定するようにカスタマイズを行うことで、利益センタ別の貸借対照表、損益計算書を作成できます。

COLUMN　プロジェクトの進め方で思うこと

　すべての海外のプロジェクトと言う訳ではありませんが、本稼働判定のタイミングで、システムにクリティカルな欠陥はないものの、軽微な不具合などがあり、完成度は70%くらいの進捗状況であれば、本稼働に踏み切る場合があるようです。

　その場合は、本稼働後に本番運用と並行しながら、残りの改修作業をすることになりますが、日本のプロジェクトでは、本稼働時には100%に近い完成度を求められることが多いので、国が変わればプロジェクトの方針も変わるのだなと思いました。

＊B/S勘定：貸借対照表勘定科目のこと。

3-10

CO-PA(収益性分析)モジュール

CO-PA（収益性分析）モジュールは、売上や売上原価、製造原価の分析、売上総利益または貢献利益の分析、標準との原価差異の分析などに使用します。原価ベースと勘定ベースがあります。

▶▶ CO-PA（収益性分析）モジュールの概要

CO-PA（収益性分析）モジュールは、収益および利益に関して多様な切り口で分析を行いたい時、さまざまな切り口を組み合わせて実施できるモジュールです。分析を行う切り口を**特性**として定義し、収益や原価に対して関係する得意先グループ、品目グループ、販売地域などを入力します。これらの特性の組み合わせを**収益性セグメント**と呼びます。

分析対象に関する特性と収益性セグメントの関係は、**図1**のようになります。

図1　CO-PAの分析対象

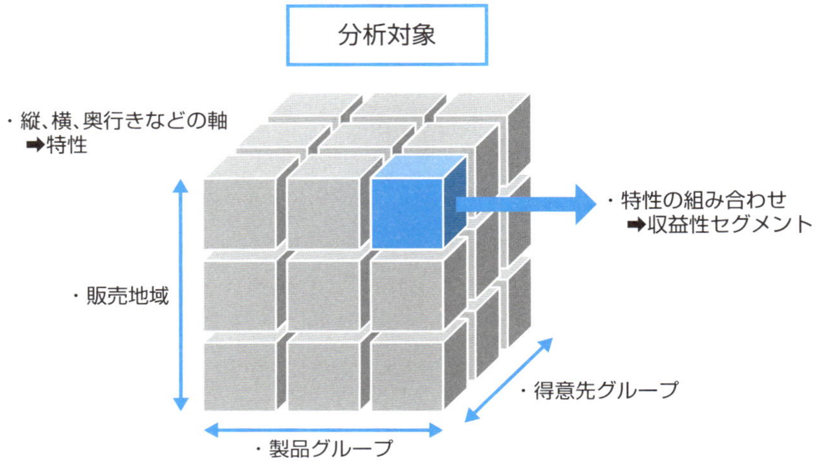

分析対象

・縦、横、奥行きなどの軸
　➡特性

・特性の組み合わせ
　➡収益性セグメント

・販売地域

・得意先グループ

・製品グループ

3-10 CO-PA（収益性分析）モジュール

▶▶ CO-PAモジュールへのデータ登録

CO-PAモジュールへのデータ登録は、以下の入り口から行われます。

①SDモジュールの受注➡出荷➡請求伝票からの自動設定
②会計伝票（FIモジュール）で収益性セグメントの値入力
③CO-PAモジュールでの収益性セグメントの値入力

データ入力時に各分析を行う特性の内容（特性値）を入力できれば良いのですが、特性の内容が「得意先マスター」や「仕入先マスター」の分類を表す場合、マスターから情報を取得できます。これを**誘導**と呼びます。

各特性に対し、誘導規則をカスタマイズで定義しておくことで、特性値を自動で設定できます。

▶▶ 原価ベースと勘定ベースの違い

原価ベースでは、分析したい項目を値項目として定義します。**勘定ベース**は、発生した取引の金額と会計上の勘定科目をもとに分析する方法です。

分析する際のキーは、原価ベース、勘定ベースとも特性を使って定義します。原価ベースのほうが、値項目を使うことでより細かな分析が可能になります。

3-11 IM（設備予算管理）モジュール

IM（設備予算管理）モジュールは、設備投資の際の投資予算と設備実績管理に使います。

▶▶ IM（設備予算管理）モジュールの概要

IM（Investment Management：設備予算管理）モジュールは、設備投資や研究開発などを行う時に、設備が完成するまでにかかる費用の予実績管理を行う場合に使用します。設備が完成するまでは、指図上に建設仮勘定で管理しておき、完成後に固定資産などに振替えることができます。

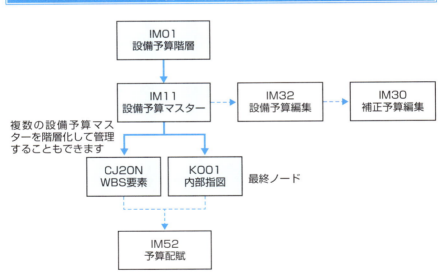

図1　設備予算階層の例

3-11　IM（設備予算管理）モジュール

　設備予算は、設備予算階層➡設備予算マスター➡最終ノードの階層で管理でき
ます。予算の割り当ては、設備予算マスターに割り当て、最終ノードに配賦します。
最終ノードとは、内部指図やWBS要素*など設備予算に割り当てることができる
オブジェクトのことを言います（図1）。予算は、初期予算に対して追加や削減な
ど補正できます。

▶▶ 組織に依存しない管理ができる

　IMモジュールでは、複数の会社や部門をまたがる大規模なビルの建設、再開発
による共同開発などが行われる場合に、対象の会社コードや原価センタ、事業領
域などを一元管理できる階層管理が可能です。

　また、国外にある子会社を対象とする場合には、階層単位に通貨が異なる場合
でも、設備階層➡設備予算➡最終ノードごとに通貨コードを設定するなど、柔軟
な対応が可能です。

▶▶ FI-AAモジュールとの統合

　内部指図やWBS要素を使用して、FI-AA（固定資産管理）モジュールと一緒に
使用することで、固定資産を取得するまでの一連の業務プロセスを統合できます。

　設備の建設にかかる費用を内部指図やWBS要素別に建設仮勘定として管理して
おき、設備が完成したのち、建設仮勘定上の原価を固定資産に振替、固定資産の
取得データとして連動できます（図2）。

　また、固定資産としない修繕費などは、費用として原価センタに決済することも
できます。そのほかにも、将来の減価償却の予測やシミュレーションを行うための
レポート機能などがあります。

＊WBS要素：WBSによって分割されたプロジェクトの構成要素のこと。「4-7」を参照。

3-11 IM（設備予算管理）モジュール

図2 FI-AAとの統合例

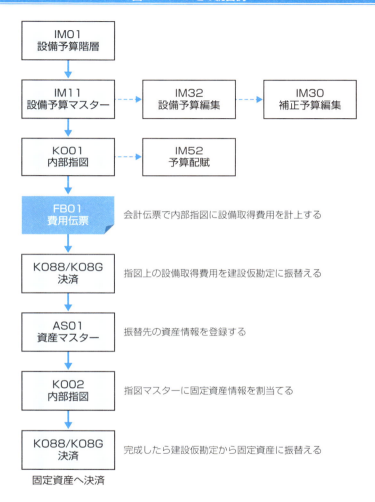

3-11　IM（設備予算管理）モジュール

COLUMN　天動説と地動説

　吉野源三郎さんの『君たちはどう生きるか』を読んで、いろんなことを教えられました。

　子供は、生まれて最初に母親や父親を、そして兄弟、親戚、近所に住む人々を知るように、自分中心（天動説）にモノを見ながら成長していき、やがて社会とのつながりの中で、社会の一員であることを理解し、社会全体から自分を考える（地動説）ことができるようになると理解しました。

　相手との関係（比較）だけを見て生きていくより、自分を認め自分らしく生きていく方がいい。そして自分の生き方を決められるのは自分だけだということを教えられました。

第4章

ロジスティクスモジュール

　在庫／購買管理業務や生産管理業務、販売管理業務をはじめとするロジスティクスモジュールの機能について説明します。モノの生産やプラントの建設、工事などを営む会社で使われているSAPの各モジュールの特徴や使い方、よく使われるトランザクションコードについても触れていきます。

4-1
ロジスティクスモジュールの全体構成

　ロジスティクスモジュール（ロジモジュール）は、モノの生産にあたって計画する生産計画、生産計画に基づく必要な原材料の調達、調達した原材料の在庫管理、製造工程管理、原価管理、生産した製品の販売・出荷・請求プロセスなどから構成されています。また、道路やビルの建設などの工事が伴うビジネス、および完成後に保守サービスが発生するビジネスにふさわしいモジュールも用意されています。

▶▶ 各モジュールの位置づけ

　本書では、次のモジュールを取り上げ、それぞれの位置づけとモジュール間の関係について、以下のように捉えています。

◆見込生産を行っている会社の例

　見込生産を行っている会社の例を使って、各モジュールの位置づけと関係を説明します（**図1**）。

1 まず生産計画に基づいて原材料を調達します。

2 調達した原材料を製造開始前までに用意し、製品の製造を開始します。

3 製造した製品の品質チェックを行い、OKだったものを在庫として受け入れます。

4 受け入れた製品を注文に応じて在庫引き当てを行い、倉庫から出荷し物流会社のトラックなどを使用して得意先に納品します。

5 納品後、請求書を発行します。

4-1 ロジスティクスモジュールの全体構成

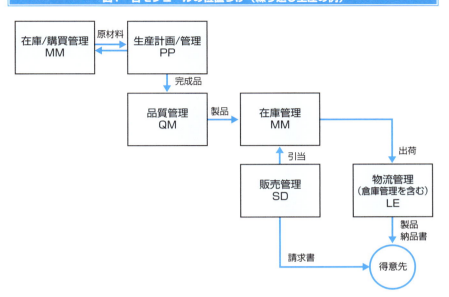

図1 各モジュールの位置づけ（繰り返し生産の例）

◆ 受注生産やビル建設、工事が伴うビジネスを行っている会社の例

　次に受注生産やビル建設、工事が伴う受注設計生産を行っている会社の例を用いて、各モジュールの関係を説明します（**図2**）。

1 受注後、プロジェクト設計計画に基づき、資材や要員を調達（購買管理）します。
2 スケジュールに基づいてビルの建設や工事の施工を行っていきます。
3 工程ごとにかかった原価の管理をプロジェクトモジュールで行います。
4 完成後、得意先から検収書をもらい、検収に基づいて請求書を作成します。
5 得意先サービスモジュールを使用して、完成後のアフターサービス（保守サービス）を提供します。
6 計画的な点検のほか、故障の発生による修理、保証外の請求処理などを行います。

4-1 ロジスティクスモジュールの全体構成

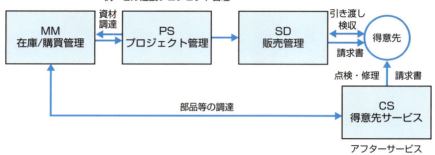

各モジュールの機能・役割

本書では、各モジュールの機能と役割について、**表1**のように捉えています。ロジスティクスの主なモジュールの詳細について、次ページ以降で説明していきます。

表1　各モジュールの機能と役割

対象モジュール	機能と役割
PP（生産計画/管理）	・繰返生産、見込生産対応 ・販売予測などに基づき、生産計画をサポート ・MRPなどによる原材料の調達、製造指示 ・製造工程管理 ・原価管理と差異分析など
MM（在庫/購買管理）	・購買依頼・見積・発注・入庫・請求書照合プロセスの管理 ・調達先管理 ・適正な在庫管理
SD（販売管理）	・マーケティング、見積、受注、出荷、請求、回収プロセスの管理
LE（物流管理）	・配送計画、配送手配、配送管理
WM（倉庫管理）	・出荷計画、出荷指示、ピッキング ・倉庫間転送、現物管理
QM（品質管理）	・製造した製品の受入れ品質管理 ・返品などの品質管理

4-1 ロジスティクスモジュールの全体構成

CS（得意先サービス）	・修理（メンテナンス）ビジネスのサポート ・計画点検 ・修理（現場修理と持ち帰り） ・請求
PS（プロジェクトシステム）	・受注設計生産、建設、工事、システム開発などのプロジェクト型ビジネスをサポート ・計画、スケジュール、プロジェクト損益管理 ・資源、原価管理

第4章 ロジスティクスモジュール

COLUMN　もう1つのWin-Win

　Win-Winの考え方の中に、「合意をしないということを合意する」という考え方があります。Win-Winとなる合意ができない場合に、お互いのために「合意をしないということを合意する」という考え方です。

4-2

PP(生産管理)モジュール

PP（生産管理）モジュールには、需要予測や販売予測にもとづいた生産計画の機能と、実際の生産の場面で発生する生産管理の機能があり、さまざまな生産形態に対応しています。

▶▶ PP（生産管理）モジュールの概要

PP（Production Planning and Control：**生産管理**）モジュールは、製品の生産計画および製造に関わるプロセスに対応するモジュールです。絶えざる改善のためのヒントの提供や、生産活動を効率的に推進するためのサポートをします。

製品の生産形態には、以下の見込生産と受注生産の2つがあり、PPモジュールはこれらに対応します。

◆見込生産

見込生産（MTS[*]**）**は、少品種・大量生産を行う製品の製造の場合に使います。需要予測や販売予測などをもとに、日用品等の製品や汎用品をあらかじめ作りだめしておき、定期的に売れる製品の欠品などによる機会損失を防ぎます。量産することでコストを下げることが可能ですが、過剰在庫になるリスクがあります。

部品構成管理には、部品表（BOM[*]）やフォーミュラ[*]を使用し、原価の構成管理には原価計算表などを使用します。

一般的な業務プロセスは、**図1**のようになります。

◆受注生産

受注生産（BTO[*]**）**は、多品種・少量生産を行う製品の製造の場合に使います。受注のたびに生産するので製品の在庫は基本的にありません。受注生産の場合は、さらに繰り返し受注生産、受注組立生産、個別受注生産があります（**図2**）。

①繰り返し受注生産方式（MTO[*]）

あらかじめ製品の型などを作っておき、受注があると繰り返し生産します。

＊**MTS**：Make To Stockの略。
＊**BOM**：Bill of Materialsの略。
＊**フォーミュラ**：部品表（BOM）と似ているが、連産品や副産物が扱える。
＊**BTO**：Build To Orderの略。

4-2 PP（生産管理）モジュール

②受注組立生産方式（ATO＊）

中間品までを見込生産で作っておき、受注があると組立生産を行います。

③個別受注生産方式（ETO＊）

ビルや橋、道路などの受注のたびに、設計なども行う受注生産です。個別受注生産の場合は、PPモジュールではなく、プロジェクト管理モジュールを使用する場合もあります。

図1　見込生産の場合の一般的な業務プロセスの例

生産形態

- 見込生産
- 受注生産
  - 繰返し受注生産
  - 受注組立生産
  - 個別受注生産

見込生産（MTS）

図2　受注生産（BTO）の一般的な業務プロセスの例

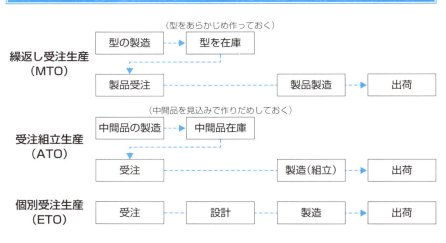

＊MTO：Make To Orderの略。
＊ATO：Assemble To Orderの略。
＊ETO：Engineer To Orderの略。

4-2　PP（生産管理）モジュール

▶▶ 生産計画と生産管理

　PPモジュールには、生産計画と生産管理の機能があります。

　生産計画では需要予測などに基づいて、生産計画シナリオを登録します。生産計画シナリオに基づいて**資材所要量計画（MRP**＊**）**を実行し、ある製品を作るために必要な原材料の必要数量を計算し、在庫が不足していれば不足分を補充発注します。

　資材所要量計画は、年次➡月次➡旬次➡日次と回しながら精度を高めていきます。生産計画の立案および資材所要量計画を実行するにあたっては、工場の能力を加味する必要があります。計画手配から自動生成された製造指図をもとに対象の製品の製造を開始します。

　製造工程作業が完了したら、製造工程の中で消費した原材料の消費実績数を製造指図に転記します。部品表上の原材料数量をそのまま投入した場合は、**バックフラッシュ機能**＊を使って製造指図に消費数量および材料費を自動的に計上させます。

　また作業実績時間の入力、もしくは作業実績時間の自動計測を行い、労務費を製造指図に計上します。労務費の時間単価は「活動タイプ」などを使用してマスター上にあらかじめ登録しておきます。間接費は直接費に連動させ、製品の完成時に計上します。製品が完成したら、完成品を製品在庫として受け入れます。

　月末時点で完成している製造指図は、差異計算を行い、標準と実際の差異を計算します。この差異（数量差異、金額差異など）を分析することで、原価の見直し、製造工程などの「改善」につなげます。未完成の製造指図は、仕掛計算を行います。その後、決済してCO（管理会計）モジュールなどにデータを連携していきます。これらの機能は、COの**CO-PC（製品原価管理）**を使用します（**図3**）。

　原価は標準原価を使用します。製品の原価を企画し、企画した原価を「品目マスター」上に標準原価として設定します。原価の積み上げ機能が用意されていて、これを使用して年度や半期、四半期ごとのサイクルで改訂して運用します。

　生産管理に関係するマスターとしては、「品目マスター」のほか、製品の部品構成を登録しておく**部品表**や、原価の構成を定義する**原価計算表、作業区、作業手順**（または**マスターレシピ**）などが必要になります。

＊**MRP**：Material Requirements Planningの略。
＊**バックフラッシュ機能**：部品表（BOM）上の割合の通りに原材料が消費されたと想定して、各原材料の消費量を算出する機能。

4-2 PP（生産管理）モジュール

図3　PPモジュールのプロセス例

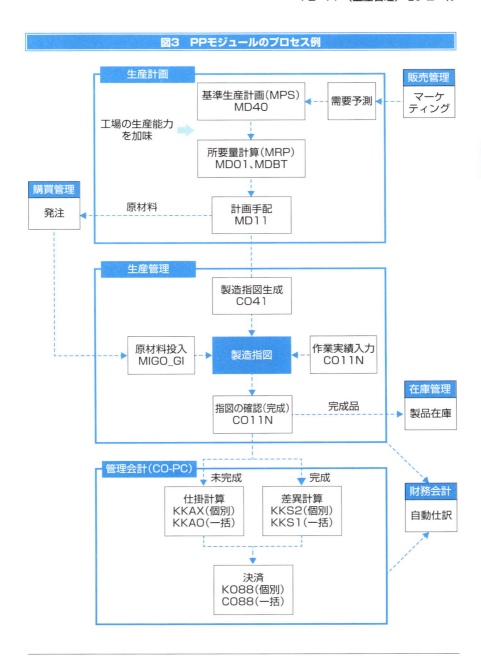

4-3

MM(在庫/購買管理)モジュール

MM（在庫/購買管理）モジュールは、在庫の入出庫管理や棚卸管理および資材・サービスの調達プロセスを管理するモジュールです。

▶▶ MM（在庫/購買管理）モジュールの概要

MM（Material Management：在庫/購買管理）モジュールは、主に在庫管理機能と購買管理機能から構成されています。在庫管理機能では、在庫の入庫、出庫などの受払や在庫の残高管理や棚卸処理などを行います。購買管理機能は、資材や消費品目、固定資産、外注サービス、外注加工などの購買依頼から、発注、入庫、債務計上までの各プロセスを対象にしています。

MMモジュールでは、以下の組織とマスターを使用します。

◆ 組織

MMモジュールで定義が必要な組織コードに**購買組織**と**購買グループ**があります。購買組織と購買グループには、特に紐付き関係はありません。

①購買組織

仕入先の選定、発注管理を行う組織で、商品の仕入れにあたって、仕入先の選定や仕入れる商品の価格交渉などを行います。一般的に、購買部門が該当します。

②購買グループ

実際に発注などを行う担当者を設定します。

◆ 主なマスター

購買管理機能で使用する主なマスターには、「品目マスター」「仕入先マスター」「供給元マスター」があります。

4-3　MM（在庫/購買管理）モジュール

①品目マスター
購買グループや発注単位、購買発注テキストなどを登録します。

②仕入先マスター
支払条件や発注時の通貨、仕入先の担当者などを登録します。

③供給元マスター（供給元一覧）
対象の商品の仕入先を登録しておきます。取引の開始日、終了日を設定しますので、取引を中止する場合や新たに取引を開始する場合にこの日付を使って対応できます（図1）。

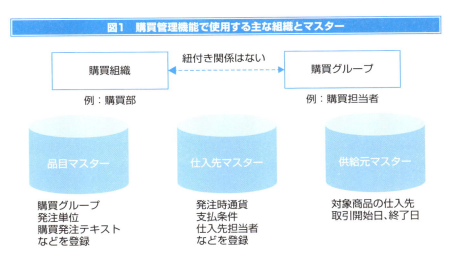

図1　購買管理機能で使用する主な組織とマスター

4-3 MM（在庫/購買管理）モジュール

▶▶ 購買管理機能

MMモジュールの購買管理機能で用意されている購買プロセスと購買伝票は、以下の通りです（**図2**）。

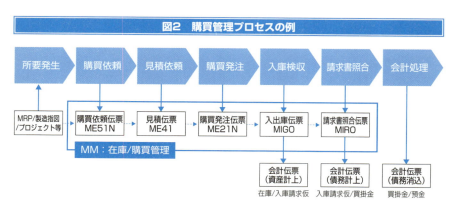

◆ 購買依頼伝票

依頼者が購買担当者に購入してほしい品目などの情報を入力するのが**購買依頼伝票**です。マニュアルで登録する方法以外に、資材所要量計画（MRP）や製造指図、プロセス指図などから自動登録することも可能です。承認機能を持っていて承認ルールを柔軟に定義できます。

◆ 見積伝票

購買担当者が仕入先へ価格や納期の見積を依頼する際に使用するのが**見積伝票**です。購買依頼伝票を参照して見積伝票を登録できます。仕入先から見積書を入手したら、価格や納期などの見積結果を見積伝票に追記入力します。

◆ 購買発注伝票

購買担当者が発注先として決めた仕入先に発注する際に使用するのが**購買発注伝票**です（**画面1**）。購買依頼伝票や見積伝票を参照して登録できます。購買依頼伝票から自動的に購買発注伝票を生成することもできます。

承認機能を持っていて、承認ルールを柔軟に定義できます。

4-3 MM（在庫/購買管理）モジュール

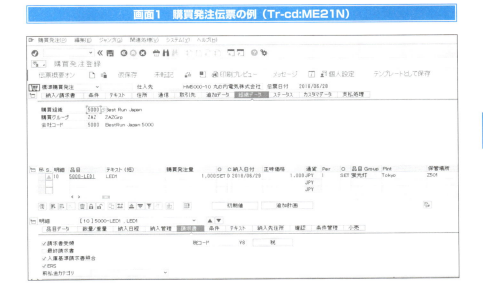

画面1　購買発注伝票の例（Tr-cd:ME21N）

◆ 入出庫伝票

　倉庫担当者が在庫品の入庫に伴い、入庫実績を登録する際に使用するのが**入出庫伝票**です。発注伝票を参照して入力します。発注履歴に入出庫伝票が紐付けられているため、発注時の情報と実際に納品された現物が一致しているか否かを確認します。

　また、会計管理と連携し、自動仕訳により棚卸資産や費用の計上をリアルタイムに行います。入庫と同時に在庫の残高が即時に更新されます。

◆ 請求書照合

　購買担当者が仕入先より受領した請求書と発注伝票や納品書（検収書）と照合する際に使用するのが**請求書照合伝票**です。各請求書に関連するすべての発注伝票と入出庫伝票が発注履歴情報として紐付けられているため、請求内容が正しいかどうかを確認でき、二重支払の防止につながります。

4-3 MM（在庫/購買管理）モジュール

▶▶ 在庫管理機能

MMモジュールの主な在庫管理機能は、在庫の受払情報を記録し、在庫数量の管理と在庫金額の管理をすることです。

◆入出庫伝票（在庫の受払）

入出庫伝票は、MM、SD（販売管理）、PP（生産管理）の各モジュールで共通に使用され、在庫品の入庫や出庫の実績として登録します。SAPでは在庫の移動パターンを**移動タイプ**というキーを利用して区別しており、それを使って在庫の移動方法や在庫のステータス、在庫の移動によって発生する会計仕訳をコントロールします。

在庫ステータスには、「利用可能在庫」「保留在庫」「品質検査中在庫」の3つのステータスがあり在庫の状態を表します（**図3**）。

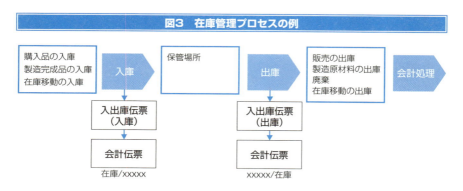

◆実地棚卸処理

どの会社でも毎月、半期、年次などのサイクルで、各倉庫などにある在庫品の現物チェックを行っています。これを**実地棚卸**と言います。この棚卸業務に必要な処理を行うことができます。

例えば、棚卸時に在庫受払を止める仕組みや、棚卸指示書の作成、棚卸実施後の棚卸検数入力、コンピュータ上の在庫数量と現物の在庫数量の棚卸差異の記録、原因不明の棚卸差異を会計処理する場合の自動仕訳機能＊などがあります。また、定期棚卸、継続棚卸、循環棚卸、抽出棚卸などの棚卸手法に対応しています（**図4**）。

＊**自動仕訳機能**：会計伝票をあらかじめ定義した仕訳パターンで自動的に生成し、転記する機能のこと。例えば、実地棚卸処理では、棚卸差異勘定/在庫調整勘定など。

4-3 MM（在庫/購買管理）モジュール

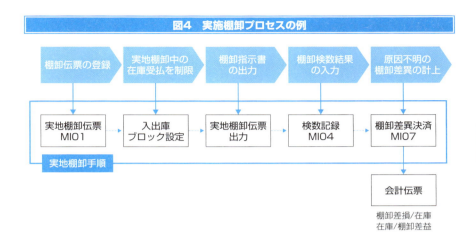

図4 実施棚卸プロセスの例

◆ 在庫評価

SAP社のERPシステムでは、期中の在庫金額の評価は、移動平均原価または標準原価で行い、期末に税法上の評価方法に評価替えします。期末の在庫評価は、各種評価方法に対応しています（**図5**）。

図5 可能な在庫評価方法

期中の在庫評価	期末の在庫評価
移動平均原価 標準原価	総平均法 移動平均法 先入先出法（FIFO） 後入先出法（LIFO） 最終仕入原価法 個別法 低価法

109

4-4 SD(販売管理)モジュール

SD（販売管理）モジュールは、製造した製品や仕入先から仕入れた商品の販売プロセスを管理するモジュールです。

▶▶ SD（販売管理）モジュールの概要

SD（Sales and Distribution：**販売管理**）モジュールは、製品の販売やサービスを提供する業務をサポートします。顧客からの引き合い、見積依頼、受注入力、出荷指示、出荷、顧客に対する請求処理などの一連の業務を行うことができます。また、これらのプロセスごとの伝票の作成や印刷機能も含まれます（**図1**）。

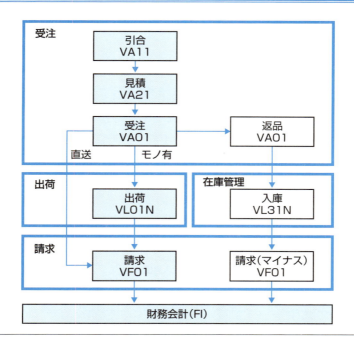

図1　SDモジュールの基本的なプロセス例

4-4　SD（販売管理）モジュール

SDモジュールの**販売エリア**[*]は、SD（販売管理）モジュールにおける組織構造単位を表し、マスター管理や統計分析に使用されます（**図2**）。販売エリアが多くなると、その分だけマスター管理が複雑になるので、組織構造をきちんと設計する必要があります。このほか、営業所や営業所グループがあります。

◆ 販売組織

製品の販売またはサービスの提供について、責任を持つ組織的な単位で、営業活動を主体的に執り行う組織ごとに[*]定義します。販売後の製品に対する製造物責任や、得意先から製品やサービスに対してクレームが発生した場合、販売代金を返すなどの償還請求権に対する責任を負います。

◆ 流通チャネル

販売活動における流通方法や販売経路[*]を判別するために使用します。

◆ 製品部門

取扱い商品やサービス[*]の大分類に使用します。分類が不要な場合、ダミーコードとして使用することもあります。

◆ 営業所

支店などの組織を営業所として使用します。

◆ 営業所グループ

支店に所属する営業担当者を営業所グループとして使用します。

図2　SDモジュールの組織構造の例

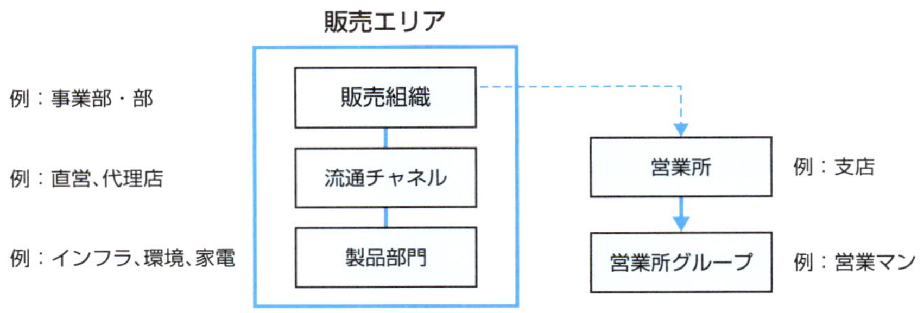

販売エリア

例：事業部・部	販売組織
例：直営、代理店	流通チャネル
例：インフラ、環境、家電	製品部門

| 営業所 | 例：支店 |
| 営業所グループ | 例：営業マン |

[*] **販売エリア**：販売組織、流通チャネル、製品部門の組み合わせ。
[*] **組織ごとに**：例えば、事業部や部など。
[*] **流通方法や販売経路**：例えば、直営、代理店など。
[*] **取扱い商品やサービス**：例えば、インフラ、環境、家電など。

第4章　ロジスティクスモジュール

4-4 SD（販売管理）モジュール

主要マスター

SDモジュールに関係するマスターとして、以下のマスターがあります。

◆得意先マスター

受注先を管理するマスターで、一般データ、販売エリアデータ、会社コードデータの構成で管理されます。SDモジュールでは、主に販売エリアデータを管理し、支払条件や取引先機能、価格決定情報、請求時の消費税の扱いなどを管理します。

◆品目マスター

製品や商品、半製品、原材料、サービスなどを品目として管理するマスターです。SDモジュールでは、主に販売ビューを使用し、販売単位や税分類などの情報を管理します。なお、今現在の在庫状況は、在庫マスターから参照して求めます。

◆条件（価格）マスター

品目の販売価格を標準価格として登録できるほかに、得意先別に設定するなど、さまざまな条件に基づいて設定できます。受注伝票などの販売価格は、受注伝票に入力された条件に合致した販売価格が検索順序に沿って自動提案されます。

例えば、受注伝票入力時に、これらのマスターの使われ方を表すと図3のようになります。

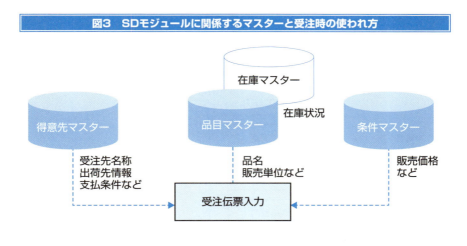

図3　SDモジュールに関係するマスターと受注時の使われ方

4-4 SD(販売管理)モジュール

▶▶ 受注管理

　受注管理では、受注前の引合伝票や見積伝票、受注後の受注伝票、返品伝票を登録します。受注伝票には得意先コード、販売エリア(引合は除く)、出荷先情報、納期、品目、単価、数量などを入力します(**画面1**)。また、マスターに基づいた自動価格設定機能や、在庫情報と連携した利用可能在庫の確認などの機能を備えています。在庫販売、預託販売、サービス販売、無償販売などのさまざまな販売形態に対応ができます。返品伝票については、伝票タイプにより制御します。また、伝票の印刷機能も標準で用意されています。

画面1　受注伝票の入力例(Tr-cd:VA01)

▶▶ 出荷管理

　在庫品または完成製品の出荷指示として、出荷伝票を登録します。受注伝票を参照して登録することで受注伝票の内容が自動的に反映されます。出荷作業には、ピッキングや梱包、配送作業などのほか、これらの情報管理作業などがあります。必要な情報を出荷伝票に入れておくことで、納期に間に合うように出荷担当者が出荷作業を行うことができます。

　出荷作業が終わると、出荷伝票の「出庫確認」を行うことで、自動で在庫引き

4-4　SD（販売管理）モジュール

落しが行われます。サービスや仕入先直送といったモノがないものについては、出荷伝票の登録は必要ありません。

▶▶ 請求管理

製品や商品の出荷後、またはサービスの検収後に請求伝票の登録を行い、売上を計上します。受注または出荷伝票を参照して登録することで、参照伝票の情報は引き継がれます。伝票を登録すると請求書が印刷できるので、顧客へ送付します。

請求金額に対して追加送料や値引きがある場合、請求タイプを使用して、請求明細に追加登録することもできます。また、一括請求機能があり、取引数が多い場合は、まとめて処理することも可能です。

▶▶ 与信管理

与信管理とは、信用保証会社などの情報をもとに、顧客に対する信用供与の最大金額を算出し、与信限度額として設定することにより、不良債権になるリスクを軽減することです。

与信管理機能では、「与信管理マスター」に与信管理領域ごと、得意先ごとに与信限度額を設定します。受注伝票や出荷伝票の登録時に、総債権額が与信限度額を超過した得意先に対して、伝票処理をブロックしたり、警告メッセージを出すことが可能です。

総債権額は、受注済み未出荷伝票、出荷済み未請求伝票、請求済み未回収の売掛金（受取手形）などの合計金額です。ブロックされた伝票は、与信管理担当者が承認処理を行うか、与信限度額の見直し変更などにより、後続の伝票処理を再開できます（**図4**）。

なお、S/4 HANAでは、与信管理機能は、SDモジュールやFI-ARモジュールの与信管理機能からSAP Credit Management（FIN-FSCM-CR）機能を使う形に変更されています。

4-4 SD（販売管理）モジュール

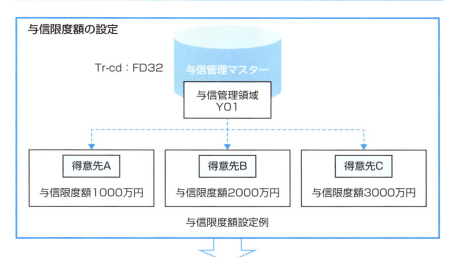

図4　与信管理機能の概要

*債権残高：売掛金、受取手形など。

4-4 SD（販売管理）モジュール

▶▶ 販売サポート機能

販売サポート機能では、販売促進活動など受注前の営業活動を管理できます。訪問や電話、ダイレクトメールなどによるマーケティング活動を管理するコンポーネントです。記録した営業活動情報などを活用して、市場分析や競合分析などによる販売見込予測が可能になります。

すでに独自のSDツールを持っている会社では、そのツールを継続して使用することが多く、この販売サポート機能を使用する会社は多くありません。

▶▶ 販売情報システム（SIS）

SDモジュールには、**販売情報システム**（SIS*）というコンポーネントが標準機能として用意されています。分析の切り口を「特性*」、数値を「キー数値*」として定義します。

この「特性」と「キー数値」を組み合わせることにより、レポートを定義することで、柔軟な分析または評価のレポートを出力できます。

＊**SIS**：Sales Information Systemの略。
＊**特性**：例えば、受注先、品目、販売エリアなど。
＊**キー数値**：例えば、受注金額、売上金額など。

4-5 LE（物流管理）モジュール

物品を保管する倉庫と、物品の移動・輸送を管理するLE（物流管理）モジュールについて説明します。

▶▶ LE（物流管理）モジュールの概要

　LE（Logistic Execution：**物流管理**）モジュールは、仕入先から社内倉庫、生産施設、流通センタ、得意先までのプロセスチェーン全体を管理します。物流管理は、主に出荷管理と輸送管理、倉庫管理機能から構成されています。

　出荷管理については、SDモジュールで説明済みですので、ここでは、輸送管理と倉庫管理（システム）機能について説明します。

▶▶ LE-TRM（輸送管理）モジュール

　LE-TRM（**輸送管理**）モジュールには、輸送計画の立案、輸送指示（シップメント伝票）の作成、輸送指示に応じた運賃費用計算および決済などのプロセスがあります（図1）。

図1　輸送管理プロセスとほかのモジュールの関係

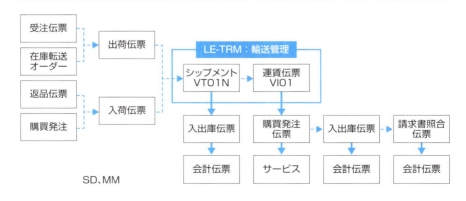

4-5　LE（物流管理）モジュール

輸送管理で用意されている伝票は、以下の通りです。

◆シップメント伝票

物流担当者は、**シップメント伝票***を使用して輸送会社への配送指示や積載管理、荷卸管理、配車スケジュール/ステータス管理を行います。

シップメント伝票は、輸送機関（トラック、船、飛行機、コンテナなど）の単位に出荷伝票を割り当てて作成します。配送ルートや納期、車載可能能力などに応じてグルーピングルールを設定し、ルールに基づいて複数出荷伝票をシップメント伝票に自動登録できます。

輸送業者については、グルーピングルールに応じて輸送業者を自動的に決定できます。

◆運賃伝票

物流担当者は、シップメント伝票をもとに運賃の計算を行い、運賃伝票を作成します。輸送運賃や輸送作業費、保険料などの輸送作業に関わる費用を計算できます。

運賃伝票で計算された運賃は、在庫購買管理機能と連携して決済することが可能です。

▶▶ LE-WMS（倉庫管理システム）モジュール

LE-WMS（倉庫管理システム） モジュールは、倉庫構造を定義し、定義した倉庫内の在庫移動や棚番レベルの在庫管理を行います。

◆倉庫構造

倉庫管理システムを使用しない場合は、保管場所がシステム内の在庫管理の最下位レベルとなります。倉庫管理システムを使用すると、実倉庫に応じた倉庫構造の定義が可能になります（**図2**）。

＊**シップメント伝票**：同時に配送される1つの単位に1つ割り振られる伝票のこと。

◆ 倉庫番号

地理的に同一、かつ物理的に複数の建物で構成される複合倉庫を1つの倉庫番号で管理できます。

◆ 保管域タイプ

複合倉庫を構成する各倉庫施設、または保管域などの物理的または論理的な区画を設定できます。出庫域、入庫域、平置き保管域、高層棚保管域、ピッキング保管域などを定義することが可能です。

◆ 棚番

棚番は、倉庫で使用できるスペースの最小単位であり、倉庫内で品目を保管している場所、または保管可能な場所として設定することが可能です。空の棚番に品目を保管した場合は、この棚番に自動的に保管ロットが登録されます。

4-5 LE（物流管理）モジュール

◆ 倉庫移動伝票

倉庫管理で用意されている伝票は、以下の通りです（**図3**）。

①転送指図要求伝票

転送指図要求伝票は、倉庫管理システムを利用して在庫移動を計画するために使用される伝票です。転送指図要求伝票は、MM（在庫/購買管理）モジュールの在庫移動に関する情報を倉庫管理システムに連携するために使用されます。転送指図要求伝票は、入出庫伝票を参照してバックグラウンドの実行により作成されます。

②転送指図伝票

転送指図伝票は、倉庫管理システムを利用して在庫移動を実行するための伝票です。転送指図伝票は、転送指図要求伝票や入荷伝票、出荷伝票、転送要求伝票を参照してバックグラウンドの実行により作成することが可能です。

③転送指図およびラベルの印刷

転送指図伝票の入力情報から、倉庫管理システム内の在庫移動指示となる転送指図やラベルの印刷を行います。

④転送指図の確認

倉庫管理システム内の在庫移動の実行結果を転送指図に反映します。転送指図確認は、マニュアルや自動、バーコードスキャナーを使用して実行できます。

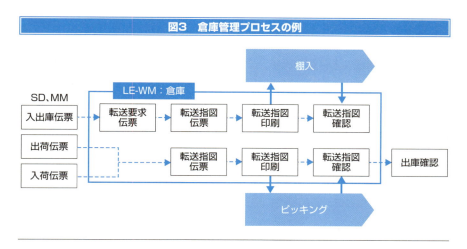

図3　倉庫管理プロセスの例

4-6

QM（品質管理）モジュール

製品の品質管理を扱うQM（品質管理）モジュールについて説明します。

▶▶ QM（品質管理）モジュールの概要

完成した製品を通常の保管場所に入庫する前に、品質チェックを行います。この品質チェック中の製品の管理用として**QM**（Quality Management：**品質管理**）モジュールを使用します。

QMモジュールの主な業務の流れは、品質検査計画から品質検査ロット、検査結果の記録、使用決定、品質証明書の作成となります（**図1**）。

図1　品質管理プロセスの例

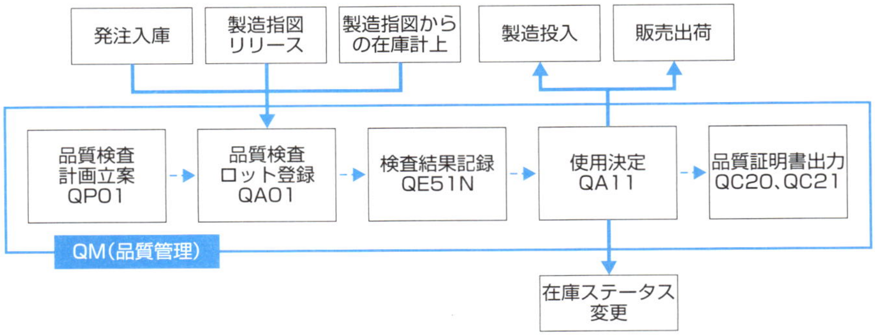

発注入庫　→　製造指図リリース　→　製造指図からの在庫計上　→　製造投入　→　販売出荷

QM（品質管理）

品質検査計画立案 QP01　→　品質検査ロット登録 QA01　→　検査結果記録 QE51N　→　使用決定 QA11　→　品質証明書出力 QC20、QC21

在庫ステータス変更

◆品質検査計画

品質検査計画は、検査規格となる品質検査方式、検査工程、検査項目を計画し登録します。さまざまなサンプリング形態が用意されています。事前に検査規格を定義することが難しい場合には、検査指図登録後もしくは、結果記録の際に本機能を呼び出して検査項目や規格を柔軟に定義することが可能です。

第4章　ロジスティクスモジュール

4-6　QM（品質管理）モジュール

◆ 品質検査ロット（検査指図）

　品質検査ロットとは、検査対象となる数量、ロット、検査時のサンプル数量、検査規格情報、検査開始日、検査終了日などの検査関連情報を集約した検査指図です。

　品質検査ロットは、マニュアルによる作成のほかに、原材料の入庫時や製造指図処理などと連動して自動登録することが可能です。品質検査ロット（検査指図）作成後、在庫ステータスは品質検査中在庫になります。

◆ 検査結果記録

　検査終了後、品質検査ロットに対して検査結果記録情報を入力します。

◆ 使用決定

　すべての工程/検査項目に対する検査結果の記録完了後、品質検査ロットに対する合否判定によって使用決定コードを設定します。使用決定コードに従って、在庫ステータスの自動変更が可能です。検査合格の使用決定コードの選択時に、在庫ステータスが品質検査中から利用可能在庫に変わります。

◆ 品質証明書出力

　得意先への出荷処理と連動して、製品の品質証明書を出力することが可能です。

　品質証明書のレイアウトや出力項目などは、証明書プロファイルの中で定義され、「得意先マスター」や品質検査結果から値が証明書に設定されます。

4-7

CS（得意先サービス）モジュール

納品した製品の修理などを扱うCS（得意先サービス）モジュールについて説明します。

▶▶ CS（得意先サービス）の概要

CS（Customer Service：得意先サービス）モジュールは、製品を納品した後の修理などのアフターサービス管理を行う場合に使用します。

CSモジュールでは、以下のサービスに対応します。

◆ 定期的な点検とスポットの修理に対応

納入した製品の点検を、あらかじめいつごろ実施するかを計画しておき、計画的に行う計画業務サービスと、故障などが発生した場合にスポット的に行う計画外業務サービスに対応できます。あらかじめ基本契約や保証内容などをサービス契約に登録しておきます。

また、対象の製品の設置場所、設備、シリアル番号、品目、BOMなどをマスターとして登録して使用します。

◆ 計画業務サービス

保守契約に基づいて1ヵ月、3ヵ月、6ヵ月などの保守計画を登録しておき、その計画に基づいて点検などのサービスをする場合に使用します。具体的なプロセスとして、保全計画、通知（管理番号の発番）、サービス契約伝票の作成、サービス指図の発行、点検作業、実績入力、ステータス変更、請求依頼、請求、決済の順に処理を行うことができます（**図1**）。

第4章 ロジスティクスモジュール

4-7 CS（得意先サービス）モジュール

図1　計画業務プロセスの例

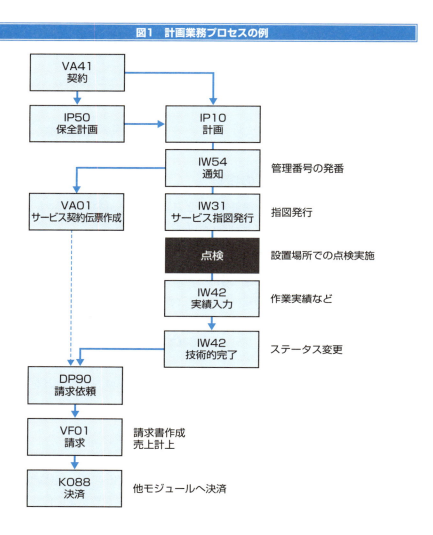

4-7 CS（得意先サービス）モジュール

◆計画外業務サービス

　コールセンターなどが窓口となり、お客様から製品の修理の問い合わせ受付を行います。

　現象などの内容を確認し、お客様を訪問して製品や設備の設置場所で対応するのか、自社に持ち帰って対応するのか判断します（**図2**）。

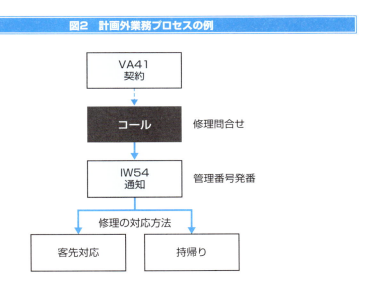

図2　計画外業務プロセスの例

　客先での修理対応プロセスとして、見積、修理受注、サービス指図の発行、非在庫部品の購買依頼、購買発注、入庫したその部品を使っての修理の実施、「時間単価×作業時間」による人件費などの実績入力、ステータス変更、請求依頼、実績ベースによる請求、決済の順に処理を行うことができます（**図3**）。

　また、サービス指図上で、売上と原価を把握できます。

4-7 CS（得意先サービス）モジュール

図3 計画外業務プロセスの客先での対応例

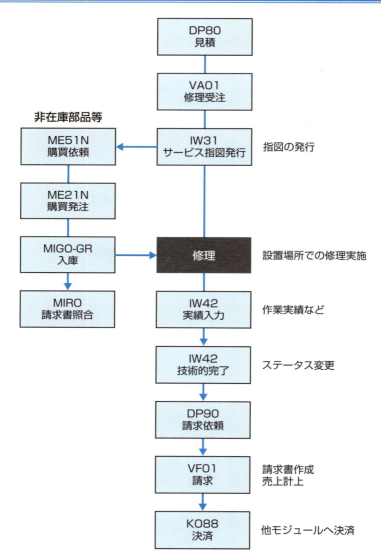

4-8
PS(プロジェクト管理)モジュール

PP(生産管理)モジュールでは、品目マスター、部品構成表(BOM)、作業手順のマスターなどの登録を前提として製品を製造するのに対し、PS(プロジェクト管理)モジュールでは、客先仕様に合わせて設計を行い、製造工程をフレキシブルに管理し、一品一葉＊の製造物(特殊機械、ビル、工場建屋など)を製造します。

▶▶ PS(プロジェクト管理)モジュールの概要

特殊な機械の製造・設置や、ビルの建設、プラント建設などの大規模で長期間に渡って工事が伴うようなビジネスでは、各フェーズ別や工程別のスケジュール管理、それぞれの原価の把握、フェーズごとの請求処理、工事の進捗に合わせた売上の計上処理、未成工事支出金(仕掛品)と売上原価の管理などが求められます。このようなケースでは、PP(生産管理)モジュールに代わって、**PS(Project System:プロジェクト管理)** モジュールを使用します。

PSモジュールでは、対応する業種・業態と業務要件により、取引の単位を**プロジェクト**、案件、JOBなどで表現します。ほかのモジュールでは構成する機能の使い方が、ある程度目的に応じて決まっていますが、プロジェクトシステムでは、業務要件に合わせてプロジェクト、**WBS要素**＊、**ネットワーク活動**の構造を定義する必要があります。

PSモジュールでは、WBSとネットワーク活動の組み合わせにより、プロジェクトごとに工程および日程を定義・管理し、実際の原価活動から発生する実績原価を管理します。WBS要素およびネットワーク活動に対し、次の2つの管理を行うことができます(**図1**)。

＊**一品一葉**：1つの部品や組立品の図面を作成する際に、1枚の製図用紙に描いた図面のこと。
＊**WBS要素**：WBSはWork Breakdown Structureの略。プロジェクトにおける作業を細かい単位に分割し、階層構造などで管理するマネジメント手法。WBSによってプロジェクトはステップごとに構成要素に分割されるが、プロジェクトシステムでは、これらの要素をWBS要素と呼ぶ。

4-8 PS（プロジェクト管理）モジュール

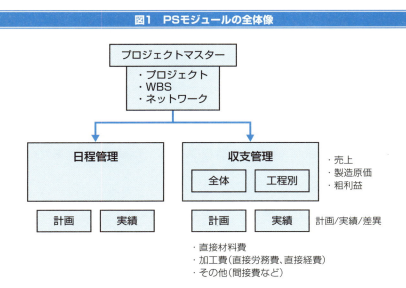

図1　PSモジュールの全体像

◆ プロジェクト日程予実管理

　フェーズごと工程ごとの日程計画、実際の進捗管理を行うことができます。

◆ プロジェクト収支予実管理

　プロジェクト全体の収支管理＊および工程ごとの直接材料費、加工費（直接労務費、直接経費）、その他（間接費など）の原価管理、予実績管理を行うことができます。

　なお、参考までにPP（生産管理）モジュールでは、品目、作業手順（またはマスターレシピ）、部品構成表（BOM）のマスター化を前提として製造指図に従い、製造活動に基づいて日程の予実管理および原価の予実管理を行います。

▶▶ プロジェクト管理導入の目的

　プロジェクト管理の導入目的は、生産管理のようなマスター定義を前提としないプロジェクトの工程・日程・収支の予実管理をすること、および製造または役務の提供作業などにより発生する原価を把握することです。

＊ **収支管理**：売上、製造原価、粗利益の管理など。

4-8　PS（プロジェクト管理）モジュール

以下の3つの業務に適用できます。

◆ 収益管理

完成基準、または進行基準による収支管理です。

◆ 原価管理

プロジェクト別期間ごとの原価管理です。

◆ 投資管理

設備/試作/研究開発などの投資額管理です。

▶▶ PSモジュールの適用業種

PSモジュールの適用業種として、下記の業種が挙げられます。

①建設/建築業（住宅/ビル建設）

②土木建築業（橋梁工事、道路工事）

③製造業（客先仕様に合わせ、設計を伴う機械装置の特注品を製造）

④サービス業（ソフトウェア開発・業務システム導入などのIT業、コンサルティング業）

⑤その他（業種を問わず、設備投資、研究開発、試作品委託製造などの原価管理）

▶▶ PSモジュールによる業務の適用性

PSモジュールを下記の業務に適用できます。

◆ 収益管理

営利活動目的の客先注文に対応する製造物の収支管理です。

◆ 原価管理

営利活動を伴わない社内活動の原価管理です。

◆ 投資管理

製造完了をもって固定資産とする設備等投資物の原価管理です。

4-8 PS（プロジェクト管理）モジュール

▶▶ PSモジュールにおけるデータの管理単位

　PSモジュールの構成要素として**プロジェクト**、**WBS要素**、**ネットワークヘッダ**、**ネットワーク活動**などのマスターと収益/原価の計画および実績のデータがあります。

　プロジェクトでは、案件名、プロジェクトの開始日/終了日、責任部門などの概要情報を管理します。

　WBSでは案件の収益/原価を計画し、実際原価を収集します。進捗度の管理も行います。WBSは階層を持つことができ、下位のWBSの収益/原価は、上位のWBSに集計されます。

　また、WBSは、ほかのモジュールとの連携ポイントになります。ネットワークでは、作業順序や必要資源（人、モノなど）、日程などを計画・管理します。作業実績を入力すると、実績原価がネットワークに計上され、それに紐付けしたWBSに集計できます（**図2**）。

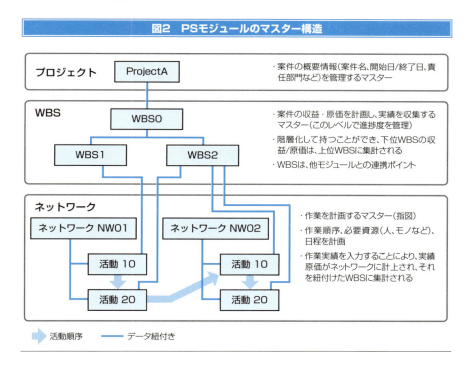

図2　PSモジュールのマスター構造

4-8　PS（プロジェクト管理）モジュール

　PSモジュールを適用する際、モノ（製造物）の管理を伴うか伴わないかにより、
適用するマスターが一部異なります（**表1**）。

表1　適用するマスター

主要なマスター	物を伴う	物を伴わない	補足（目的、制約、等）
プロジェクトマスター	◎	◎	必須：WBS要素の管理単位
WBS要素マスター	◎	◎	損益予実の管理、日程管理
ネットワークヘッダマスター	○	△　or　−	ネットワーク活動の管理単位
ネットワーク活動マスター	○	△　or　−	製造物の製造指示、調達を管理

※凡例：◎：必須、○：任意、△：任意（場合により使用）、−：不要

　ネットワーク活動では、さらに作業（活動）目的により、管理単位（活動詳細）
が細分化されます。これは、製造物（製品）と製造外費用の管理、および工程を
管理するための機能です。また、ネットワーク活動では、目的の活動を活動詳細で
行います。なお、目的外の使い方はできません（**表2**）。

表2　ネットワーク活動単位

活動明細の単位	補足（目的、制約など）
内部処理活動	製造物の内製（自社製造）の指示を行う単位
外部処理活動	社外手配品（購入品）の調達を行う単位
一般原価活動	製造に伴わない（物として管理しない）活動の調達を行う単位
サービス	一般原価活動に分類できない等の費用の調達を行う単位

▶▶ PSモジュールのデータ構造の事例

　装置製造と製造した装置を設置する工事を例に、各プロセスの流れとデータ構
造の関係を見ていきましょう。

　例えば、プロジェクトを案件Aとしましょう。案件Aは、3つの工程に分かれて
います。フェーズ1では、部品01と02を使って製造物の組み立てを行います。
フェーズ2では、部品03と04を使って、フェーズ1で組み立てた装置の加工と組
み立てを行います。フェーズ3で、でき上がった装置の設置を行います（**図3**）。

第4章　ロジスティクスモジュール

4-8 PS（プロジェクト管理）モジュール

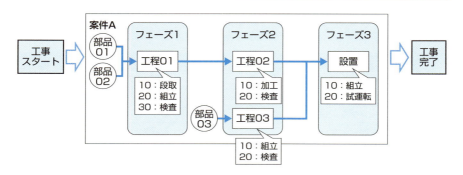

図3　装置製造と設置案件の製造・設置プロセスの例

これをPSモジュールのデータ構造に当てはめて定義して見ましょう。

プロジェクトに案件Aを定義します。親WBSとしてWBS0（案件A）を定義します。これをプロジェクト案件Aに紐付けます。各フェーズ1、2、3をWBS0の配下に、WBS1、WBS2、WBS3と定義します。ネットワークに工程01、02、03、設置を定義します。

さらにネットワークに活動を割り当てます。WBS1にネットワーク01を、WBS2にネットワーク02、03を紐付けます。WBS3にネットワークの設置を紐付けます。

受注伝票にWBS0を入力します。部品01は、MM（在庫/購買管理）モジュールから調達して投入します。部品02は、在庫品を出庫して投入します。工程01の検査は、外部の仕入先に委託して行います。工程03で使用する部品03は、製造指図を発行して、自社で内製したものを使用します。

各工程の作業実績は、FIやCOなどのトランザクションを使って、ネットワークまたはWBSに計上します（図4）。

4-8 PS(プロジェクト管理)モジュール

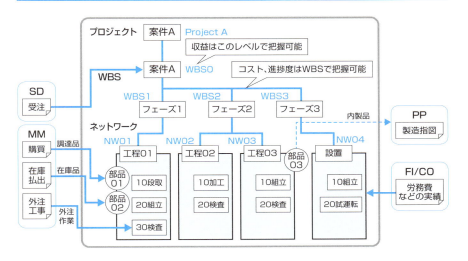

図4 PSモジュールのデータ構造の例

建設業における業務処理の例

　建設業では、さまざまな製造物を製作しますが、ここではビル建設を事例として大まかに業務の流れを考えてみます。製造物を施主の資産である土地に直接製造(施工)する業務プロセスとなります。発生する原価は、すべて費用(製造原価)として計上します。

　建設途中(月次などの締め期間ごと)では、仕掛原価計算が行われます。建物が完成し客先へ引き渡しが行われたら、売上を計上するとともに、発生したすべての製造原価を売上原価に振り替えます(**図5**)。

4-8 PS（プロジェクト管理）モジュール

図5　プロジェクト型業務プロセス（建設業）の例

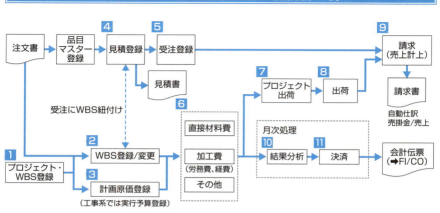

No	トランザクションID	トランザクション名	モジュール	機能概要
1	CJ20N（CJ01）	プロジェクトビルダー（プロジェクト登録）	PS	プロジェクト構造を新規登録（または更新）
2	CJ20N（CJ12）	プロジェクトビルダー（WBS要素変更）	PS	プロジェクト構造を更新
3	CJR2	原価要素/活動投入量計画　変更	PS	WBS要素またはNetwork活動に対し、原価計画、工数計画を登録
4	VA21	見積伝票登録	SD	見積伝票を登録➡見積書発行
5	VA01	受注伝票登録	SD	受注伝票を登録（受注明細にWBS要素を割当て）
6	FB01、KB21N	会計伝票登録、実績工数登録、他	FIほか	財務会計、管理会計のほか、購買管理から、各種実績原価を計上
7	CNS0	プロジェクトからの出荷	PS	製造完成物の出荷伝票明細を登録
8	VL01	出荷伝票登録	SD	出荷伝票を登録
9	VF01	請求伝票登録	SD	請求書の発行、伝票の登録（売掛金/売上　を自動仕訳）
10	KKAJ（KKA2）	結果分析：一括（結果分析：個別）	PS	締処理計算処理（仕掛品、売上原価、進行基準売上高など）
11	CJ8G（CJ88）	一括決済（個別決済）	PS	締処理計算結果から会計伝票を自動仕訳

4-8 PS（プロジェクト管理）モジュール

1 プロジェクトマスター登録

施主との営業活動開始に際して、プロジェクト、WBS、ネットワークヘッダ、ネットワーク活動で構成されるプロジェクトマスター構造を登録します。

2 プロジェクトマスター変更

プロジェクトマスター構造に対し、階層構造の調整および各種作業を表すネットワーク活動の追加などを行います。また、作業順序の設定、作業日程の調整などの更新も行います。

3 計画原価登録（実行予算作成）

プロジェクト活動にかかる原価（費用）の見積額の登録と積み上げ計算を行います。

4 見積登録

客先に対する見積提示のための見積伝票を作成します。見積伝票から受注伝票にデータを引き継ぎます。

5 受注登録

見積が通り、受注契約が終了したら、受注伝票の登録をします。

6 プロジェクトに対する原価活動

製造（施工）に必要な原材料の調達手配および投入、外部に依頼する外注発注、要員手配などを行います。製造（施工）中に発生する経費の計上、実績作業工数をもとに直接労務費の計上など実績原価を計上していきます。

7 出荷手続き（出荷明細作成）

ビル建設が完成したら竣工・引き渡しが行われます。出荷を伴う製造物がある場合、PSモジュールで出荷伝票明細を登録します。

8 出荷処理

SD（販売管理）モジュールから上記「出荷手続き」の出荷明細を参照して出荷伝票を作成し出荷します。

第4章 ロジスティクスモジュール

4-8 PS（プロジェクト管理）モジュール

9 請求処理

　客先との契約内容に基づいて請求手続きを進め、請求伝票登録および請求書の発行を行います。

　なお、請求処理のポイントとして、客先との契約により「前受金請求」「中間金請求」「最終売上請求」があり、これを考慮して請求する必要があります。

10 締め処理計算

　月次の実績を確定させるために、月次締め処理を行い、対象月の取引の入力をできなくします。

　プロジェクトごとに締め処理期間中に計上された実績原価、計画収益（受注総額）、計画原価（実行予算額）などの金額情報をもとに、締め処理結果金額の計算（結果分析処理）を行います。

①仕掛原価

　対象月の時点でプロジェクトが未完了のものが対象。

②売上原価

　対象月にプロジェクトが完了したものが対象。

③進行基準売上

　進行基準の売上計算を適用するプロジェクトの場合、見積原価と実績原価の割合などから進捗率を計算して進行基準の売上を計上します。

11 決済処理

　結果分析で計算した結果をもとに、会計伝票を自動仕訳します。

①プロジェクトが対象月に完成した場合

　売上原価/製造原価を仕訳します。

②プロジェクトが対象月末の時点で未完成の場合

　仕掛品/製造原価を仕訳します。

人事管理モジュール

　人事管理モジュールは、HRやHCMとも呼ばれています。HRは、従業員を経営資源と捉え、人的経営資源の最大活用を図るために必要な機能を提供します。HCMは、人的経営資源に加えて、経営資本として事業に活用していく機能も提供します。これらの機能や最近の動向について触れていきます。

5-1

HR、HCM（人事管理）モジュール

人事管理業務には、採用業務、労務管理業務、人材育成関連業務、組織管理業務、人事考課業務などがあります。これらの業務に対して、SAPのECCでは多彩なメニューで対応できるようになっています。

▶▶ 人事管理の業務内容

人事管理の具体的な業務は多岐に渡り、社員の採用計画や募集、採用、異動、人事評価、昇進・昇格・昇給、休職、退職、退職金管理、日々の勤怠管理、有休日数管理、給与計算・賞与計算および支払い、年末調整、健康保険、介護保険、厚生年金、年金基金などの社会保険の管理、雇用保険などの労働保険の管理、所得税、住民税などの税金管理、健康診断、社員研修などのルーチンワークがあります。

これらの業務を大別すると、次の範囲に分けられます（**表1**）。

◆ 採用業務

採用計画に基づいて、必要な人員を採用するための活動です。

◆ 労務管理業務

社会保険手続や勤怠管理、給与計算、健康診断、福利厚生、安全衛生管理などを実施します。

◆ 人材育成関連業務

人材の研修・教育などを実施します。

◆ 組織管理業務

企業の経営目標の達成に向けた適切な組織編成や人員配置などの仕組みづくりを行います。

◆ 人事考課業務

成果を上げた社員をきちんと評価する仕組みづくりを行います。

5-1 HR、HCM（人事管理）モジュール

表1 人事管理業務の例

人事管理業務	具体的な業務内容の例
採用業務	採用計画、募集、採用、入社手続き、退職手続きなど
労務管理業務	勤怠管理、給与・賞与計算、年末調整、社会保険、労働保険など
人材育成関連業務	新入社員教育、定期研修、スキルアップ研修、キャリアパス計画など
組織管理業務	組織編成、異動・配置転換など
人事考課業務など	成績評価、昇進・昇格・昇給手続きなど

　そのほか、社員一人ひとりの職位や住所、生年月日、家族構成、年収、スキル、職歴、研修履歴、健康診断受診状況などの個人情報の管理があります。

　また、社員の目標管理やキャリアパスの計画と、その実現のための配置転換なども行います。新規事業やプロジェクトの発足により、要求されるスキルを持つ要員のセレクションなども行います。事業を推進していくために必要とされるスキルや力量と、社員が持っているスキルや力量にアンマッチがあれば、研修を受けさせるなどその対応を支援していきます。SAPのECCでは、これらの人事管理業務に対して、**図1**のようなメニューを用意して、対応できるようになっています。

図1　SAP HRの主なメニュー構成

人材管理
- 人材管理
- 採用管理
- 人材開発
- タレントマネジメント
- 福利管理
- 報酬管理
- グローバル従業員管理
- 年金基金
- 人件費予算管理

勤怠管理
- シフト計画
- 勤怠管理
- インセンティブ管理
- タイムシート

給与管理
- 給与・賞与計算
- 支給明細書
- 銀行振込DME管理
- 年末調整
- 退職金計算

SAPラーニングソリューション

セミナー管理

研修要求管理

組織管理

従業員経費管理
- 出張計画
- 出張経費

情報システム

環境、安全、衛生
- 産業衛生
- 労働衛生

5-1 HR、HCM（人事管理）モジュール

▶▶ HR、HCM（人事管理）モジュールの概要

　個人情報でもある人事情報はセキュリティ上、デリケートな問題があり、会社の方針によって社内で管理するケースと社外での管理を認めるケースがあります。SAPには、この両方に対応する**HR**＊、**HCM**＊製品（サービス）として、従来から提供してきたERPパッケージにオンプレミス版とクラウド版があります。

　SAP SuccessFactors（サクセスファクターズ）は、2012年にアメリカのSuccessFactors社を買収し、SAP製品としたクラウド版で、これに給与計算などのコアな機能を加えて提供しています。もう1つ、協業するパートナーなどの外部人材の管理が行えるクラウド版の**Fieldglass**（フィールドグラス）があります（**図2**）。

　この2つのクラウド製品（サービス）の内容については、第6章で詳しく記載しています。

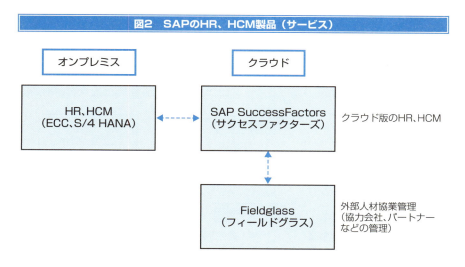

図2　SAPのHR、HCM製品（サービス）

＊**HR**：Human Resourcesの略。
＊**HCM**：Human Capital Managementの略。

5-2
Personnel Management （人材管理）モジュール

人材管理業務には、採用管理や人材開発、タレントマネジメントなどがあります。
主な機能について説明します。

▶▶ Personnel Management（人材管理）モジュールの概要

Personnel Management（人材管理）モジュールでは、従業員などのHRマスターデータの登録のほか、採用管理、人材開発、タレントマネジメント、福利管理、報酬管理、人件費計画、グローバル従業員管理、年金基金、人件費予算管理などを実行できます。

◆ 採用管理

採用管理では、求人広告から採用までの一連のプロセス管理ができます。募集手段の検討、求人広告内容の登録・管理、募集、応募者の管理、適正分析、選考、採用の各プロセス管理ができます（**図1**）。

◆ 人材開発

主に個人の取得資格やスキルの管理を行います。また、本人の希望と会社の方針を調整し、キャリアプランを計画します。その計画と実施後の状況や後任候補を見据えながら結果を評価し、キャリアプランを見直していきます（**図2**）。

◆ タレントマネジメント

適材適所な人員配置により、社員の持っている力を最大限に発揮させるためのマネジメントをサポートします。例えば、与えられた仕事に対して技術や知識が不足している場合、社員のスキルや経験値を考慮して、育成研修やOJT[*]などで、社員の力量を高めていきます。

※**OJT**：On the Job Trainingの略。実際の仕事をしながら業務を覚えること。

5-2 Personnel Management（人材管理）モジュール

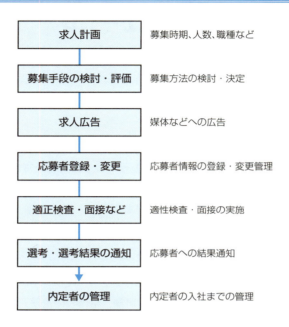

図1　採用管理プロセスの例

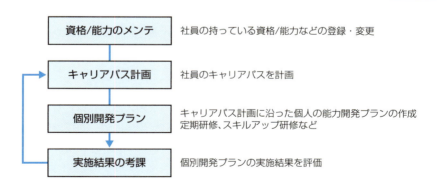

図2　人材開発プロセスの例

5-3 Time Management（従業員勤怠管理）モジュール

Time Management（従業員勤怠管理）モジュールは、従業員の勤怠情報を収集するために使われます。

▶▶ Time Management（従業員勤怠管理）モジュールの概要

Time Management（従業員勤怠管理）モジュールは、その名称の通り、日々の従業員の勤怠を管理します。残業時間、遅刻、有休、欠勤などのデータを収集し、そのデータをもとに給与計算を行います。

◆勤怠管理

日々の勤務時間データは、タイムシートを使って収集します。あらかじめ、出勤日*を勤務スケジュール情報として登録しておきます。すべての出退勤務時間をデータとして収集するか、または通常の勤務時間が決まっている場合で遅刻、早退および残業のみのデータを収集するか決めておく必要があります。収集した勤怠データの集計結果をリストで確認できます（図1）。

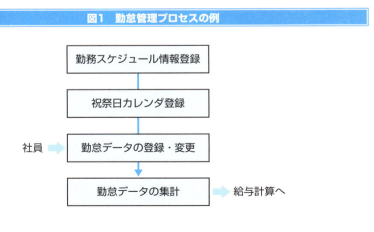

図1　勤怠管理プロセスの例

＊**出勤日**：祝祭日の情報は、カレンダに登録しておく。

5-3 Time Management（従業員勤怠管理）モジュール

そのほか、インセンティブ管理や手数料管理に必要なデータの登録・変更が可能です。

◆シフト計画

サービス業などでシフト制を組んで、各社員の出勤日を決めている場合があります。この場合のシフト計画の管理ができます。出勤者別や個人別のシフト計画を確認できます。

COLUMN　マンション管理組合での経験

　自宅マンションの管理組合役員の経験をしました（自治会の場合は町内会ですので、それほど大変と感じませんでしたが、管理組合はお互いの生活やお金にも直接影響することを多く扱いますので、時に利害関係も生じて大変です）。

　通常、人が所属する団体は、職場であれ趣味のサークルであれ、何らかの共通点がある程度あるケースが多いわけですが、マンションには実に様々な方がいて、それぞれいろいろな考え方と感じ方を持ち、一軒で一票ずつの投票権を持っています。これをまとめて何らかの方向を決め、そして大規模修繕などの事業を実行していくことの難しさを知りました。

　ある意味、民主主義の難しさを感じたと同時に、一緒に役員を務めた仲間たちとの間に、会社やサークルでの関係とは異なる、深い友人関係が作れたという収穫もありました。

5-4

Payroll（給与管理）モジュール

Payroll（給与管理）モジュールは、各国々で固有の仕組みが存在するため、ローカル機能として開発・追加されたものです。日本では、日本の全銀フォーマットでFBデータ※を出力できるなど、日本のニーズに合わせて機能が用意されています。給与管理、賞与計算などが主な機能です。

▶▶ Payroll（給与管理）モジュールの概要

Payroll（給与管理）モジュールには、給与管理や賞与計算、年末調整、退職金計算などがあります。

◆ 給与管理

勤怠管理で集計したデータに基づいて給与管理処理を行います。基本給、手当、通勤交通費、立替金などの支給項目や健康保険料、介護保険料、厚生年金、雇用保険料、所得税、住民税などの控除項目の計算結果を給与明細書として出力するほか、各種の管理資料を出力できます。社員への給与を銀行振込する場合に使用する日本の全銀協仕様のフォーマットでDMEデータ※を出力することもできます。

確定した支払結果の会計伝票を自動仕訳し、FI（財務会計）モジュールに引き渡します（**図1**）。昇級時などに発生する差額支給にも対応が可能です。

◆ 賞与計算

給与管理と同様に、勤怠管理で集計したデータに基づいて、賞与計算処理を行います。計算結果を賞与明細書として出力するほか、各種の管理資料を出力できます。社員への賞与を銀行振込する場合に使用する日本の全銀協仕様のフォーマットでDMEデータを出力することもできます。

確定した支払結果の会計伝票を自動仕訳し、FIモジュールに引き渡します（**図2**）。

※ **FBデータ**：FBは「Firm Banking」の略。金融機関と法人顧客のシステムを専用回線や専用ソフトウェアなどで接続するデータ通信のサービスのこと。
※ **DMEデータ**：銀行に送信する振込データのこと。

5-4 Payroll（給与管理）モジュール

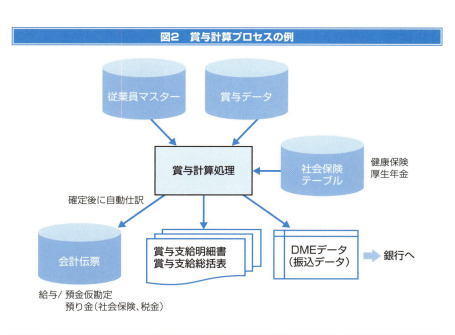

5-4 Payroll（給与管理）モジュール

◆年末調整

社員の1年間の総支給金額に対する税金（所得税など）を計算し直します。扶養者の変動による控除額の変更や生命保険、地震保険、個人年金など控除額を入力して正しい所得税を計算します。毎月の給与支給時に計算した所得税の年間金額と、計算し直した所得税との差額を12月または1月の給与で本人に還付、または本人から徴収します。

アウトプットとして、給与支払報告書や源泉徴収票などを作成します。

◆退職金計算

社員の退職に伴い、退職金の計算をします。勤続年数や職位などの等級などをもとに退職金額を求め、退職者に支払います。計算結果を退職金明細書として出力するほか、各種の管理資料を出力できます。

また、社員への退職金を銀行振込する場合に使用するDMEデータを出力できます。確定した支払結果の会計伝票を自動仕訳し、FIモジュールに引き渡します。

5-5
Training and Event Management（セミナー管理）モジュール

　人事管理業務の中で、人材養成セミナーや法制度改正による対応セミナーなどのさまざまなイベントを開催することがあります。Training and Event Management（セミナー管理）モジュールは、これらをサポートします。

▶▶ Training and Event Managementモジュールの概要

　Training and Event Management（セミナー管理）モジュールでは、セミナーなどの開催にあたって必要なイベントの企画、リソース管理、参加者の管理、請求処理、予実績管理などをサポートします（**図1**）。

◆イベントの管理
　企画したイベント情報の登録・変更管理を行います。イベント名称、開催日、会場、最小開催人数、参加費用などを登録します。

◆リソースの管理
　会場やテレビ、プロジェクタ、マニュアルなどのリソースの管理を行います。

◆参加者の管理
　イベントに参加する人の管理をします。予約、変更、取消、参加結果の評価などを行います。参加者がどのイベントを予約したのか、イベント別または参加者一覧で確認できます。

5-5　Training and Event Management（セミナー管理）モジュール

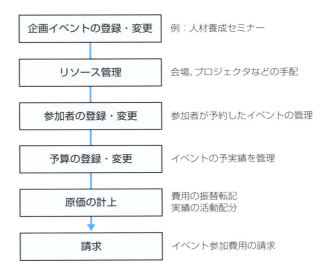

図1　セミナー管理のプロセス例

5-5　Training and Event Management（セミナー管理）モジュール

COLUMN ## 希望と愛情

　人間、生きていく上でいろんなものが必要です。衣・食・住、お金、友だち、家族、健康などあげればきりがありません。その中で「希望と愛情があれば、生きていける」という話をある講演会で聴きました。

　「本当かなー」と思いましたが、やりたいことを持っていて、こうなりたいという夢や希望を追い求めている人の姿を見ていると「本当だなー」と思います。

そのほかの モジュール

　SAPの製品には、ERPパッケージをはじめとするたくさんの製品があります。この章では、ERP以外の主なSAPの製品について説明していきます。また、SAP社が近年、企業買収などにより取得した製品などについても触れていきます。

6-1 SAP CRM

どの会社でも、新しい契約や受注の獲得のためにさまざまな活動を行っています。特に競合する相手との競争に勝ち抜くために、いろいろな手法を使って、絶えず努力しています。顧客関係管理（CRM）に関する製品には、SAP CRMのほかに、セールスフォース・ドットコム社やマイクロソフト社の製品などがあります。

▶▶ SAP CRMの概要

顧客管理（CRM[*]） は、顧客情報を関係者間で共有し、適切な時期に適切な行動を取り、顧客との信頼関係を構築する経営手法です。SAP社の**SAP CRM**は、この顧客管理に焦点を当てた製品です。

SAP CRMには、**マーケティング**、**セールス**、**サービス**の3つの機能があります（**図1**）。

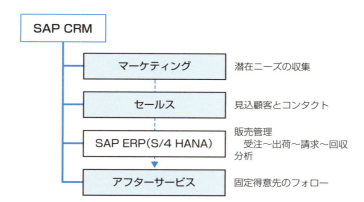

図1　SAP CRMの機能

[*] **CRM**：Customer Relationship Managementの略。

6-1 SAP CRM

◆マーケティング

キャンペーンなどを使って、潜在顧客の掘り起こしを行います。

◆セールス

キャンペーンなどで集客した見込顧客にコンタクトを取り、案件管理をしながら自社の製品を提案していきます。受注に成功したら自社のお得意様として得意先管理を行っていきます。実際の販売プロセスは、SAP社のERPシステムを使って行います。

◆サービス

製品の納品後、保守などのサービスを提供していきます。一度、購入していただいたお客様にリピーターになってもらい、固定顧客として大切にお付き合いをしていきます。これらの一連のプロセスをCRMモジュールで実現します。

▶▶ SAP CRMの実装方法

SAP CRMを使うには、SAP CRMの機能だけを**スタンドアロン**で導入する方法があります。**オンプレミス版**とSAP Cloud for Customerなどの**クラウド版**があります（**図2**）。

オンプレミスで利用する場合は、自社に、SAP CRMを動かすためのITインフラの構築が必要になります。クラウドで利用する場合は、クラウドサービス提供会社と契約して利用する形になります。ユーザは、WebUIを使ってSAP CRMを操作します。

また、SAP CRMとSAP社のERPシステムを連携して使う方法や、SAP HANA上にSAP CRMとSAP ERPシステムをマルチテナントとして構築し、1つのITインフラの中で連動させることもできます。

図2　CRMのいろいろな実装方法

クラウド版の例
SAP Cloud for Customer
SAP Sales Cloudなど

オンプレミス版、クラウド版

SAP ERPとの連携

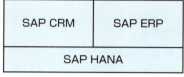

SAP HANA上でSAP ERPと連動

▶▶ SAP社のERPシステムとSAP CRM間のマスター連携

　SAP社のERPシステムとSAP CRMの両方を利用する場合に、それぞれのマスターを一部共有できます。SAP社のERPシステム上の「得意先マスター」「取引先担当者マスター」「品目マスター」「仕入先マスター」「設備マスター」などです。

　ERPシステム上の「得意先マスター」「取引先担当者マスター」「仕入先マスター」は、SAP CRMの**ビジネスパートナーマスター**と連携されます。SAP CRM側にある見込顧客などは、SAP CRM側でビジネスパートナーマスターに追加登録して使います。

　ERPシステムの「品目マスター」は、SAP CRMの「品目マスター」と連携できます。ERPシステム側で出庫した場合、**設備マスター**に自動で登録できます。この「設備マスター」とSAP CRM側の**設置ベースマスター**を自動で連携できます。

　「設置ベースマスター」には、ビジネスパートナーや設備階層、住所、テキストなどが登録されています（**図3**）。

6-1 SAP CRM

図3　SAP ERPとSAP CRM間で連携可能なマスター

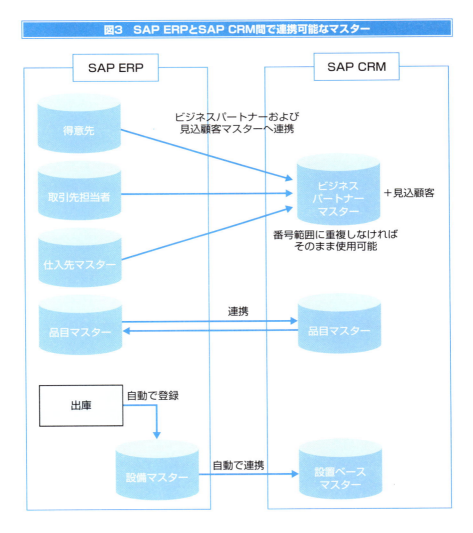

SAP CRMによる3つのプロセス例

マーケティング、セールス、サービスのそれぞれのプロセスをフローの例に沿って見ていきます。

◆マーケティングのプロセス

潜在顧客に自社の製品を知ってもらう必要があります。その方法として、キャンペーンを行い、ターゲットとする潜在顧客のリストを作成します。次に潜在顧客が持っている関心事などをリード伝票で作成し、その「リード情報」をもとにキャンペーンの案内をします。キャンペーン結果をもとにターゲットを絞り、案件伝票へつなげていきます（**図4**）。

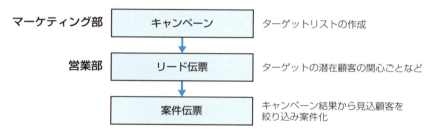

図4　マーケティングのプロセス例

◆セールスのプロセス

マーケティングの結果を案件伝票として登録します。案件情報をもとにターゲットとする見込顧客にコンタクトを取っていきます。「訪問予定日時」「相手の情報」「訪問結果」などの活動記録を活動伝票として登録します。また「キーマンの情報」「予算額」「見込顧客からの要望」「競合他社情報」「いつまでに決定するのか」「意思決定者は誰か」などの情報を記録し、関係者間で共有します。

その後、訪問回数や見込顧客からの要請に応じて見積書を提出します。受注確度のランク付けなどを行い、受注見込の予想情報につなげていきます。

受注ができたら、ERPシステムへ「得意先マスター」の登録や受注伝票の登録を行います。失注した場合は、その原因や理由なども記録として残しておきます。製品などを納品した後に、請求をします（**図5**）。

6-1 SAP CRM

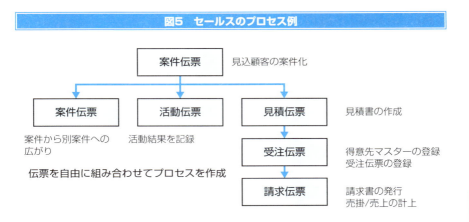

図5 セールスのプロセス例

◆ サービスのプロセス

　自社の製品の納品完了後、保守サービスの案内をします。見積書を提出し、契約できたら保守契約を結びます。自社の製品を使っていただいている中でトラブルが発生した場合、現地などで確認し、契約範囲内のトラブルなのか確認します。契約範囲外で有償の費用が発生する場合は見積書を作成し、顧客に判断してもらいます。有償などのサービスを受注できた場合は、サービスオーダーを登録します。
　サービスの提供後、作業時間、費用などをサービス確認で登録します（**図6**）。

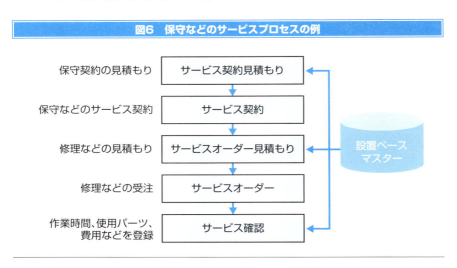

図6 保守などのサービスプロセスの例

第6章　そのほかのモジュール

157

6-1　SAP CRM

▶▶ SAP CRMの今後の方向性

　2018年6月に新しいSAP CRM製品として、**C/4 HANA**が発表になりました。**SAP Hybris**＊（ハイブリス）を全面刷新したCRM製品で、従来の「マーケティング」「セールス」「サービス」のほかに、「コマース」機能やEUの**GDPR**＊対応などが用意されています。

　今後、レガシーのSAP CRM製品も、この「C/4 HANA」に移行していくことが予想されます。これらの製品を使って、お客様が実店舗やEC店舗といった区別なく、シームレスに買い物ができる仕組みを構築し、顧客の囲い込みに使われていくものと思われます（**図7**）。

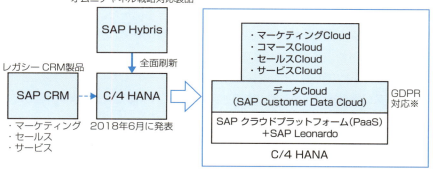

図7　今後のSAP CRM

＊**SAP Hybris**：2013年、Hybris Software社を買収し、SAP製品と提供してきたオムニチャネル戦略対応製品。
＊**GDPR**：EUの一般データ保護規則。

6-2

BI（経営分析）ツール

SAPには、BI（経営分析）ツールとして「SAP BW」や「SAP BO」などがあります。

▶▶ BI（経営分析）ツールの概要

会社では、経営管理に必要なさまざまな分析が行われています。例えば、より多くの顧客を獲得し、売上の増加に結び付けるための情報収集活動や、収集した情報の加工・分析などを行っています。これらの活動をサポートするツールが**BI**（Business Intelligence：**経営分析**）ツールです。

では会社では、どのような情報を必要としているのでしょうか。例えば、**表1**のような情報を収集して経営活動に役立てています。

表1　分析でよく使われる数字の例

分類	NO.	分析でよく使われる数字の例
CRM/SD/MM	1	見込顧客数、案件数、受注確度
	2	問合せ件数、訪問件数、商談件数
	3	販売予想件数、見込受注金額
	4	需要予測額
	5	見積提示件数、見積金額
	6	受注見込み件数、受注件数
	7	受注残高、発注残高
	8	売上ランキング（数量、金額）
	9	市場での当社製品のシェア
	10	売れ筋、死筋ランキング（数量、金額）
	11	外注費ランキング

第6章　そのほかのモジュール

159

6-2 BI（経営分析）ツール

FI/CO	12	運送費の増減
	13	債権残高、債務残高、借入残高、在庫残高
	14	資金残高、運転資金の過不足額、余裕資金残高
	15	期末の損益予測高（粗利益、営業利益、経常利益、税引前利益）
	16	期末の予算と実績の乖離幅
	17	人件費の増減額（給与、賞与、残業代など）
	18	売上高利益率、損益分岐点売上高
	19	自己資本比率、流動比率
	20	設備予算執行状況（予算との差異）
	21	負担すべき租税公課関係
	22	負担すべき税金関係

　情報は、主に数量や金額で、数量は、個とかキログラム、リットルなどの単位で集められます。金額は、円貨や外貨があり、外貨は小数点以下の持ち方や為替レートが関係してきます。そのほか、重量、面積、体積といった情報を収集することもあります（**図1**）。

図1　表示単位、通貨の例

表示単位

・数量単位（個、kg、ℓ など）
・金額（円、千円、万円、百万円など）
・重量、面積、体積

通貨

・円（JPY）
・外貨（EUR、USD、CNYなど）

　集めた情報は、いろんな切り口から分析します。例えば、予算と実績の対比や、過去実績、現在の実績、将来の見通しなどです。また、会社全体や特定の部門だけの情報とか特定の商品、顧客、仕入先などにフォーカスを当てる場合もあります。このほか、同業他社との比較を行い、市場における自社の位置づけやシェア率などを把握することもあります（**表2**）。

表2 分析の切り口の例

切り口	例
予算と実績	予算－実績の差異
過去、現在、将来	前月、前年、期末との比較
会社全体、部門、商品、顧客、仕入先	各構成比率
同業他社	売上高比率、シェア比率

　具体的に、どの項目を使って分析しているのか考えてみましょう。例えば、商品（品目）であれば「色」とか「サイズ」、顧客であれば「グループ内の得意先か外部の得意先か？」「日本の顧客か海外の顧客か？」「最終消費者は誰か？」「個人だったら、男性か女性か？」「年齢は何歳ぐらいか？」「どのチャネルで購入したのか？」「どの地域で購入したのか？」「誰が販売したのか？」「販売した結果は、どの組織の成績になるのか？」といった情報を組み合わせて、「今どうなのか？」「過去は、どうだったのか？」「将来、どのような傾向が見られるのか？」などについて分析しています（**図2**）。

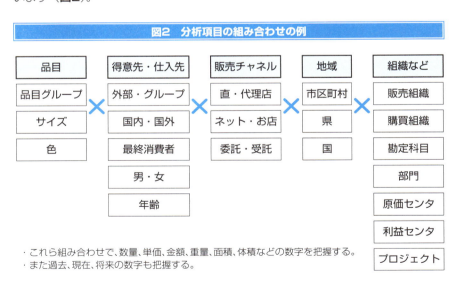

図2　分析項目の組み合わせの例

・これら組み合わせで、数量、単価、金額、重量、面積、体積などの数字を把握する。
・また過去、現在、将来の数字も把握する。

6-2 BI（経営分析）ツール

▶▶ BIツールに必要な機能

BIツールは、オンラインで、生のデータを使って**多次元分析***が行えるという特徴を持っています。そのために、存在するデータをトランザクションレベルでリアルタイムに蓄積する**DWH***機能や、データ同士の関係性やデータからある傾向を自動的に見つけてくれる**データマイニング***機能なども持ったものが多くあります。

また、分析結果を分かりやすく見せる**ダッシュボード**機能やビジュアル化の機能を備えています。一般的に、**表3**のような機能を持っています。

表3　BIツールが持っている主な機能	
機能	**内容**
抽出・集計・ソート	データの抽出・集計・加工機能
OLAP	リアルタイムでのデータ分析機能
ダッシュボード	一目でわかる見える化機能
データマイニング	データの中から傾向や関係性を見つけ出す
DWH	活用しやすいデータの蓄積機能
レポーティング	帳票などへの出力機能

▶▶ SAP BWの概要

SAP BW*は、SAP社が開発したDWH製品で、SAP社のERPシステムと親和性が高く、外部のシステムなどのデータも蓄積できます。データの蓄積、抽出、分析、配信、レポーティングなどの機能を持っています。**ETLツール***を使ってデータをDWHに**Cube***という分析しやすい形に整形して蓄積します。DWHとしてオラクル社のOracleや、マイクロソフト社のSQL Serverなどが利用できます。

一度、蓄積したデータは、時系列の分析を可能にするために、削除や変更はできません。でき上がったキューブを使って、オンラインで分析を行えるツールです。使用する場合のシステム構成は、**図3**のようになります。

＊**多次元分析**：多次元の分析キーを使って、さまざまな切り口から分析を行うこと。
＊**DWH**：Data WareHouseの略。データの格納倉庫のこと。
＊**データマイニング**：データの中から傾向や関係性を見つけ出すこと。
＊**SAP BW**：BWはBusiness Information Warehouseの略。
＊**ETLツール**：ETLは、Extract Transform Loadingの略。データ収集処理機能ツールのこと。
＊**Cube**：多次元分析用の専用データベース。

162

6-2 BI（経営分析）ツール

図3　SAP BWを使ったシステム構成例

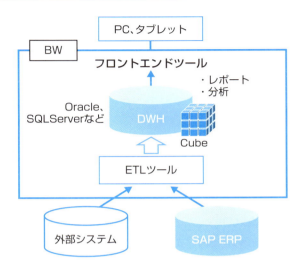

　2016年に、後継製品として**SAP BW/4HANA**がリリースされました。大量のデータを高速で処理できる製品となっているので、年次レポートなどの長い期間に渡るデータなどの分析に適しています。SAP HANA上でS/4 HANAのERPシステムも一緒に使うことで、**OLTP**※と**OLAP**※を実現できます（**図4**）。

図4　Cloud BWとCloud ERP

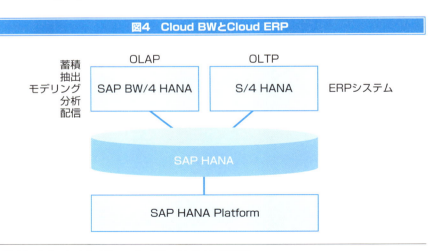

※ **OLAP**：Online Analytical Processingの略。オンライン分析処理。
※ **OLTP**：Online Transaction Processingの略。オンライントランザクション処理。

6-2　BI（経営分析）ツール

▶▶ SAP BOの概要

　SAP BO*は、フランスのBusinessObjects社をSAP社が買収し、SAPのBI
製品としてラインナップしたものです。レポーティング機能やダッシュボード機能、
データディスカバリ・ビジュアル化機能などを持っています。

　そのほか、ユーザが使いやすい形にデータを整形してくれるユニバース機能を
備えています。

　具体的には、次の機能があります。

- ● Crystal Reports（レポーティング）
- ● Dashboards（ダッシュボード）
- ● Explorer、Lumira（データディスカバリ・ビジュアル化）
- ● LiveOffice（MS-Officeとの連携）
- ● Web Intelligence（業務アプリとの連携）

　SAP BWと同じように、ETLツール使ってデータをDWHに蓄積します。複数の
データベースから**ユニバース***を使って、ユーザに必要なデータを整形して渡しま
す。ユーザは、ユニバースを通して使用するので個々のデータベースを知らなくて
も利用できます。

　使用する場合のシステム構成は、**図5**のようになります。

***SAP BO**：BOは、BusinessObjects、もしくはBusinessObjects Business Intelligenceの略。
***ユニバース**：複数のデータベース上のデータをユーザが利用しやすい形に整形した仮想のDWH。

164

6-2 BI（経営分析）ツール

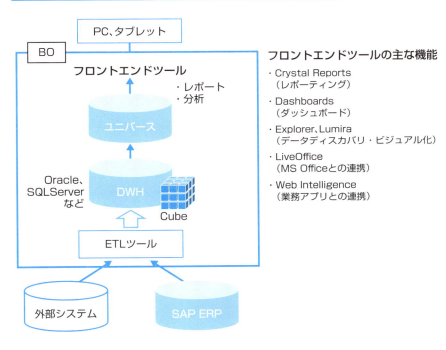

図5　SAP BOを使ったシステム構成例

　またSAP BOのクラウド版として、**SAP Analytics Cloud**（旧SAP Business Objects Cloud）という製品がリリースされています。SAP HANAをベースに、**SAP HANA VIEW**を介して使います。

　データの加工から変数の作成、**モデリング**、分析といったプロセスを自動で処理してくれます（**図6**）。

※ **Universe**：複数のデータベース上のデータをユーザが利用しやすい形に整形した仮想のDWH。

6-2 BI（経営分析）ツール

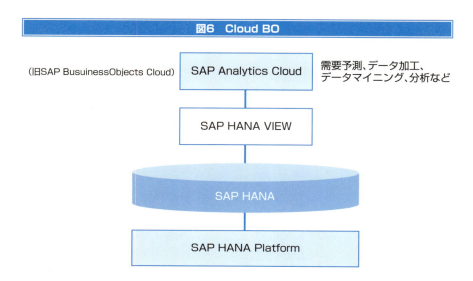

6-3

その他のツール

SAPでは、Add-onする場合に、ABAP言語などでプログラムを作って開発するほか、さまざまな簡易ツールが標準で用意されています。レポート系では、クエリやレポートペインタなどがあります。また、移行用ツールのLSMW、テストデータ生成ツールのCATTなどもあります。

▶▶ SAPクエリ

SAPクエリは、SAPプログラミング言語のABAP言語*に関する知識が少ないユーザ、または知識を持っていないユーザ向けに用意されているレポーティングツールです。表示するデータをソートしたり、集計したりできます。

また、小計、中計、大計などを出力させることもできます。そのほか、ExcelやWordへの出力機能や元の伝票などにドリルダウンする機能もあります。テーブル結合によるデータ抽出やユーザ定義フィールドの追加、それらに対するコーディングも可能です。そのほか、さまざまな種類のレポートを作ることができます（**図1**）。

◆ クエリ領域

クエリ本体やユーザグループなどのオブジェクトを管理する区分けのことで、ローカル領域（標準領域）とグローバル領域の2種類があります。なお、どちらのクエリ領域でもクエリが持っている機能のすべてを利用できます。

①ローカル領域（標準領域）

クライアント依存オブジェクトであるため、移送できません。

②グローバル領域

通常のAdd-onプログラムのような、クライアント非依存オブジェクトで、検証機や本番機などのほかのサーバに移送できます。

※ **ABAP言語**：「12-4 ABAPプログラミング入門」を参照。

第6章 そのほかのモジュール

167

6-3 その他のツール

図1 クエリの仕組み

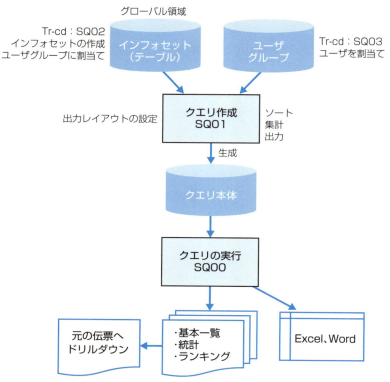

◆ **クエリ機能の構成**

3つの要素で構成され、ユーザグループから順に構造化されています。

①ユーザグループ

クエリを利用できるユーザをIDでグルーピングする要素クエリでは、テーブルを直に読み込むため、権限による制御ができません。よって、クエリを使用できるユーザを指定します。インフォセットを紐付けなければ、クエリ本体も利用できません。

6-3　その他のツール

②インフォセット

テーブル結合や取り扱う項目を定義します。論理データベースや抽出用のAdd-onプログラムを割り当てることもできます。

③クエリ本体

登録するユーザグループと利用するインフォセットを指定して定義し、レイアウトを設定します。必要な検索条件や、追加項目への計算ロジックの組み込み、表示順番、桁数、集計するかどうかなどの指定ができます。

アウトプットは、基本の一覧のほかに統計（集計）レポートやランキングなども出力できます。

▶▶ LSMW

LSMW*は、非SAPシステム（レガシーシステム）から、SAPシステムへデータ転送をサポートするツールです。移行時などにおいて、マスターや会計伝票などを一括登録することが可能です。

ABAP言語で移行用のプログラムを開発する代わりに、このLSMWを使用することで、効率的にデータの移行が行えます。

バッチインプット、ダイレクトインプット、BAPI、IDocなどの方法を利用して、SAPシステムにデータを取り込むことができます。

◆使い方

次の**画面1**の処理を順に行うことで、データの移行作業が行えます。

1～**6**でパラメータ設定を行い、**7**以降でLSMWの実行準備と実行を行います。各処理機能は、英語表記になっています。

＊**LSMW**：Legacy System Migration Workbenchの略。

169

6-3 その他のツール

画面1　LSMWの作成と実行メニュー

```
Process Step
 1 ○  Maintain Object Attributes
 2 ○  Maintain Source Structures
 3 ○  Maintain Source Fields                                    パラメータ設定
 4 ○  Maintain Structure Relations
 5 ○  Maintain Field Mapping and Conversion Rules
 6 ○  Maintain Fixed Values, Translations, User-Defined Routines
 7 ○  Specify Files
 8 ○  Assign Files
 9 ○  Read Data                                                 実行準備と実行
10 ○  Display Read Data
11 ○  Convert Data
12 ○  Display Converted Data
13 ○  Create Batch Input Session
14 ○  Run Batch Input Session
```

1 Project名、Subproject名、Object名を登録します。対象のトランザクションコードの処理の動きを記録、入力の対象となる項目名を登録します。

2 投入項目をまとめる構造を定義します。

3 上記の**2**で定義した構造に投入したい項目を定義します。

4 上記の**1**とInputデータを紐付けます。

5 上記の**1**で登録した投入対象項目と、**3**で定義したExcel上の投入項目とをマッピングします。

6 固定値、変換、ユーザ定義ルーチンを設定します。

7 Inputデータ（テキストベース）を選択・定義します。

8 上記の**2**で定義した構造とInputデータの紐付けを確認します。

9 Inputデータを読み込みます。

10 Uploadしたデータの内容を確認します。

11 上記の**10**でUploadしたデータを投入用（SAP形式）に変換します。

12 上記の**11**で変換したデータの内容を確認します。

13 バッチ処理を登録します。

14 バッチ処理を実行します。

6-3 その他のツール

▶▶ CATT

CATT（キャット）＊は、SAP独自のテスト支援ツールです。ファイルからデータを取り込み、データ入力を自動化することで、テストにかかる労力を大幅に軽減することができます。また、IF文やループ処理を使って、内部的に大量のテストデータを自動生成することもできます。開発したプログラムが正しく動作するかどうか、想定のパフォーマンスが出ているかどうかを確認するために利用することができます。

トランザクションコードは「SCAT」を使用します。

◆ 使い方

CATTの作成方法は、以下の通りです。

1 まず画面情報と利用項目を記録します。下の**画面2**のように、対象のトランザクションコードを実行し、操作内容を記録します。記録が終わると自動的に、画面情報と画面項目がパラメータ化されます。

画面2　画面情報と利用項目を記録（例：受注伝票）

```
CATT：機能 TCD テスト ZHM03 の詳細を照会

    項目一覧    前ページ    次ページ

テスト          ZHM03              VA01 受注登録
Transaction     VA01               受注伝票登録
使用可能 Msg
処理モード                        CATT モードーCOMMIT WORK 終了なし

トランザクション用 Dynpro
C Program                 内容説明
  Dynpro番号

SAPMV45A              売伝票        第一画面        登録
0101 BDC_OKCODE==ENT2,BDC_CURSOR=VBAK-VTWEG,VBAK-AUART=ta,
SAPMV45A              4.0 コンテナ振分 - 概要画面（標準ヘッダ）
4001 BDC_OKCODE==SICH,VBKD-BSTKD=007,KUAGV-KUNNR=1000
SAPLV05E              取引先選択ダイアログボックス
0100 BDC_OKCODE==PICK,BDC_CURSOR=RV45A-KWMENG(01),
SAPLV03V              Dynpro 内容説明が見つかりません(D020T)
0500 BDC_OKCODE==WEIT,BDC_CURSOR=RV03V-ANTLF
```

＊ **CATT（キャット）**：Computer Aided Test Toolの略。

6-3 その他のツール

2 パラメータを定義します。下の**画面3**のように、パラメータ化された項目に対して、ファイルから取り込みたい値や固定値を指定していきます。

画面3 項目に対して、ファイルから取り込みたい値や固定値を指定

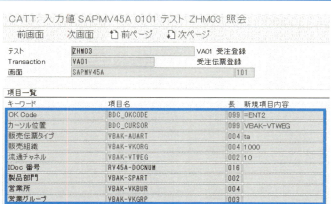

3 下の**画面4**のように、ファイルを指定して実行することで、データを処理することができます。ファイルは、Tab区切りのテキストファイル形式になります。

画面4 SCATの実行画面

なお、CATTは、**eCATT**（イーキャット）へ移行されています（トランザクションコードは「SECATT」を使用します）。eCATTには、次のような機能があります。

6-3 その他のツール

- ● BAPIおよび汎用モジュールの呼び出し
- ● 更新（データベース、アプリケーション、GUI）のテスト
- ● トランザクション、レポートおよびシナリオのテスト
- ● 権限（ユーザプロファイル）のチェック
- ● カスタマイジング設定変更による影響のテスト
- ● システムメッセージのチェックなど

また、eCATTは、実行結果を文書化した詳細なログを生成することができます。テスト結果にエラーがある場合は、エラーログを分析することができます。

第6章 そのほかのモジュール

COLUMN クラウドのいろいろ

クラウドと言っても、いろいろあります。パブリックかプライベートかという分け方のほかに、「IaaS（イアース）」、「PaaS（パース）」、「SaaS（サース）」というクラウドの利用形態ごとに分ける場合があります。

IaaSはITインフラを、PaaSはIaaSにミドルソフトウェアを、SaaSはPaaSにアプリケーションソフトウェアを加えてサービス提供されているものです。グループウェアなどでの情報共有や、請求書の発行、会計処理など基幹業務もSaaSで利用するケースが増えてきました。

173

6-4

最近、追加されたモジュール

SAP社が最近、追加した購買ソリューションの「SAP Ariba」、労務管理システムの「SAP Fieldglass」、人事管理ソリューションの「SAP SuccessFactors」、経費精算の「SAP Concur」、マーケティングソリューションの「SAP Hybris」について説明します。

▶▶ SAP Ariba

日本企業の海外進出の増加に伴い、販売拠点や生産拠点における調達業務において、各拠点の取引（契約）やプロセスルールが異なり、新たな商品やサービスの開発において、従来取引がなかった業種や取引実績のない新興国など海外との取引情報の収集が困難であったり、価格優位な新規サプライヤーを発掘できないなどの課題が増加してきました。

SAP社では、このような調達環境の変化に応じた課題解決をするためのツールの1つとして**SAP Ariba**（アリバ）を提供しています。世界中で活用されている海外企業情報調査サービスを提供しているD&B社[*]と連携し、財務リスクスコアなどサプライヤーに関する情報を簡易に収集できます。

◆ Ariba Network

グローバルで70万社以上のサプライヤーが登録されており、バイヤーとサプライヤーの仲介ポイントとしての役割を果たしています。

公募イベントを作成すると、対象となるサプライヤーへ公募内容が送信（匿名での公募も可能）され、回答があったサプライヤーから適切なサプライヤーを選出し再度、詳細な見積依頼を実施できます。サプライヤーにとっても、自社で取り扱っている商材に対して、新規顧客から公募が届くことになり、新規取引先開拓に利用できるメリットがあります。

また、従来のカタログによる購買では、電子カタログの最新情報を管理するために大変な工数がかかっており、メンテナンスを怠ると、実際の仕入先の価格と

---

[*] **D&B社**：正式名称は、The Dun & Bradstreet Corporation。海外企業の調査レポートを提供。

社内カタログの価格が違うなどの問題が発生することがありました。この問題を解消するために、メンテナンス作業を仕入先に依頼できる仕組みを設けています。

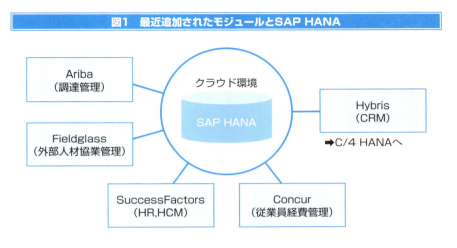

図1　最近追加されたモジュールとSAP HANA

▶▶ SAP Fieldglass

　会社は専門スキルを持った人材に、必要なタイミングで出会いたいと考えます。一方、ビジネスパーソンは自分のスキルを強みにして、その専門性を高く評価してくれる会社と出会いたいというニーズを持っています。この双方をマッチングさせる人材シェアリングプラットフォームが**SAP Fieldglass**（フィールドグラス）です。

　必要とする働き手の人材管理プロセスを発注から請求、支払まで合理化し、日本における複雑な労働者派遣法や業務委託契約（下請法など）のコンプライアンスに対応するよう、日本市場向けにローカライズされた統合ソリューションとして提供しています。

◆ベンダー管理システム（VMS）

　人材情報を共有するタレントプール機能や、労働者派遣法に対応した雇用契約管理と採用プロセスの管理、業務委託契約（準委任・請負）に対応したサービス調達管理、人材の入社時支援（教育・研修プロセス）/退社時支援（退職・離職プロセス）の自動化、36協定（深夜手当、休日手当などの算定ルール）に準じたタイムシート管理、マシンラーニングによる予測型ダッシュボードなどを提供しています。

6-4 最近、追加されたモジュール

SAP SuccessFactors

　人材要員計画から目標管理と評価、報酬、学習、要員分析までを幅広くサポートし、タレントマネジメントに関わるすべてのプロセス（採用〜配置検討〜評価〜育成〜分析/計画）をカバーした、SaaSによる戦略型人事ソリューションを提供するのが**SAP SuccessFactors**（サクセスファクターズ）です。

◆HCM Suit

　SAP社が買収したアメリカのSuccess Factors社のSaaS型タレントマネジメントソフトをベースに、給与管理や労務管理などの機能を追加した総合的な人事アプリケーションです。日本の企業が必要とする人事機能をSaaS型のクラウドサービスとして利用できるようにし、特定の機能を特定の人 * にだけ使うという使い方が可能になっています。

◆採用（SuccessFactors Recruiting）

　採用担当者が、社内SNS（JAM）活用により、優秀な人材獲得を進めるための機能です。求める人材像の把握に基づいた採用活動を行うことが可能となっており、人材の幅を広げることができます。

◆要員計画

　人材情報を活用し、経営戦略上の人材の過不足を可視化することで、適切な人事施策の実行における意思決定を支援します。

◆目標

　経営戦略に沿った組織の目標設定を、個人にブレークダウンした上で、進捗状況の管理を可能としています。組織の目標をブレークダウンすることにより、部下の目標と整合性を取り、可視化を行うことができ、管理者は部下に対して有意義なフィードバックやアドバイスを継続的に行うことが可能となっています。

◆後継者計画（Succession and Carrier Development）

　人材ポートフォリオで、客観的な情報からの選抜を可能にするとともに、スキルギャップを可視化することで、継続的な育成計画の策定を支援します。

＊**特定の人**：例えば、職階/部門など。

6-4 最近、追加されたモジュール

◆学習（SuccessFactors Learning）

社内個別研修・社内集合研修・社外研修など、学習におけるプロセスの管理と、学習環境の提供を包括的に実現します。業務経験・スキルといったさまざまな項目から、次期後継者の検索・比較を行うことができます。

選定した候補者に不足しているスキルを把握し、育成につなげる運用も可能です。組織・社員の目的に合った研修をアサインすることにより、研修受講効果を向上させます。

▶▶ SAP Concur

日々発生する経費処理は、重要な業務処理の1つです。しかし、それ自体は利益を生まない作業でありながらも、社員の入力作業のほかに、経理はチェック作業に多くの時間をかけています。そのような経費処理の生産性向上の手助けをするのが、経費精算クラウドサービスの**SAP Concur**（コンカー）です。

◆経費精算・経費管理（Concur Expense）

法人カードやICカード（SuicaやPASMOなど）の履歴データを取り込むことによって、入力の手間を省きます。経費処理規定を設定できるため、従業員は経費処理規定を意識することなく、正しく経費精算レポートを作成・申請できます。

◆出張管理（Concur Travel）

複数の**GDS**※、包括契約の特別料金、ダイレクトコネクト、オンライン特別割引など、企業が指定する最適な出張予約を従業員に選択させることが可能です。

利用者は、予約だけでなく、飛行機の遅延や搭乗口の変更などの情報をリアルタイムで確認でき、利用したホテルやレンタカー会社から送付されるEレシートを自動的に経費精算（Concur Expense）へ取り込むことが可能となっています。

◆請求書管理（Concur Invoice）

OCRで請求書情報を読み取り、支払申請に必要な関連情報を自動的に入力できます。紙、Faxで受け取ったものでも、スキャナーで取り込むことも可能です。電子ファイルにしてSAP Concur社に送ればスタッフが入力をする代行サービスも存在しています。

※ **GDS**：Global Distribution Systemの略。世界中の航空会社、レンタカー、ホテルなどの予約ができるシステムのこと。アクセス、インフィニー、セーバー、アマデウスなどが有名。

6-4　最近、追加されたモジュール

▶▶ SAP Hybris

実店舗やオンラインストア、モバイル、POS、コールセンター、ソーシャルメディア、印刷物などの経路を連携させ、顧客との接点を単一の基盤で実現できるソリューションを提供するのが**SAP Hybris**（ハイブリス）です。

◆製品コンテンツ管理とカタログ管理（SAP Hybris Product Content Management）

カタログの更新、新製品の追加、オファーの変更を数時間で行うことが可能です。**SEO**[*]やブランドの一貫したマーケティングキャンペーンにより、顧客は欲しい商品を容易に見つけることができます。さらに、すべてのチャネルで関連性の高い一貫した製品情報が提供可能となります。

◆オムニチャネルオーダー管理（SAP Hybris Commerce Cloud）

顧客に商品の購入方法、受け取り方法、および返品方法を決定してもらうことができ、すべてのチャネル間の在庫状況をリアルタイムに確認することが可能です。オンラインで購入し、自宅で商品を受け取り、そして店に返品することも簡単で、受注管理コンポーネントにより、SAPを使用していれば在庫を管理でき、その先の顧客は、望んだ方法で商品やサービスを受けることができます。

組織全体の在庫に一元的にアクセスでき、在庫、仕入先選定、割り当ての各ルールを最適化できます。

◆SAP Hybris Service Cloud

企業のサービス提供組織が、顧客およびフィールドサービスエンゲージメント[*]を掌握できるようサポートします。シンプル化されたサービスを提供することにより、優先度の高い顧客の問題に対処し、適切な人員を適切なソリューションに結び付け、顧客満足度を高めます。

なお、SAP Hybris は、2018年6月に新しく**SAP C/4 HANA**として刷新されました。

---

[*]**SEO**：Search Engine Optimizationの略。検索エンジンの最適化。
[*]**フィールドサービスエンゲージメント**：現場での保守メンテナンスなどのフィールドサービス契約のこと。

第7章

SAP導入のフロー

この章では、SAP 社の ERP システムを導入するにあたり、必要な目標の策定や、導入を進める際のプロジェクトの立ち上げ、システム稼働までの主な作業と流れについて説明していきます。

7-1
稼働までのフローチャート

SAPの導入に関して、導入の検討から稼働後の運用までを1つのプロジェクトとして捉えた場合の主な実施事項を説明します。検討の開始から実際の稼働に至るまでをいくつかのフェーズに分類し、それぞれどのような作業を行っていくのか、その概要を記載します。

▶▶ SAP社のERPシステムの導入決定までに実施すること

SAP社のERPシステムの導入を検討する場合は、まず「企業が抱えている問題」や「目指すべき方針」、「法改正への対応」など、システムの改善に関係する目標が挙げられることが前提となります（**図1**）。

あるべき目標を実現するためには、実現のための資金や人材、期間が必要となるため、**目標に合わせたプロジェクト**を立ち上げ、取り組んでいくことになります。

プロジェクト内では、まず「実現したいこと」と「実現すべきこと」を整理し、**あるべき姿の全体像**を描いていきます。システムの変わる姿（イメージ）もある程度、この段階で作られ、必要な要件をRFP*としてまとめ、関係するSIerなどに提案依頼を行います。

SAPなどのERPパッケージを導入しようとする目的としては、以下のケースが考えられます。

①現行のシステムでは、業務領域間のデータがリアルタイムで連携されていないので、リアルタイムで統合されるようにしたい。

②現状の会計業務や販売業務、購買業務などのシステムは複数にまたがっているが、維持管理を簡易化するため1つのシステムに集約したい。

③導入稼働までの期間は、できるだけ短くしたい。

④現行の業務は担当者に依存し、また部門によってバラバラであるため、標準化されたプロセスに業務を合わせるよう見直したい。

---

*　**RFP**：Request For Proposalの略。提案依頼書。

180

7-1 稼働までのフローチャート

　ERPパッケージには国内製や海外製など多数ありますが、SAPを対象とする場合、「多数の大手企業に導入実績があり信頼性がある」という点が1つの選定条件になると考えられます。

　まれに「SAP社のERPシステムを導入すること」自体が目的となっている場合がありますが、システムを導入することは目的ではなく「手段」です。

　あくまで実現すべき目標があった上で、それを実現する方法として、SAPの導入がふさわしいと判断した結果、導入を決定し、進めていくことが望ましい形であるといえます。

図1　システム化構想～稼働までのフロー

構想策定	現状分析	要件定義	設計開発テスト	本稼働準備	稼働後フォロー
・業務のニーズに基づく目標の策定 ・プロジェクト推進体制の立ち上げ ・システム全体構想の作成 ・ERPパッケージ使用対象検討、導入ベンダーの選定	・現状業務内容の整理 ・現状業務の問題点、改善ポイントの洗い出し ・システム全体の切替イメージ、ERPパッケージの適用箇所、範囲の識別（概要レベル）	・新業務プロセスの策定、新業務フロー定義 ・プロトタイプ実施（1～2サイクル） ・Fit&Gap評価 ・ERPパッケージ標準機能使用箇所、アドオン対象の切り分け ・アドオン要件定義 ・移行計画策定 ・インターフェース方針策定 ・システム切替計画策定	・アドオン機能設計 ・インターフェース設計 ・データ移行設計 ・権限設計 ・プログラム開発～単体テスト ・結合テスト ・システムテスト ・パフォーマンステスト ・権限テスト	・ユーザ受入テスト ・トレーニング計画策定 ・トレーニング資料作成 ・ユーザトレーニング実施 ・移行リハーサル実施 ・システム切替リハーサル実施	・本番稼働 ・稼働後問合せ対応 ・稼働後追加要件への対応 ・運用体制への引継ぎ ・プロジェクト収束

第7章　SAP導入のフロー

181

7-2 プロジェクト発足

SAP社のERPシステムの導入は、パッケージであっても、ある程度の導入期間が必要となるため、プロジェクト化して運営していくことになります。SIerと契約せずに自社内の要員のみで導入する場合もありますが、導入経験や専門知識が必要になるため、多くの場合は、SIerと一緒にプロジェクト体制を構築して推進していきます。

▶▶ プロジェクト体制

まず、プロジェクトの意思決定に関わる責任者を**プロジェクトオーナー**とし、実働の責任者を**プロジェクトマネージャー**として任命します。以降、検討領域の内容に合わせてチームを編成し、プロジェクト体制を構築します。導入企業とSIerによるプロジェクト体制を構築した例を**図1**として挙げて説明します。

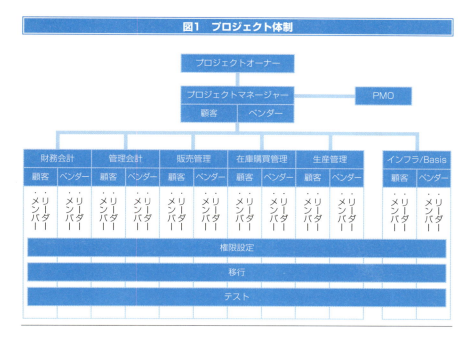

図1　プロジェクト体制

7-2　プロジェクト発足

　この例では、導入する企業とSIerそれぞれで、該当業務領域ごとにチームを編成しています。権限設定や移行、受入テストなどは、領域をまたがって実施するので、領域をまたいで検討できる体制（**タスクフォース**）にします。このほか、各領域の有識者を集め、1つのチームとして事業内容別にチームを組む場合もあります。

意思決定の迅速化

　ERPシステムを導入する際には、さまざまな課題が発生します。例えば、課題の解決方法によっては、大幅に予算をオーバーするようなケースもあり、複数の解決方法があって、どれを選択するのがベストなのかといった最終の意思決定が常に求められます。解決のための方針がなかなか決まらなかったり、一度決めた内容が後になって覆ったりするとプロジェクトの全体スケジュールに大きく影響を及ぼします。

　プロジェクトオーナーなどの意思決定者は、迅速な意思決定と強いリーダーシップおよびトップダウンで、プロジェクトを推進していくことが重要な役目となります。

導入企業、SIerそれぞれの役割

　プロジェクトの体制は、企業とSIerが混在する形になり、社員とSIerが力を合わせ、協業しながらプロジェクトを動かしていく体制づくりが必要になります。各チームのリーダーはチームを統率し、意思統一を図りながら、チーム内のタスクを遂行するとともに、他チームとも円滑にタスクをこなしていく調整力も求められます。

　企業側は業務要件の取りまとめや意思決定に注力を注ぎ、SIer側は業務要件に基づく、**To-Be**（改善目標）のあるべき姿に沿った提案に努め、双方が実現に向けて協力関係を構築していくことが求められます。

　具体的な導入にあたっての注意点を以下に挙げます。

◆ SIer への依存

　プロジェクトの体制として、企業側のプロジェクトチームに加わる人は、もともと業務を行っているメンバーであり、業務を持ったまま掛け持ちで参画するケースが珍しくありません。そのため、プロジェクト専任とはならず、プロジェクトの

7-2 プロジェクト発足

タスクに割く時間があまりなく、SIer任せになってしまうケースがあります。

　要件整理や他の領域との調整作業は、本来、外部の要員が実施すべき作業ではなく、導入企業側の要員が行うべきタスクです。プロジェクトを円滑に進めていくためには、SIerなどの外部の要員に過度に依存せずに、プロジェクトを推進できる体制づくりが必要です。

◆複数 SIer の混在

　1つのプロジェクトの中で構築するERPシステムが1つであるにも関わらず、複数のSIerと契約しているケースがあります。このような形態では、SIer同士を統一して、コントロールする必要があります。

　参画するSIerの数が増えるほど、取りまとめる対象が増え統制が難しくなります。SIer同士が協力し合って、同じ方向に向かっていけば良いのですが、それぞれの利害を優先することが多く、プロジェクトとしてうまく進まない状態に陥る場合があります。過去の経験から、避けるべき体制として、次の例を挙げます。

①企業側の業務サポートとして別の SIer と契約するケース

　導入企業において、自社内の要件の取りまとめや他の領域との調整作業などは、導入企業内で行うべきタスクですが、それを導入企業側に立ったSIerに代わりにやってもらうケースがあります。この導入企業側のSIerは、本来、導入企業側の導入目的や導入の背景、目指すTo-Beを十分に理解した上で、与えられた役割に対して力を発揮すべきなのですが、導入企業の業務要件の詳細な理解や組織上の指揮命令系統関係、人的ネットワークまで入り込むことは現実的ではありません。業務要件の取りまとめや、他の領域の調整作業は、難しいのではないかと考えます。

　やはり、これらの作業は導入企業側の要員が「自分たちの役割と使命」であると考え、担当することが望まれます。プロジェクト自身を他人任せにするような意識では、プロジェクトの目的を達成する動きには決してなりません。

②プロジェクト状況のチェック役として契約した SIer がいる場合

　プロジェクトに参画しているSIerがプロジェクトの方針検討や、プロジェクトの進捗管理役として参画している場合があります。このケースでは、「プロジェクトを計画通りに推進していく」というよりも、「自分たちの存在感を出そうとする」

ことが主眼となって、プロジェクトの運用を阻害する要因になっている場合があります。

このプロジェクトの方針検討や進捗管理は、やはり導入企業側のタスクとして担当していくことが望まれます。

本来、導入企業側が行うべきタスクをSIerに任せることで、一見効果があるように思われがちですが、実際は、余計な時間とコストが発生するだけで、あまり効果が上がっていないケースが見受けられます。この点を考慮した上で、プロジェクトの体制構築と必要な人員配置を行う必要があります。タスクの割り振りの考え方を誤ると大きな損失が発生することになってしまいます。

学びと成長

今まで、いろんなプロジェクトに参加してきました。最初のプロジェクトで無我夢中の毎日を過ごした日々のこと、辛かったけどいろんな経験ができたプロジェクトのこと、全く合わずに途中でリタイアしたプロジェクトのこと、自分の力量に合った楽しかったプロジェクトのことなど、いろいろ思い出します。これらの経験が、今の自分を作ってくれているのだと思います。

これからもいろんな経験を積み重ねて成長していきたいものです。人生、学びと成長の繰り返しなのではないでしょうか。

7-3

導入フロー

SAP社のERPシステムを導入する際は、稼働までに実施すべき作業がいくつも
あり、作業の前後関係や対応時期を考慮した上で進めていく必要があります。

▶▶ 導入フローの主要なタスク

ERPシステムの導入では、主要な**タスク**をまとまった単位でいくつかのフェーズ
に区切った形で進めていきます（**図1**）。フェーズごとに達成すべき目標に対する**マ
イルストーン**を定義し、必要に応じてスケジュールや方向性の見直しを行います。

タスクとしては、構想策定、現状分析、プロトタイプおよびFit&Gap評価、要
件定義、追加開発、外部システムとの連携、権限設定や内部統制への対応、デー
タ移行やシステム切替、教育と運用定着などのタスクがあります。

構想策定は、すでに導入対象業務の決定までに行われているため、ここでは
ERPパッケージとしてSAPの導入が決定した後、稼働までにどのようなことを行っ
ていくのかを説明していきます。

▶▶ 現状分析

新業務および新システムのあるべき姿を決定するために、まずは現行業務およ
び現行システムの分析を行います。現状業務について、フローや業務定義書など
ドキュメントがまとまっていれば良いですが、長い期間、使い続けていく中で運用
中に代わっていったり、担当が変わり内容が引き継がれなくなったりと現状の整
理がされていないことが多く見受けられます。そのため、まず現状の整理が必要
となる場合は、フローの作成や現状業務の一覧化を行います。現状業務の整理後、
業務上の問題点や改善すべきと考えられる点を抽出し、要件定義時の重要ポイン
トとしていく必要があります。

7-3 導入フロー

　また、現状分析結果からTo-Beとなるシステム全体像も描いていきます。SAPは基幹業務すべてが網羅されているパッケージですが、すべてを適用するには、各領域の知識を持つ要員や多くの時間が必要となり、コストもかかっていきます。そのため、導入する業務範囲自体を、導入効果の高いモジュールに制限することも考えていく必要があります。

図1　システム導入フローの概要

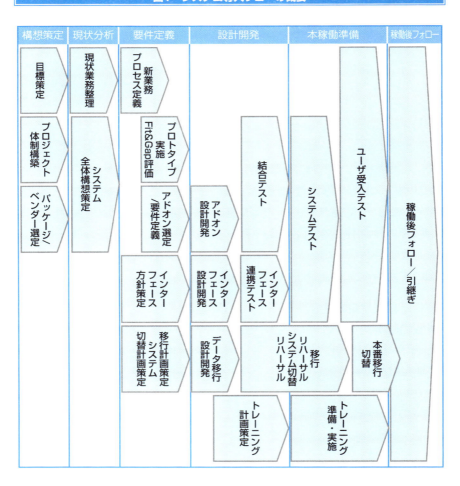

7-3　導入フロー

　例えば、「人事管理は既存システムが十分利用できるため、既存のシステムのまま使い、財務会計とのインターフェースのみ構築する」とか、「販売業務および購買業務と会計業務はリアルタイムによる連携をしたいが、現行システムでは翌日にならないと会計にデータが反映されないので、これを一緒に導入して解決したい」というケースなどが考えられます。

▶▶ 要件定義

　業務要件定義として、SAP社のERPシステムを導入した際の**業務プロセス**を検討していきます。ここがSAP導入後の業務の流れを決定する部分となり、最も重要なフェーズともいえます。必要な業務プロセスについて、まず、SAPを利用した場合の業務フローを作成していき、「新業務フロー」および「新プロセス案」を作成します。

　SAP社のERPシステムはパッケージであるため、標準機能はカスタマイズを行うことですぐ使用可能になります。

　新しいプロセスの評価は、カスタマイズ後に、プロトタイプアプローチで行うことが望ましいと考えます。要件の整理およびプロトタイプの実施によって、新業務フローや新しいプロセスを評価し、新業務フローおよび新プロセスを決定していきます。Add-on開発対象の切り分けも同タイミングで行われ、以降のフェーズにおける開発規模やスケジュールが具体化されていきます。

　要件定義時のポイントは、次の通りです。

◆ Add-on 開発対象の選定

　Fit&Gap分析作業の結果、SAP社のERPパッケージの標準機能と現行の業務とが合わない部分が出てきます。現行の業務に合わせようとすると、Add-on開発が必要になります。

　ただし、Add-on開発した場合は、開発コストがかかるのはもちろん、不具合発生時への対応や仕様変更への対応、さらにバージョンアップ時のAdd-on部分の影響調査や改修作業など、もろもろのコストがかかり、後々の大きな負債となることが考えられます。

7-3　導入フロー

　ERPパッケージの導入時には、「極力Add-onをしない」「標準機能を使う」「業務をSAPに合わせる」といった方針が非常に重要なポイントとなります。

　また、業務要件に限らず、データ移行や周辺システムとのインターフェース、本番への切替タイミングなどの方針の決定や、次フェーズ以降のプロジェクト計画は、この段階で検討することにより、以降の開発規模やスケジュールを具体化する材料として役立ちます。

▶▶ 設計/開発

　プロトタイプ実施後、SAP標準機能に当てはまらず、Add-on対象となった機能については、スクラッチ開発と同様に設計から実施していく必要があります。基本設計、詳細設計、コーディング、単体テスト、結合テスト、システムテストといったタスクを実施していきますが、SAPのモジュールに関する知識を持った人材が必要となってきます。Add-onといってもデータベースからすべて作るのではなく、SAP標準機能と並立することが多いため、各モジュールの機能に関する知識や、標準テーブルの内容、テーブルの更新方法などの知識を持ったアプリケーションコンサルタントが活躍する場となります。

　業務機能だけでなく、関連システムとのインターフェースやデータ移行についても、開発が必要になるケースがあります。プログラム単体での開発が完了した後は、テストにより稼働に支障ないものとなるよう品質向上を図っていきます。

▶▶ 本稼働準備

　開発完了後は、本番稼働に向けて、品質を担保すべく、いろいろなテストを行っていきます。

　結合テスト➡システムテスト➡ユーザ受入テストと実施範囲を、個別機能の確認から業務およびシステム全体へと広げていきます。そのほか、テストすべき事項を網羅できるシナリオ作成が必要となってきます。各テストにおける主な実施目的の例を以下に示します。

7-3　導入フロー

◆結合テスト

①複数機能をつなげて実施し、機能間の連携を正しくする。

②各機能の処理の流れのパターンを網羅し、漏れなく実施できることを確認する。

◆システムテスト

①システム全体をつなげて実施し、他のシステムとのインターフェースからその後の各システムでの処理が正常に実施できることを確認する。

②業務フローに沿ったシナリオが一通り回ることを確認する。

◆ユーザ受入テスト

①ユーザの業務に合わせた、シナリオおよびデータを使って、実運用に近い形で実施し運用が回ることを確認する。

テストのほかにも、稼働に向けて、いくつかのタスクを実施する必要があります。

データ移行については、稼働時に使用するマスターや切替タイミング時の残高などトランザクションの移行が必要となるため、データ整備を行います。移行データはリハーサルを何度か繰り返し、本番移行のためのシミュレーションを行っていきます。

システム切替も重要なポイントとなります。現行システムをいつまで使うのか、切替時の制約はあるのか、稼働直後には、稼働時限定で特別対応を取る必要があるのかなど、事前に検討しておくべき点があります。本番環境で実施する前に、実現の可否を判定する必要があります。こちらについてもリハーサルを繰り返し行い、切替のためのシミュレーションを行っていきます。

また、本番運用開始後の混乱を防ぐために、本番稼働前に**ユーザトレーニング**を実施します。トレーニングの対象者やトレーニング内容を明確にし、必要なトレーニングマニュアル（操作マニュアルや業務マニュアル）を作成しておきます。

トレーニング方法は、集合研修形式や自習形式など内容や規模により、さまざまですが、ERPシステムを稼働させたにもかかわらず、利用の仕方が分からないといったことがないように準備する必要があります。

190

稼働後フォロー

無事に本番稼働を迎えたとしても、本番稼働してプロジェクトが終了というわけではありません。安定した稼働状況にするために実施すべきことがあります。稼働直後は、新システムの利用が不慣れなため、ユーザのサポートが必要になります。想定外の事象や不具合などが発生した場合に対応するために、ヘルプデスクなどの体制を組み、迅速に対応するなどのフォローを行う必要があります。

稼働初期は、通常運用よりも規模の大きいサポート体制が必要ですが、安定後は通常運用に必要な体制に見直しながら、プロジェクトのノウハウを引き継いでいきます。

運用保守の場面では、導入時のSIerおよび担当者が、そのまま残り続けることは少ないため、スムーズな引き継ぎや稼働後の変更対応が容易にできるように、導入時から準備しておく必要があります。

内容は、次のものとなります。

①稼働後の業務変更（組織変更など）を意識したカスタマイズやコード定義。
②設計時、開発時に作成したドキュメントの整理・最新化。
③残課題や今後の対応事項をまとめる。

7-3 導入フロー

COLUMN 幸福感の源泉

　人が幸福感を持てるのは、①自分が何らかの向上・進歩をしていると感じる時、②自分が誰かの役に立っていると感じる時だそうです。一時的、刹那的な幸福感も、これ以外にはあるかもしれませんが、人の本質的な幸福感はこの2つのケースというのが、心の法則のようです。

　何歳になっても、自分ができる何らかの仕事を継続することで、この両方を得る機会を継続して持てるのではと思っています。

SAP構築のフロー

　この章では、SAPによるERPシステム構築のモデルケースをもとに説明していきます。「何を目指して、どのようなシステムをどれだけの期間で構築するのか」「全体像やそのアプローチ方法には、どのようなものがあるのか」などを明らかにし、これからSAPプロジェクトに参画する方々の参考になる情報を提供していきます。

8-1

構築のフローチャート

ERPシステムを構築する場合、複数の方法があり、それぞれメリットとデメリットがあります。最初に構築フローおよび構築方法の概要と、そのメリット・デメリットを明らかにしていきます。

▶▶ ERPシステムの構築方法

ERPシステムを構築する方法として、次のページの**図1**に挙げた2つの方法が考えられます。

まず、**個別開発（フルスクラッチ）**ですが、自社で選択した開発言語やオープンな技術を使って自社に合ったERPシステムを構築する方法です。自社のニーズに基づいて構築することから、自社にフィットしたシステムを構築できます。

この場合、会社全体またはグループ全体のことを意識してシステムを構築する必要があり、それを考えてデザインできる人材が求められます。そのほか、細かな部品*を一から作る必要があります。

また、開発したプログラムの品質チェック工数もその本数などに比例して発生します。

もう1つの方法が**ERPパッケージ**を利用する方法です。ERPパッケージは、SAP社をはじめ、オラクル社、マイクロソフト社などいろんなメーカーの製品があり、どのメーカーのERPパッケージを採用するか比較検討が必要です。

例えば、SAP社は業務に強いイメージ、オラクル社はデータベースに強いイメージ、マイクロソフト社はExcelやWordなどのツールに強いイメージがあります。本書では、SAP社のERPパッケージに絞って記載いたします。

＊**細かな部品**：例えば、国、単位、通貨、消費税率、為替レートなどのマスター化、会計期間のOPEN、CLOSEなどの日付のコントロール機能、伝票番号の発番管理機能など。

8-1 構築のフローチャート

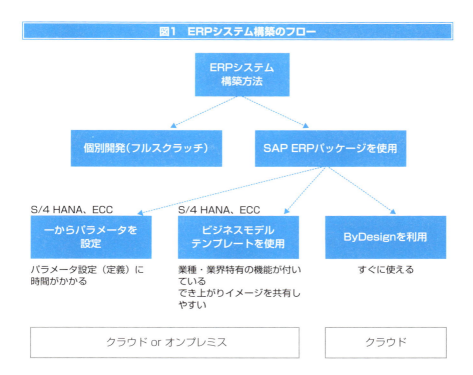

ERPパッケージを利用して構築する

　SAP社のERPパッケージには、複数の製品・バージョンがあります。ここでは最新のS/4 HANA、ECC、Business ByDesignを取り上げます。

　ByDesignは、SAP社がクラウドで提供するサービスで、設定済みのパラメータをもとに、自社の業務処理をByDesignに合わせて実現します。基本的に、会計年度などの自社固有のパラメータ設定やマスターの登録などを行えばすぐに利用可能です。

　ただし、利用する場合は、業務処理をByDesignの仕様に合わせる必要があります。

　一方、S/4 HANA、ECCは、一からパラメータを設定するか、SIerなどが提供する**ERPビジネステンプレート**を利用してERPシステムを構築します。パラメー

8-1 構築のフローチャート

タを設定する場合は、ユーザのニーズを反映したパラメータ設定が可能ですが、ERP導入コンサルタントやSEなどのサポートが必要で、パラメータをFIXするまでに時間を要します。

　ERPビジネステンプレートを利用する場合は、業務プロセスフローや固有のプログラムが用意されており（**図2**）、提供される**プロトタイプ環境***などを使ってゴールの共有や実現機能の過不足の確認ができるので、短期間でのERPシステムの実現が可能です。

図2　ERPビジネステンプレートに付属されているドキュメントなどの例

　・プロト環境
　・業務フロー
　・機能一覧表
　・組織構造
　・コード・区分定義書
　・パラメータ設定書
　・操作マニュアルなど

　一部パラメータは設定済みなので、運用に問題ないレベルのものはテンプレートに合わせることも必要です。

　また、自社特有の処理で、他社との差別化要因となっている機能でテンプレートに存在しないものについてはAdd-onする必要があります。

　なお、S/4 HANAを導入する場合は、クラウドで利用するかオンプレミスで利用するか選択できます。

　ERPシステム構築のケース別のメリットとデメリットをまとめると**表1**のようになります。

---

*　**プロトタイプ環境**：業務フローに沿って実機でERPパッケージのプログラムを動かしながら、機能検証を行う環境のこと。

196

8-1 構築のフローチャート

表1 ERPシステム構築のケース別メリット・デメリット

ERPシステム構築方法	メリット	デメリット
個別開発	・自社にフィットしたシステムを構築することができる	・マスター管理などの部品を一から作る必要がある ・開発したプログラムの品質チェックに時間がかかる ・採用した技術の陳腐化への対応が必要 ・システム維持管理要員などの後継者づくりが必要
ERPパッケージを利用し、一からパラメータを設定する	・ユーザニーズを反映したパラメータ設定ができる	・パラメータをFIXするまでの時間がかかる ・パラメータを設定してからでないと実現イメージの共有ができない
ERPパッケージを利用し、ビジネスモデルテンプレートを使用する	・すぐに実現イメージを確認できるのでゴールを共有しやすい ・短期間のERPシステム実現が可能	・一部パラメータが設定済なので運用に問題ないレベルのものは、テンプレートに合わせることも必要 ・自社特有の処理で他社との差別化要因となっている機能はAdd-onが必要
ByDesignを利用する	・すぐに利用可能 ・クラウドなので運用管理が楽	・業務処理をByDesignの仕様に合わせる必要がある

第8章 ＳＡＰ構築のフロー

197

8-2
ERP ビジネステンプレートの利用

SIerなどが提供するERPビジネステンプレートを利用する場合の構築手順の例を紹介します。

▶▶ ERPビジネステンプレートを利用して構築

ERPビジネステンプレートを利用する場合の構築手順は、次ページの**図1**のようになります。まず、事前に以下のタスクが終了していることが前提となります。

- 対象業務の明確化
- 対象組織の明確化
- 要件定義の完了
- 採用するERPビジネステンプレートの選定
- To-Be（改善目標）の業務フローの作成

また、ロジ系業務と会計業務を一緒に導入するか、先に会計業務を先行して導入し、その後、ロジ系の業務部分を導入するといった導入方式についても決定しておく必要があります。

◆テンプレートの機能と実現する機能のすり合わせ

ERPビジネステンプレートのプロトタイプ環境を使用し、実際に動かして実現予定の機能（要件定義事項）が運用レベルで実現できるかどうかを検証します。通常は、To-Beの業務フローに沿って確認し、そのまま使える機能とAdd-onが必要な機能に分類します。

そのまま使える機能は、トランザクションコードを洗い出し一覧表にします。それとは別に、不足する機能やそのまま使えない機能を洗い出し一覧表にします。そのまま使えない機能については、実現方法を検討します。

8-2　ERPビジネステンプレートの利用

図1　ERPビジネステンプレートを利用した場合の構築手順例

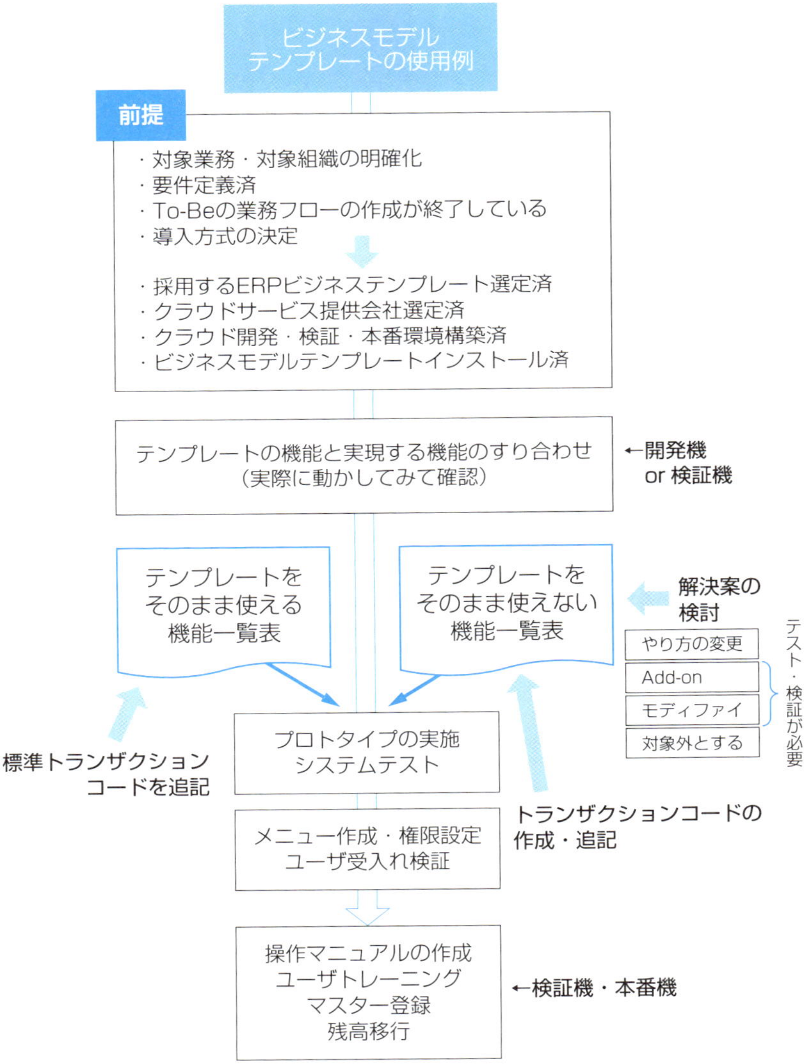

ビジネスモデル
テンプレートの使用例

前提

・対象業務・対象組織の明確化
・要件定義済
・To-Beの業務フローの作成が終了している
・導入方式の決定

・採用するERPビジネステンプレート選定済
・クラウドサービス提供会社選定済
・クラウド開発・検証・本番環境構築済
・ビジネスモデルテンプレートインストール済

テンプレートの機能と実現する機能のすり合わせ
（実際に動かしてみて確認）　　　　　　　←開発機
　　　　　　　　　　　　　　　　　　　　or 検証機

テンプレートを
そのまま使える
機能一覧表

テンプレートを
そのまま使えない
機能一覧表　　　　　←解決案の
　　　　　　　　　　検討

| やり方の変更 |
| Add-on |
| モディファイ |
| 対象外とする |

テスト・検証が必要

標準トランザクション
コードを追記

プロトタイプの実施
システムテスト

トランザクションコードの
作成・追記

メニュー作成・権限設定
ユーザ受入れ検証

操作マニュアルの作成
ユーザトレーニング
マスター登録　　　　←検証機・本番機
残高移行

第8章　SAP構築のフロー

199

8-2 ERPビジネステンプレートの利用

例えば、業務のやり方を変えるか、Add-onやモディファイして対応するか、それとも今回の実現機能から除外するなどの解決方法を明確にします。

◆検証環境での検証

標準のトランザクションコード（標準のプログラム）およびテンプレートに用意された固有のトランザクションコードを使用して、実現機能を実機を使いながら検証していきます。Add-onやモディファイした機能ができ上がったら、これらを含めてシステムテストを実施します。メニューや権限設定を行い最終的なユーザ受入テストを行います。

◆操作マニュアルの作成、ユーザトレーニング、マスター登録、残高移行

ERPビジネステンプレートに添付されているマニュアル類（操作方法など）を活用して、ユーザトレーニングや必要となるマスター登録、残高移行を行います。Add-onやモディファイした機能については、検証機などでテストを行い、完成したら本番機にも登録（移送）します。

追加機能のマニュアルは、個別に作成します。ユーザトレーニングは、受講対象者を明確にして集合研修または個別に実施します。

8-3 構築のモデルケース

ある会社をモデルケースとして、SAPシステムの構築フローをイメージできるようにします。また、現状と取り組み方針、目指すゴールについても解説します。

▶▶ モデルケースの会社と社内システム

モデルケースの会社は、売上規模が数百億ほどの浄水器および貯水槽の製造販売など、水に絡むビジネスを展開している会社です。

滋賀にある親会社が浄水器および貯水槽などを製造し、国内の子会社（東京に本店、大阪、福岡に支店、神奈川に物流センターおよび保守サービス拠点がある）が施工・販売・保守を行う体制になっています。子会社は親会社の100%子会社で、加えてアメリカ、ヨーロッパ、東南アジアなどの海外販売代理店などから構成されています（図1）。

図1　モデルケースの会社組織と拠点

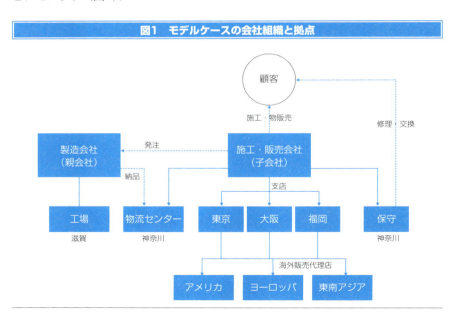

8-3 構築のモデルケース

さらに親会社と子会社で使用している社内のシステムは、個別開発した別々のインフラで、運用管理もそれぞれの会社で行っています。これらを統合し、1つのITインフラ上に、ビジネスモデルテンプレートを活用して、1つのERPシステムとして実現する方針で進められました（**図2**）。

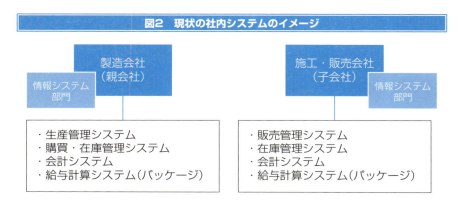

図2　現状の社内システムのイメージ

▶▶ 目指すゴール

1つのERPシステム、1つのITインフラを実現することで、リアルタイム経営や情報共有が実現するとともに、ITインフラコストの改善が見込まれるほか、以下の課題の解決を目指します。

- グループ経営管理の実現
- クラウド化
- グローバル取引対応
- 在庫の適正化
- 効率的なキャッシュフロー経営の実現
- プロジェクト個別収支管理の実現
- 受注からアフターサービスまでの顧客PLM＊の実現
- 一度ファンになっていただいたお客様との継続的信頼関係の構築
- 内部統制および情報セキュリティシステムの実現

＊ **PLM**：Product Life cycle Managementの略。「製品ライフサイクルマネジメント」の意。

8-4

導入モジュールの例

モジュールを導入するにあたり、「どの会社で」「どのモジュールを」「どのように使用するのか」を選択する必要があります。すべてのモジュールを使用することも可能ですが、それによってカスタマイズや検証作業の工数がかかります。

▶▶ 導入モジュールの決定

モデルケースの会社は、前述したように、浄水器および貯水槽などを製造する親会社（滋賀）とそれを施工・販売・保守する国内子会社という体制になっています。このビジネススタイルに合わせて、導入するモジュールを選択・決定します。

製造会社の親会社ではPP（生産管理）、MM（在庫/購買管理）モジュールを、それを販売する子会社では、PS（プロジェクト管理）、SD（販売管理）、MMモジュールを使用することで基幹業務のERP化を実現します。

また、CRM（顧客管理）モジュールで顧客情報のデジタル化を進め、FI（財務会計）やCO（管理会計）モジュールで、経営成績や財政状態を管理します。

各プロセスは、処理フローに沿って行われなかった場合には、警告またはエラーになるなどの内部統制を考慮した仕組みにします。

▶▶ 導入モジュールの利用目的

導入するそれぞれのモジュールは、次の目的のために使用します（**図1**）。

◆PP（生産管理）モジュール

見込品（浄水器）の生産計画および生産管理のために使用します。効率的な生産計画の立案やタイムリーな原材料の調達により、製造作業および適切な在庫管理をサポートします。原価は標準原価を使って計算し、実際との差異を分析します。分析結果を製造工程や原材料の見直しにつなげ、「継続的改善」のポイントを提供します。

第8章
SAP構築のフロー

203

8-4 導入モジュールの例

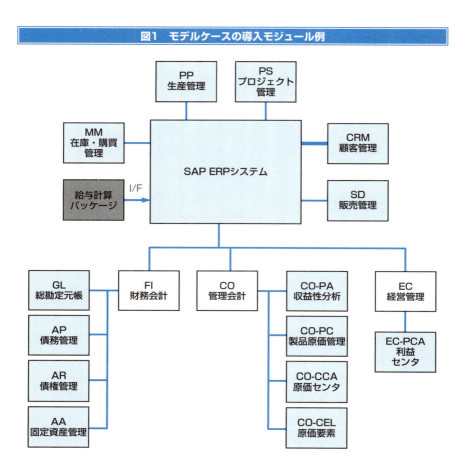

図1　モデルケースの導入モジュール例

◆PS（プロジェクト管理）モジュール

　貯水槽設置などの工事を伴うビジネスをサポートします。消費した原材料や、労務費、経費をプロジェクトごとに管理し、これに売上を結び付けてプロジェクトの収支管理を行います。保守点検や修理などのアフターサービスごとの収支管理も行います。

　また、設計、施工、アフターサービスにかかった費用をプロジェクト全体およびそれぞれのフェーズ単位に把握できるようにし、プロジェクトのライフサイクル管理をしていきます。工事進行基準および検収基準に合わせた仕掛、売上原価計算

8-4 導入モジュールの例

を行うことで会計処理の自動化を進めていきます。

◆MM（在庫／購買管理）モジュール

適切な在庫管理および生産管理に連動した効率的な発注業務の実現を支援します。

購入した原材料の購買依頼、見積、発注、入庫、請求書照合、債務計上を行います。発注先や単価の見直しのための購買履歴管理を行います。期末には棚卸作業をサポートします。

◆CRM（顧客管理）モジュール

顧客との接触情報をデジタル化し、社内の関係者間での情報共有を実現します。また、潜在顧客から顧客への橋渡しおよび案件管理、将来の受注予測に役立てます。情報を蓄積することで、顧客との信頼関係構築へとつなげていきます。

◆SD（販売管理）モジュール

効率的な販売業務処理の実現および親会社、子会社間の受発注の連動を支援します。

浄水器の受注のための見積から受注した製品の在庫引き当て、出荷指示、出荷、在庫からの引き落し、請求書の発行、売上の計上などの作業をサポートします。量販店向けなど得意先の規模に応じた販売価格を設定します。貯水槽設置など工事が伴うビジネスでは、プロジェクトの完了と紐付けて売上の計上を行います。

◆FI（財務会計）モジュール

会計伝票の入力、およびその結果のFI-GL（総勘定元帳）への転記、得意先のFI-AR（債権管理）、仕入先のFI-AP（債務管理）、FI-AA（固定資産管理）を行います。リアルタイムで経営成績や財政状態などを画面や帳票などで把握できるようになります。得意先別の入金予定や仕入先別の支払予定、支払データの作成などを実現します。

◆CO（管理会計）モジュール、EC（経営管理）モジュール

原価管理、利益管理を行います。1つの管理領域の中で親会社、子会社の管理会計データを管理します。組織別・セグメント別などの予実対比、製造指図ごと

第8章 SAP構築のフロー

205

8-4 導入モジュールの例

の製品原価分析、いろんな切り口からの売上、売上原価、粗利益の分析などを実現することで、経営に役立つ情報をタイムリーにフィードバックしていきます。共通経費の配賦処理などにより責任と権限管理を支援します。

◆Payroll（給与管理）パッケージ

　HR、HCM（人事管理）モジュールを導入する代わりに、長年使ってきたPayrollパッケージを使用して、給与・賞与計算業務を実現します。計算結果を自動仕訳して、FIモジュールにつなげます。

8-5
構築期間の例
（タスクとスケジュール）

ビジネステンプレートを使用して、モデルケースの会社のERPシステムを構築する場合のタスクとスケジュールを見てみましょう。

▶▶ タスクとスケジュール

プロジェクトを成功させる要因の1つに、詳細な**タスク**の洗い出しと、それぞれのタスクの正確な工数見積が挙げられます。これらに漏れや、実際の作業工数との間に大きな乖離があった場合には、プロジェクトのスケジュールに大きく影響します。

場合によっては、スケジュールの見直しやプロジェクト要員の追加などにより、導入コストの増加や完成時期の先延ばしにつながりますので、慎重にスケジューリングを行う必要があります。

モデルケースでのERPシステムの構築期間は、2年半（24ヵ月＋6ヵ月）というスケジュールで、ロジや会計、CRMをビッグバン方式（一緒に導入）で導入する例となっています。なお、過去の事例をもとに作成していますが、あくまで1つの例として参考にしてください。

また、フェーズの分け方ですが、ここでは次の4つのフェーズに分けています。

- プロジェクト準備/要件定義フェーズ
- 実現化フェーズ
- 移行フェーズ
- 本番運用フェーズ

それぞれのフェーズに必要と思われるタスクを挙げています。

さらに、プロジェクトが進んでいく中で、完了したことを必ずチェックすべきポイントを**プロジェクト・マイルストーン**として記載しています。

これらのタスクとスケジュールをまとめたのが、次ページの**表1**です。

第8章　ＳＡＰ構築のフロー

207

8-5 構築期間の例（タスクとスケジュール）

表1 タスクとスケジュール

SAP導入スケジュール	X年											
フェーズとタスク	1	2	3	4	5	6	7	8	9	10	11	12
1.プロジェクト・マイルストーン												
①キックオフ・ミーティング	◆											
②要件定義完了				◆								
③ITインフラ構築完了		◆										
④プロトタイプ完了												
⑤最終業務フロー確定							◆					
⑥アドオン機能・開発工数の確定							◆					
⑦メニュー＆権限設定完了												
⑧カスタマイズ調整＆確認完了												
⑨ユーザ受入テスト完了												
⑩ユーザトレーニング完了												
⑪本番環境へのパラメータ移送・マスター移行完了												
⑫本番環境への残高移行完了												
⑬カットオーバー												
⑭引継ぎ完了												
2.プロジェクト準備/要件定義フェーズ												
・プロジェクト発足												
・目的・目標・機能の明確化												
・対象範囲（対象業務と対象組織）の決定												
・要件定義・課題の洗い出し解決												
・To-Beシステム概要作成												
・新業務フローの作成												
・導入方式（ビッグバンかステップ導入）の決定												
・運用方式（クラウド・オンプレミス）の決定												
・採用するERPビジネステンプレートの選定												
・開発環境構築（SAP、テンプレートのインストールなど）												
・使用モジュールの決定												
・組織構造定義（コード設計）												
・I/O設計（Add-on）												
・インターフェース設計												
・使用標準トラン洗い出しとAdd-onの切り分け												
・Add-onなどのボリューム見積もり（移行分含）												
3.実現化フェーズ												
・プロトタイピング1、2、3												
・検証環境、本番環境構築												
・Add-on開発												
・システムテスト・ユーザ受入れテスト												
・最終パラメータ設定（最終カスタマイズ）												
・トランザクションコード・バリアント登録												
・メニューの作成（権限設定含）												
・運用設計（バッチ処理JOB等）												
4.移行フェーズ												
・移行テスト												
・操作マニュアル作成												
・ユーザトレーニング												
・パラメータ/Add-on等本番環境への移送												
・マスターデータ本番環境への移行												
・残高本番環境への移行												
5.本番運用フェーズ												
・本番サポート/プロジェクト解散												
・ヘルプデスク対応												

8-5　構築期間の例（タスクとスケジュール）

凡例：　■…フェーズ　　■…計画　　◆…マイルストーン

X+1年							X+2年						
13	14	15	16	17	18	19	20	21	22	23	24	25	26	27	28	29	30

第8章　ＳＡＰ構築のフロー

8-5 構築期間の例(タスクとスケジュール)

▶▶ プロジェクト準備/要件定義フェーズ

新システムの構築に向けて、情報システム部門などを中心に中長期のIT投資計画が計画されていると思います。この計画に基づいて投資目的や投資金額、目標、実現機能、対象範囲、スケジューリングを明らかにし、プロジェクト要員、プロジェクトの設置場所を手配します。

次にプロジェクトを発足させ、実現する新システムの業務要件などを明らかにしていきます。ERPビジネステンプレートをもとに実際に動作を確認しながら、標準トランザクションで実現する機能とAdd-onやモディファイが必要な機能を明らかにしていきます。Add-onやモディファイする機能についての実現方法および実現させるための投資金額、期間を明らかにします。

▶▶ 実現化フェーズ

このフェーズでは、**プロトタイプ**環境を使用して、新業務フローに沿ってテンプレートの標準機能を検証します。日常の標準の業務の流れや、月次・年次で行う業務、例外処理などに分けてプロトタイプを実施します。

問題や業務上解決できない課題が発生した場合は、それを課題一覧に吸い上げ、対応方法を検討します。標準で解決できない場合は、やり方を変えるか、Add-onするかなど意思決定者に判断を依頼します。変更した対応結果をプロトタイプの中で確認していきます。パラメータの設定に変更が生じた場合は、パラメータ設定書を変更するとともに、パラメータの変更管理(移送番号管理)を行い、本番環境へ漏れなく移送します。

プロトタイプと並行して、ユーザメニューや権限設定を行っていきます。また、バッチ処理などの運用設計も行っていきます。Add-onやモディファイの機能が完成した段階で、プログラムに対してトランザクションコードやバリアントを作成します。これもメニューへの追加や権限設定を行います。これらの機能も含めてシステムテストを実施し、Add-on機能を含めた機能検証をしていきます。

問題が発生した場合は、問題リストまたは課題解決リストに記載し、ステータスを管理していきます。システムテスト完了後、ユーザの受入検証を行い最終的な動作確認をします。

8-5　構築期間の例（タスクとスケジュール）

▶▶ 移行フェーズ

このフェーズでは、本番環境を使用する前に必要なパラメータ、メニュー、権限、Add-onプログラムなどの移行のほか、マニュアルの作成、ユーザトレーニングなどを行います。また、本番環境に対して、マスターや残高などの移行も行います。

▶▶ 本番運用フェーズ

本番運用を開始したら、**ヘルプデスク**を用意します。運用上、問題やトラブルが発生した場合の窓口となります。プロジェクト参画メンバーの一部の人が残ってサポートする場合もあります。

最後に運用維持管理チームやヘルプデスク担当者に引き継ぎを行い、プロジェクトを解散します。

COLUMN　習慣化の力

昔から「継続は力なり」と言われています。実際、ウサギと亀の亀のように、コツコツと長年何かを継続して行うことで成果を出している人がいます。

コツコツと継続する鍵は、どうも「習慣化」にあるようです。その都度、我慢したり耐えたりというのはつらいことで、継続が途切れやすくなります。しかし、習慣を作り上げてしまえば、毎回のちょっとした意識だけで継続ができるのではないでしょうか。「特定の時間や状況ではこれをする」と決めておき、それを守ろうとすることで継続を目指したいと思います。

8-6

組織構造の例

組織構造はとても重要で、これを決定することで使用するモジュールや設定すべきパラメータが見えてきます。組織構造を未確定のままプロジェクトを進めると、パラメータの再設定やプロトタイプの再実施など、後戻り作業が発生し、スケジュール管理が難しくなります。

▶▶ 主要なコードの定義

モデルケースの会社では、親会社（滋賀）と、国内子会社（東京に本店、大阪、福岡に支店、神奈川に物流センターおよび保守サービス拠点）があり、これを組織構造として定義します（図1）。

また、組織構造を定義する上で主要なコードとして、以下のものがあります。これらは、実現化フェーズでプロトタイプ環境に反映させ、プロトタイプの中で業務上問題ないかどうかを確認していきます。

◆会社コード

親会社（製造）と子会社の2社を設定します。

◆プラント

親会社のある滋賀工場と子会社の神奈川物流センターを設定します。

◆購買組織

親会社の購買部と子会社の購買部を設定します。

◆販売組織

滋賀、東京、大阪、福岡、保守（神奈川）を設定します。

◆事業領域

セグメント管理用に卸（おろし）と工事を設定します。

8-6 組織構造の例

図1 モデルケースの組織構造の例

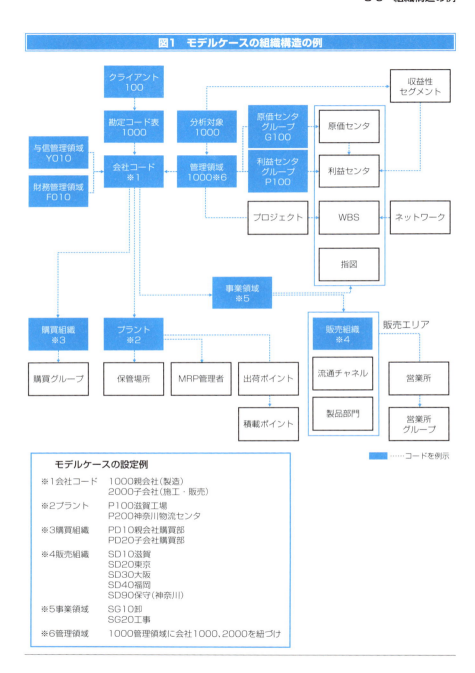

モデルケースの設定例

※1 会社コード　1000親会社（製造）
　　　　　　　　2000子会社（施工・販売）
※2 プラント　　　P100滋賀工場
　　　　　　　　P200神奈川物流センタ
※3 購買組織　　　PD10親会社購買部
　　　　　　　　PD20子会社購買部
※4 販売組織　　　SD10滋賀
　　　　　　　　SD20東京
　　　　　　　　SD30大阪
　　　　　　　　SD40福岡
　　　　　　　　SD90保守（神奈川）
※5 事業領域　　　SG10卸
　　　　　　　　SG20工事
※6 管理領域　　　1000管理領域に会社1000、2000を紐づけ

■……コードを例示

第8章　SAP構築のフロー

213

8-6 組織構造の例

◆管理領域

　CO（管理会計）モジュール上で、親会社と子会社の管理会計データを一元管理するために、管理領域は1つ設定し、この中に親会社、子会社を紐付けます。

　組織構造に関連するコードは、全社で使用する共通のコードとなるので、全社的視点から定義していかなければなりません。この組織構造に紐付けて、モジュール別のパラメータを設定していきます。

　このほか、次のような組織構造に関係するコードを設定します。

- クライアント
- 勘定コード表（親会社、子会社で共有）
- CO-PA（収益性分析）用の分析対象
- 与信管理用の与信管理領域
- 資金管理用の財務管理領域

　また、原価センタグループと原価センタ、利益センタグループと利益センタ、プロジェクトとWBS、指図（製造指図など）の設定も必要です。

8-7
フローとトランザクションコードの例

親会社の製品の製造プロセス、および子会社の商品の仕入れ販売、工事を伴う施工・アフターサービスプロセスを業務の流れに沿って見ていきます。SAP社のERPシステム上のトランザクションコードも表記しています。

▶▶ 親会社の見込生産業務のフロー

親会社は、浄水器および貯水槽などを見込生産で製造しています。基本的な業務フローは、次のようになっています（**図1**）。

1 生産計画に基づいて、**所要量計算**（MRP）を行い、製造に必要な原材料の中で不足しているものの発注量を求める。

2 計画手配から求めた発注量をもとに発注伝票を生成する。

3 生成した発注伝票から仕入先に発注をかけ、原材料の納品を受けて倉庫に入庫する。

4 仕入先からの請求書に基づいて買掛金の計上を行う。

5 自社の支払条件に基づいて買掛金を支払う。

6 さらに計画手配に基づいて、製造指図を生成します。製造スケジュールに沿って、見込生産品の製造を開始する。

7 各工程の作業が終了したら、使用した原材料の払出入力および作業実績入力を行う。**部品構成表**（BOM*）上の原材料を計画通りに使用した場合は、**バックフラッシュ機能***を使って自動的に払出します。経費は、直接費に紐付けて計上する。

8 指図の確認で製品が完成した場合は、完成分を製品入庫として在庫に受け入れる。

9 月次処理として月末時に完成した製造指図分の差異計算を行う。未完成分は、仕掛計算を行う。それぞれ決済処理し、会計仕訳を自動仕訳する。

10 完成した製品は、子会社の物流センタに直送し、子会社に対する販売、請求、回収の仕組みにつなげる。

＊**BOM**：Bill of Materialsの略。
＊**バックフラッシュ機能**：部品構成表（BOM）上の割合の通りに原材料が消費されたと想定して、各原材料の消費量を算出する機能。。

第8章 SAP構築のフロー

8-7 フローとトランザクションコードの例

そのほか、月次処理として、前月の在庫の入出庫取引を締めるための**品目締め処理**（Tr-cd：MMPV）、前月会計期間の取引を締めて取引を入力できなくする**会計期間締め処理**（Tr-cd：OB52）などが必要です。

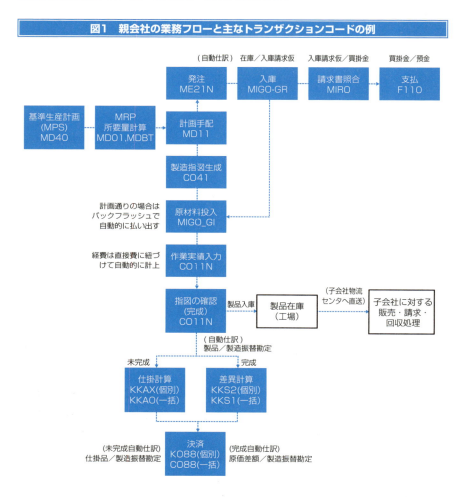

図1　親会社の業務フローと主なトランザクションコードの例

8-7 フローとトランザクションコードの例

子会社の商品仕入れ/販売業務のフロー

　子会社では、以下のフローで親会社が製造した浄水器および貯水槽などの量販店などへの販売を行います（**図2**）。

1 販売予想および物流センターの在庫を考慮して発注量を決め、親会社に商品の発注を行う。子会社からの親会社へ発注を行うと、親会社と連動して親会社の受注伝票を自動的に生成する。

2 発注した製品は、子会社の物流センタに直送してもらい、親会社からの請求に基づいて買掛を計上する。

3 自社の支払条件に基づいて、買掛代金を支払う。親会社に対する債権がある場合は、売掛金と相殺し、残金を支払う。

4 得意先からの見積依頼に基づいて見積書を発行する。

5 受注できたら商品の在庫引き当てを行い、納期を確認して物流センターに出荷依頼をする。

6 物流センターでは、決められた時間（例えば、当日の15時00分）までに届いた出荷依頼伝票をもとにピッキングを行い、出荷する。

7 出荷後、請求書を発行し、売上を計上する。代金は得意先の支払条件に基づいて回収する。

　なお、海外の販売代理店に販売する場合は、外貨取引になります。事前に、社内レートまたは、市中のレートを為替レートマスターに登録しておきこれを使用します。回収時に、為替の変動により為替差損益の処理が発生します。

第8章　SAP構築のフロー

217

8-7 フローとトランザクションコードの例

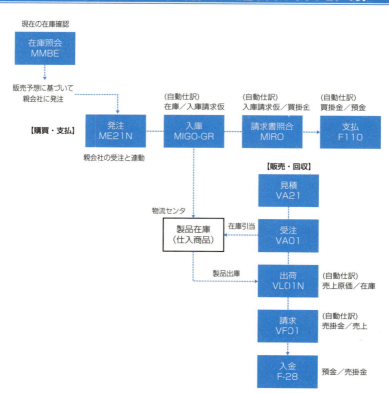

図2　子会社の商品仕入れ販売の業務フローと主なトランザクションの例

子会社の施工工事業務のフロー

　子会社は、施工工事も行っています。以下のフローに従って、マンションなどの貯水槽設置などの設計および工事を伴うビジネスや、設置後のアフターサービスの保守サービスを提供します（**図3**）。

◆ 設計

　施工工事を受注したら、まず設計を行います。

8-7 フローとトランザクションコードの例

1 施工を伴うビジネスの受注ができたら、プロジェクトマスターを登録する。プロジェクトに紐付けてWBSを「設計WBS」「工事WBS」「保守WBS」に分けて登録する。

2 プロジェクトの承認・リリース後、プロジェクトの実行予算を登録する。この実行予算と実績を対比しながらプロジェクトの収支管理を行う。

3 プロジェクトの登録後、施工の受注登録を行い、WBSと紐付けする。

4 施工の受注に紐付けて、製作指示書を作成する。得意先からの要望や図面、構成部品、スケジュールなどを指示書に書き込み、設計部門に引き継ぐ。

5 設計部門が担当者を割り当て、具体的な設計を行う。担当者等の人件費を週報でWBS別に報告し、「設計WBS」に労務費を計上する。また、発生した経費も同様に「設計WBS」に計上する。

6 月次処理でこれらのコストを集計し、設計が終了したら「工事WBS」へ設計コストを振替する。

7 設計作業が未終了の場合は、設計コストを仕掛勘定に振替する。これらの処理はネットワークを使用し、結果分析➡決済というオペレーションで行う。

◆工事

設計作業が終了すると、施工スケジュールに基づいて貯水槽の設置作業を進めます。

1 貯水槽などの在庫品を現場に投入。施工（設置）工事に伴う労務費を、週報で「工事WBS」に計上する。直課*する経費についても「工事WBS」に計上する。

2 協力会社の社員を利用した場合、外注費として「工事WBS」に計上する。外注費は、外注発注➡検収➡請求書照合のプロセスで処理し、最終的に自社の支払条件に基づいて支払う。

3 月次処理で「工事WBS」のコストを集計し、完成したら売上原価（完成工事原価）へ振替する。

4 未完成の場合は工事仕掛（未成工事支出金）に振替する。これらの処理は、ネットワークを使用し、結果分析➡決済の流れで処理する。

5 完成した場合は、得意先に代金（設計＋工事）を請求する*。

※**直課**：対象のWBSに費用を直接計上すること。
※**請求する**：請求は、手付、中間金、残金に分けて請求する場合もある。

第8章 SAP構築のフロー

8-7 フローとトランザクションコードの例

6 請求代金を得意先の支払条件に合わせて回収する。

なお、工事進捗基準を適用するプロジェクトについては、進行基準売上高を進捗率（発生したコスト/実行予算で計上したコスト*100）で計算します。

◆ 保守

工事が完成し得意先に物件を引き渡し後、保守契約に基づいて保守サービスを提供します。点検や問い合わせ対応および修理作業が主なサービスです。

1 保守受注伝票を登録し、「保守WBS」を紐付ける。
2 保守料を年間前払い請求するほか、保証対象外の修理サービスについては、都度、請求を行う。これらは、得意先の支払条件に基づいて回収するが、前払い請求分は、全額前受収益で計上しておき、毎月売上に振替える。
3 保守にかかる労務費や経費を「保守WBS」に計上する。
4 修理の場合で、月末に修理が終わらなかった場合には、修理にかかったコストを保守仕掛に振替する。修理が終わったら、売上原価に振替する。

8-7 フローとトランザクションコードの例

図3 業務フローとトランザクションの例

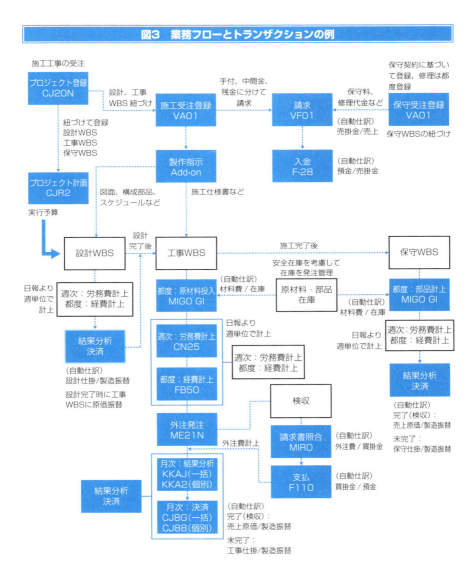

8-8

移行例

ここでは、本番運用開始に向けて、本番環境に登録が必要なマスターおよび残高の移行に絞って考えていきます。

▶▶ 移行準備とリハーサル

移行計画書に基づいて、本番環境にセットするマスターおよび残高、トランザクションデータを洗い出し、正しくセットできるかテストします。本番環境を使用する場合は、事前にバックアップを取り、移行リハーサル終了後にバックアップを戻す方法が考えられます。移行リハーサルは、複数回実施することをお勧めします。

決められた時間の中で、セットできるかどうかも検証します。特に、品目別の在庫残高（数量）は常に変動しているので、どの時点の残高を移行するかあらかじめ明確にしておきます。

現行システム上から在庫残高を移行する場合は、レガシーシステムからダウンロードするタイミングと新システムのへのセットアップの両方の作業を短期間（1〜2日程度）で行うことが多く、タイムスケジュールを厳密に定めておくことが大切になってきます。

▶▶ 移行が必要なマスターの例

主なマスターとして、得意先、仕入先、品目、銀行、勘定科目、為替レート、固定資産、プロジェクト、WBS、指図などのマスターがあります。また、部品構成表（BOM）や作業区、活動タイプなどモジュール特有のマスターもあります。

これらについて、現行システムなどからダウンロードします。移行用のツールなどを利用して新システムへ移行します。Excelなどを使ってフォーマットやコードの変換、追加する項目などの値を整備して登録します。一度、本番環境に登録した後は、新システムと現行システムとのマスターの差分管理を行い、変更したものや新規に追加になったものだけを移行していきます（**図1**）。

8-8 移行例

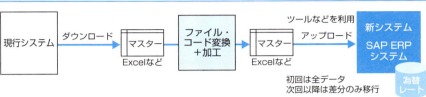

図1 マスターの移行方法の例

主な移行対象マスターは、次のものになります。

- 得意先マスター
- 仕入先マスター
- 品目マスター
- 勘定科目マスター
- 銀行マスター
- 固定資産マスター
- プロジェクトマスター

移行が必要な残高例

マスターの移行が終わったら、残高を移行します。どの時点の残高をどの程度の粒度で移行するのがポイントになります。移行する残高は、少なくとも現行システムなどから求め、それを新システムに移行することになるので、現行システム側から新システムで求められる粒度の残高を出力できるかどうかにかかってきます。

期中移行の場合は、P/L残高*の移行も必要になります。いろんな分析を行っている場合、P/L残高は、科目別、部門別、セグメント別、WBS別など細かなレベルでの残高移行が必要になってきます。

会計上の期首月から本番運用を開始する場合は、B/S残高*の移行だけで済みます。

B/S残高は、会計伝票で開始仕訳として入力するか、会計伝票をバッチインプット*できるプログラムを用意して、決められたExcelのフォーマットに仕訳を書いて、これを移行用のバッチインプットなどを使って取り込みます。外貨が絡む場合は、為替レートの設定値など注意が必要です（**図2**）。

＊P/L残高：損益計算書の残高。
＊B/S残高：貸借対照表の残高。
＊バッチインプット：データを登録する方法の1つ。あらかじめ登録したいデータを作っておき、ABAPプログラムなどでユーザが画面からデータを入力したかのように画面遷移をさせながら、一括でデータを取り込む方法。

8-8 移行例

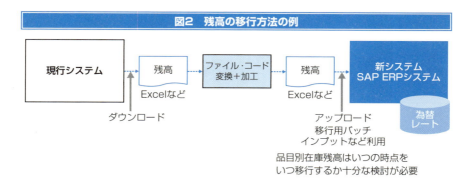

主な移行残高には、次のものがあります。

- 科目別B/S残高
- 科目別P/L残高（期中以降の場合に必要。さらに、部門別、セグメント別、WBS別など）
- 得意先別債権残高（未決済明細を移行）
- 仕入先別債務残高（未決済明細を移行）
- プラント別品目別保管場所別残高
- 請求先別請求残高
- 固定資産別移行時簿価および取得価額
- プロジェクト（WBS）別科目別仕掛残高

▶▶ トランザクションデータの移行

取引途中のトランザクションデータの移行ですが、移行はお勧めできません。例えば、取引途中の受注伝票、発注伝票、製造指図などが考えられますが、これらは今現在のいろんなステータスを持っているため、その情報も含めて移行する必要があります。

受注伝票であれば、受注済在庫引き当て状態、未出荷、出荷済未請求、出荷済請求済などがあります。このステータスの状態は、絶えず変わっていくので、ステータスを捉えるタイミングと、新システムで同じステータスを再現できるかどうかという問題があります。

8-8　移行例

　現行システムの運用を止めて移行する方法もありますが、日々営業活動を行っている中でシステムを数日止めることは困難です。特にグローバルに展開している会社の場合は、相手の国との時差の考慮や共通の祝日などに合わせるなどの調整が大変です。

　取引途中のものは、新システムでは改めて新規の伝票（受注伝票、発注伝票など）として入力することをお勧めします。

　また、もう1つお勧めできない理由として、会計上の科目残高に影響する点があります。出荷済未請求のステータスの場合、会計上の在庫は、売上原価に計上済みですが、この状態では、まだ債権および売上の会計伝票を自動仕訳していません。この状態の受注伝票を新システムに移行するとした場合は、請求書を新システムで発行するとともに、新システムで請求書残高計算、債権計上、売上計上を行う形になります。

　新システムで、直接テーブル上のステータスを出荷済未請求の状態にすることはできないため、新規の受注伝票として登録➡在庫引き当て➡出荷処理を行い、ステータスを出荷済未請求にします。この時、すでに現行システム側で在庫から引き落し済みなので、それを調整するための仕組みが必要になります。このように移行作業に負荷がかかるため、お勧めできません（**図3**）。

図3　トランザクションデータの移行を勧められない例

移行対象トランザクションデータの例

　・受注伝票
　・発注伝票
　・製造指図など

現行システム

SAP側で発生する自動仕訳例
ステータスの状態によって
会計伝票が自動仕訳される！

受注伝票の場合

　・受注登録のステータスの状態
　・在庫引き当て済の状態（未出荷）
　・出荷済の状態（未請求）……在庫引き落とし済み
　・請求済みの状態（請求書発行済み、債権、売上計上済み）

売上原価/在庫……在庫引き落とし時に発生
売掛金/売上………売上計上
仮受消費税 ………消費税計上

**SAP ERP
システム**　個々の受注伝票ごとに
ステータスを変更する作業が必要！

移行時の科目別B/S残高及び
科目別P/L残高と、この部分の
科目残高の調整が必要！

8-9

運用例

SAPのERPシステムが完成して運用が開始された後に、必要となるタスクを見ていきます。

▶▶ 日常の運用例

ERPシステムをオンプレミスで運用する場合は、**ITインフラ***の維持管理やシステムのパフォーマンスチェック、サーバの拡張計画、トランザクション・JOBの監視、不正アクセス監視、データのバックアップ作業などが発生します。

クラウド環境を利用した場合は、これらの作業はクラウドサービス提供会社で行います。

このほか、ヘルプデスク窓口を通して、ユーザからの操作などに関する問い合わせに対応していきます。

▶▶ システムの維持管理

SAPのERPシステムの維持管理も必要です。ERPシステムの環境上で使用しているソフトウェアなどのバージョンアップやAdd-onプログラムの改修などに対応します。

そのほか、以下の管理を行います。

- マスターメンテナンス管理
- プログラム改修による変更移送管理
- ユーザ管理
- メニュー管理
- 権限管理
- ワークフロー管理
- バッチJOB管理

***ITインフラ**：OS、サーバ、データベース、ネットワーク、パソコン、ソフトウェアなど。

- 業務フロー（プロセス）管理
- 組織構造管理（コード定義を含む）

　プログラムの改修、および変更管理業務は、情報システム部門が担当することで問題ないと思いますが、**ユーザ管理**や**メニュー管理**、**権限管理**、**ワークフロー管理**、**業務フロー（プロセス）管理**などについて、どの部門が担当するのがふさわしいか明確にする必要があります。

同窓会での発見

　壮年期を過ぎると、学生時代の同窓会が開かれるケースが増えてきます。場合によっては、何十年ぶりという友人と再会したりします。

　すると最初は、誰なのか全く分らなかったり、昔の容貌との違いにびっくりしたりもします。しかし15分くらいすると昔の感覚が戻ってきて、不思議なことに、その友人の「当時の人物イメージ」と「今の外見」とが合体して、あまり違和感なく相手を認識できるようになっているのを発見します。そしてお互い、「あの頃と全く変わってないじゃないか！」と言ったりします。

　これも同窓会の面白さの1つかもしれませんね。

8-10

Add-onの例

SAP導入時は、基本的にSAPの標準機能や導入テンプレート上に存在する機能を使用します。しかし、自社特有のやり方があり、他社との差別化要因となっている機能などはAdd-onを使って個別に開発し、機能追加する必要があります。そのほか、標準機能の一部を自社のやり方に合わせてモディファイして使用することがあります。

▶▶ Add-onとモディファイの例

よくあるAdd-on、モディファイの例として、伝票入力の効率化やインターフェース、帳票、照会機能の追加、移行ツールなどが挙げられます。

◆伝票入力の効率化

SAPでは自動仕訳が基本なので、手入力する会計伝票はそれほど多くありません。また、ロジ業務などと連動して自動仕訳されるので、記入ミスや仕訳の間違いはありません。

ただ、社員の経費精算データや部門間の付け替えなどの会計伝票があり、社員数が多い会社では、会計処理も含めた業務処理にかなり手間がかかります。その解決方法として、会計伝票のバッチインプット機能をAdd-onする場合があります。Excelなどに経費データや振替伝票を入力して仕訳を未転記状態でまとめて登録し、経理でそれを確認しながら転記する仕組みです。

◆インターフェース

SAPの外にあるシステムとのデータのやり取りのためのエクスポート、インポートの機能を追加することがあります。例えば、受発注のEDIや外部システムの給与管理システムとのインターフェースなどがあります。

それぞれのファイルフォーマット、コード、受け渡し方法、受け渡しサイクルなどを明確にする必要があります。

8-10　Add-onの例

◆ 帳票

自社から直接、顧客に発行する帳票、例えば、自社のロゴを入れたこだわりの形式の納品書や請求書をAdd-onして作ることがあります。そのほか、Webのポータルサイトで発行した請求書を得意先側から照会できるようにする場合があります。

◆ 照会機能の追加

必要な情報を1つの画面上で見たい場合や、分析業務などの効率化のために情報の照会機能をAdd-onする場合があります。標準機能の組み合わせで対応するなどの代替案を検討し、どうしても必要な機能かどうかコストやスケジュールを考慮して判断する必要があります。

◆ 移行ツール

ビジネステンプレートを使用する場合は、マスターや残高の移行ツールが用意されている場合があります。これらの移行用ツールを使用して移行しますが、現行システムからデータをダウンロードして新システムにアップロードする場合に、ファイルフォーマットの編集やコードの変換、項目の値編集などが必要になり、Add-onやモディファイする場合があります。

▶▶ テーブルとトランザクションコード

Add-onする場合、SAPの標準プログラムで使用している**実テーブル**を知る必要があります。例えば、購買発注伝票や在庫入出庫伝票、販売受注伝票、販売出荷伝票、販売請求伝票などが物理的にファイルされているテーブル名を見つける必要があります。

SAPの標準プログラムを実行する場合に使用されている主なトランザクションコードとテーブルの関係をモジュール別に整理したのが**表1**です。これらのテーブル調査には時間を要するので、参考にしてください。

このほか、マスターなどのテーブル名も知っておく必要があります。巻末資料の「よく使うテーブル一覧」で確認してください。

8-10 Add-onの例

表1 主なトランザクションコードと関係する主なテーブルの例

モジュール	トランザクションコード	テーブル名	テーブル名称
在庫／購買	ME21N発注	EKKO,EKPO	購買発注伝票ヘッダ、伝票明細
	MIGO在庫移動	MKPF,MSEG	在庫入出庫伝票ヘッダ、伝票明細
	MIRO請求書照合	RBKP,RSEG	購買請求書照合伝票ヘッダ、伝票明細
生産（製造）	CO01製造指図登録	AFKO,AFPO	製造指図ヘッダ、指図明細
販売	VA01受注	VBAK,VBAP	販売受注伝票ヘッダ、伝票明細
	VL01N出荷	LIKP,LIPS	販売出荷伝票ヘッダ、伝票明細
	VF01請求	VBRK,VBRP	販売請求伝票ヘッダ、伝票明細
会計	FB50伝票入力	BKPF,BSEG,ACDOCA	会計伝票ヘッダ、伝票明細

このほか、ECCでは、会計伝票がBKPFとBSEGというテーブルに保存されていましたが、S/4 HANAでは、会計伝票の明細に加えて、固定資産の取引明細や管理会計の伝票明細、製品原価の明細、収益性分析（勘定ベース）の明細などが、**ユニバーサルジャーナル**というACDOCA（統合仕訳帳）テーブルに統合されました（図1）。

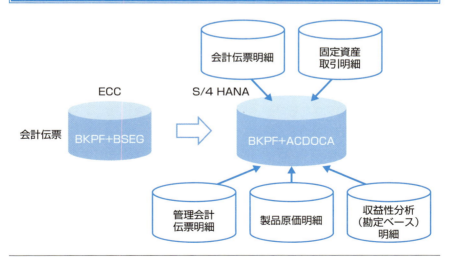

図1 別々のテーブルで管理されていた明細を1つのテーブル（ACDOCA)に統合

第9章 自動仕訳の設定

　SAP社のERPシステムは、FI（財務会計）とMM（在庫/購買管理）、SD（販売管理）など、他モジュールとがリアルタイムに統合されていることが大きな特徴で、これを実現するため、各モジュールでFIモジュールの自動仕訳が計上できる仕組みとなっています。パラメータを設定することで仕訳の入力を不要とするほか、あらかじめ設定した内容で仕訳の計上が可能になり、業務効率と精度の向上が期待できます。ここでは、自動仕訳として設定ができる内容と設定方法について説明します。

9-1

会計関連の自動仕訳

最初に会計関連の自動仕訳の代表例を示します。

▶▶ 会計関連の自動仕訳の対象

　FI（財務会計）モジュールでは、基本的に会計伝票入力という形で、仕訳の内容を入力しますが、入金や支払などの取引や、決算調整などで**自動仕訳**の計上が可能です。また、会計伝票の入力時に特定の勘定の明細が自動で作成される機能があります。自動仕訳の対象となる機能とその仕訳例の一部を**表1**に示します。

　また、いくつかの自動仕訳について、仕訳と設定内容を記載します。

表1　会計関連の自動仕訳対象例

モジュール	対象機能	主な仕訳			
共通	各種 （消費税勘定）	（債権）	売掛金	/	売上 仮受消費税
		（債務）	費用 仮払消費税*	/	買掛金*
GL	外貨評価		為替評価差損 売掛金調整勘定	/ /	売掛金調整勘定 為替評価差益
	見越/繰延転記		費用 未収収益	/ /	未払費用 収益
AP	自動支払処理	（国内振込）	買掛金 銀行仮勘定	/ /	銀行仮勘定 預金 振込手数料
		（納付書等）	買掛金	/	預金
		（支払手形）	買掛金 支払手形仮勘定	/ /	支払手形 銀行仮勘定（手形）
	支払手形決済処理		支払手形 銀行仮勘定（手形）	/ /	支払手形仮勘定 預金

＊**仮受消費税**：売上明細より自動計算する。
＊**仮払消費税**：費用明細より自動計算する。

AR	電子銀行報告書	（入金処理） 預金	/	銀行仮勘定
		（消込処理） 銀行仮勘定	/	売掛金
	受取手形取立処理	手形取立仮勘定	/	受取手形偶発債務
	受取手形決済処理	預金	/	手形取立仮勘定
		受取手形偶発債務	/	受取手形

◆ 消費税

消費税は、消費税の勘定と金額を仕訳の明細として入力するのでなく、課税対象となる勘定（費用、収益など）の明細に対して消費税コードを入力することで、消費税コードごとに設定された勘定コードで明細の自動作成が行われます。

以下のカスタマイズで、消費税コード別に勘定コードの設定を行います。

● 定義：消費税コード

消費税コードごとに、仮払/仮受の区別、税率、端数処理＊と計上する勘定の設定を行います。

◆ 自動支払処理

自動支払処理では、支払対象となる債務を選択して消込を行うとともに、現金や預金の減少に関する仕訳の計上を行います。自動支払処理のカスタマイズには、個別にトランザクションコードが設定されており、自動仕訳に関する設定は**図1**のようになります。

図1　自動支払処理の自動仕訳関連設定

・支払プログラム更新
➡銀行選択

取引銀行ID	支払方法	口座ID	勘定科目
00051	振込	00001	銀行仮勘定
00051	納付書	00001	預金

・定義：
日本の銀行手数料勘定

取引銀行ID	支払方法	銀行仮勘定	銀行手数料勘定
00051	振込	預金	振込手数料

● カスタマイズ：支払プログラム更新（Tr-cd＊：FBZP）➡銀行選択

支払方法と自社の口座（取引銀行口座マスター）ごとに、自動支払で債務の消込時に計上する貸方科目（預金など）の設定を行います。銀行振込でSAPからFB

＊**端数処理**：四捨五入、切り捨て、切り上げなど。
＊**Tr-cd**：トランザクションコードの略。トランザクションコードはSAPの特定のオペレーションをする時に入力/選択するコード。

9-1 会計関連の自動仕訳

データ*を作成する場合は、銀行仮勘定を設定します。

● 定義：銀行手数料勘定（日本）

　FBデータ作成を行う場合、同時に自動仕訳の計上も行われ、「銀行選択」で計上された銀行仮勘定が消し込まれます。相手勘定となる貸方科目（預金など）はこちらに設定します。また、振込手数料が先方負担となる場合に自動で差し引く費用勘定もこちらに設定します。

◆ 電子銀行報告書（FB データ取り込みによる入金処理）

　自動支払のFBデータ作成と同様、銀行への入金は、銀行から取得したFBデータを取り込むことで、自動仕訳が計上されます。FBデータ取り込みのカスタマイズは銀行関連会計の「電子銀行報告書グローバルセッティング」の中で行います。

　カスタマイズ設定の例は、**図2**のようになります。

● 登録：勘定シンボル

● 割当：勘定➡勘定シンボル

　勘定シンボル*は、このカスタマイズ内で勘定科目を表す項目として、仕訳の設定を行います。勘定シンボルに対して、実際に計上する勘定コードを割り当てます。預金勘定に対しては「＋＋＋＋＋＋＋＋＋＋」とすることで、自社の口座（取引銀行口座マスター）に設定している預金勘定での計上が可能となり、口座別の仕訳が計上されます。

● 登録：転記ルールキー

● 定義：転記ルール

　転記ルールキーは、取引を行う種類（振込入金、債権消込、資金移動など）を表し、転記ルールは、仕訳の形として貸借それぞれに設定する勘定を、勘定シンボルを使って定義します。

● 登録：取引タイプ

＊**FBデータ**：FBは「Firm Banking」の略。全銀協フォーマット。金融機関と法人顧客のシステムを専用回線や専用ソフトウェアなどで接続するデータ通信のサービスのこと。
＊**勘定シンボル**：類似する取引を1つにまとめたもので、自動仕訳する際に勘定科目に変換するためのもの。

9-1　会計関連の自動仕訳

● 割当：外部取引タイプ➡転記ルール

取引タイプは、日本ではJP＊となり、FBデータの取引の種類ごとに、どの転記ルールキーが適用されるかを設定します。

図2　電子銀行報告書グローバルセッティングの例

・登録：
勘定シンボル

勘定シンボル	テキスト
ZS001	預金
ZS002	銀行仮勘定（入金）

・割当：
勘定➡勘定
　　シンボル

勘定シンボル	勘定修正	勘定コード	テキスト
ZS001	＋	＋＋＋＋＋＋＋＋＋＋	預金
ZS002	＋	111010	銀行仮勘定（入金）

・登録：
転記ルールキー

転記ルール	テキスト
Z001	振込入金

・定義：
転記ルール

転記ルール	転記範囲	転記キー	勘定（借方）	転記キー	勘定（貸方）
Z001	1	40	ZS001	50	ZS002
Z001	2	40	ZS002		

・割当：
外部取引タイプ➡
　　転記ルール

取引タイプ	外部トランザクション	転記ルール
JP	111	Z001

＊ JP：日本の電子銀行報告書。

9-2

購買関連の自動仕訳

次に購買関連の自動仕訳の代表例を示します。

購買関連の自動仕訳の対象

MM（在庫/購買管理）モジュールの「購買依頼➡購買発注➡入庫➡請求書照合」の流れでは、入庫時と請求書照合時に仕訳が計上されます（**表1**）。

在庫や固定資産など、購入した内容に該当する仕訳は、入庫時に計上され、買掛金などの債務は、請求書照合時に計上されます。タイミングが異なるため、伝票は2つになり、それぞれを仕訳として登録するので、入庫請求仮勘定を挟む形になります。

表1　購買関連の自動仕訳対象

モジュール	対象機能	主な仕訳		
MM	購買発注入庫	在庫勘定	/	入庫請求仮勘定
		費用	/	入庫請求仮勘定
		固定資産	/	入庫請求仮勘定
	請求書照合	入庫請求仮勘定	/	買掛金
		仮払消費税		

入庫時の借方科目

入庫時の借方科目については、購入する取引の内容により決定されます（**表2**）。原材料や製品などを購入し、在庫とする場合は、品目コードを入力します。

固定資産（建設仮勘定含む）の購買は、事前に登録した固定「資産マスター」の資産番号を入力します。購入時に即費用化するもの、内部指図やWBSに費用を集計するものは対象の勘定コードを直接入力します。

表2　入庫時の借方科目決定方法

取引の種類	入力内容	自動仕訳に設定する勘定の設定方法
原材料、製品	品目コード	自動勘定設定（在庫関連のカスタマイズ）
固定資産	資産番号	資産マスターに紐づく勘定設定（固定資産のカスタマイズ）
経費購買	勘定コード	入力した値

▶▶ 請求書照合時の貸方科目

　請求書照合時の貸方科目は債務勘定となり、発注を行う仕入先のマスターに割り当てを行った統制勘定が設定されます。

海外のエンジニアの休日の使い方

　日本のエンジニアは、プロジェクトの進捗が遅延している場合、どこかでリカバリーをしなくてはと、休日出勤して遅れを戻そうと考える人が多いのではないでしょうか。

　しかし、海外のエンジニアは、休日やGW、夏休みなどの連休があれば、しっかり休んで、休み明けから本気を出すと考えている方が多いようです。

9-3

販売関連の自動仕訳

続いて、販売関連の自動仕訳の代表例を示します。

▶▶ 販売関連の自動仕訳の対象

SD（販売管理）モジュールの「見積➡受注➡出荷（出庫）➡請求」の流れでは、出庫時と請求時に仕訳が計上されます（**表1**）。

出庫時に売上原価や販売促進費など目的に合った費用の計上と、在庫移動の仕訳が計上され、売掛金などの債権は請求伝票登録時に計上されます。

表1　販売関連の自動仕訳対象

モジュール	対象機能	主な仕訳	
SD	出荷（出庫）	売上原価 /	在庫勘定
	請求	売掛金 /	売上
			仮受消費税

◆ 請求伝票登録時の貸方科目

請求伝票登録時の貸方科目は収益勘定となり、収益勘定決定のカスタマイズにより、さまざまな収益勘定の設定が可能です。

収益勘定設定は、請求伝票タイプごとにマスターや伝票項目の内容によって計上する勘定を決定できますが、いくつかの関連する設定が必要となり、その関係は**図1**のようになります。

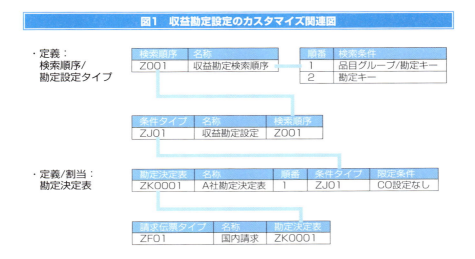

この設定の内容は、以下のようになっています。

● 定義：検索順序/勘定設定タイプ

収益勘定決定のためのルールがいくつか定義されていますが、何を検索ルールとして使用するか、どの順番で検索するかを定義します。得意先グループ、品目グループ、勘定キーのいくつかの組み合わせがSAPで指定できるルールとして定義されています。検索順序は、勘定設定の種類を表す条件タイプに割り当てを行います。

● 定義/割当：勘定決定表

条件タイプをどういった条件の際に使用するかが勘定決定表となり、使用する条件タイプと、どの条件の際に適用するかを設定します。設定した勘定決定表は、請求伝票タイプに対して割り当てを行います。

9-3 販売関連の自動仕訳

　また、勘定の決定に必要なカスタマイズは、ほかにも以下の設定があり、勘定の種類や自動仕訳で計上する勘定コードを定義します。

● 定義/割当：勘定キー

　勘定の種類[*]を定義し、販売価格の条件タイプに対し割り当てを行います。

● 割り当て：勘定コード

　条件タイプと他検索ルールの組み合わせで決まる勘定コードを登録します。

◆ 請求伝票登録時の借方科目

　請求伝票登録時の借方科目は債権勘定となり、受注から債権を計上する得意先のマスターに割り当てを行った統制勘定が設定されます。「得意先マスター」の統制勘定以外にも、以下のカスタマイズ設定で、伝票の内容をもとに統制勘定を決定することが可能です。基本的な考え方は、収益勘定設定と同様になります。ただし、収益勘定設定のように品目別の設定にはなっていません。

● 設定：検索順序

● 設定：条件タイプ

● 設定：勘定決定表

● 割当：勘定決定表

● 割当：勘定コード

---

[*] **勘定の種類**：売上の分類ごとやリベート、経費など。

9-4

在庫関連の自動仕訳

在庫関連の自動仕訳の代表例を示します。

▶▶ 在庫関連の自動仕訳の対象

MM（在庫/購買管理）モジュールでは、在庫（原材料や仕掛品、商品、製品など）に対し、モノの動きと連動して金額の動きも起こるため、仕訳を計上します。在庫の動きにはいろいろな要素があり、例としていくつか挙げています（**表1**）。

表1　在庫関連の自動仕訳対象の例

モジュール	対象機能	主な仕訳		
MM	在庫転送 （プラント間）	在庫勘定	/	在庫勘定
	品目振替	在庫勘定（変更後） 品目評価差損	/	在庫勘定（変更前）
	廃棄	廃棄損	/	在庫勘定
	実地棚卸	棚卸減耗費	/	在庫勘定
	単価改定	原価改定差異	/	在庫勘定

在庫移動時に計上する勘定関連のカスタマイズは、MMモジュールの「自動仕訳」の中で行います。設定はSAPの在庫移動に関し、仕訳の計上を伴う処理と、処理の中で発生する内容ごとに行われます。これらはSAP内で内部処理キーというコードで区別されています。

設定が必要な主な処理と内部処理キーには、次ページの**表2**に示したものがあります。

第9章 自動仕訳の設定

241

9-4 在庫関連の自動仕訳

表2 自動仕訳の勘定設定の例

処理	内部処理キー	取引内容
在庫転記	BSX	・在庫（原材料、商品、製品など）の入庫/出庫
定期記帳の相手勘定入力	GBB	在庫の増減を行う様々な取引の相手勘定 ・出庫（売上原価） ・指図入庫 ・廃棄損 ・棚卸差異
価格差異	PRD	・購入時の購入単価と標準単価の差異
再評価による損益	UMB	・単価変更時の差異
入庫/請求仮勘定	WRX	・入庫、請求書照合時の仮勘定

▶▶ 移動タイプと内部処理キー、勘定科目

内部処理キーは、移動タイプごとに定義されていますので、移動タイプごとに発生する仕訳に合わせて勘定コードを設定します。

代表的な移動タイプと内部処理キー、勘定科目の例は**表3**のようになります。

表3 移動タイプと内部処理キー、勘定科目の例

コード	テキスト	借方 内部処理キー	借方 勘定科目	貸方 内部処理キー	貸方 勘定科目
101	購買発注入庫	BSX PRD	原材料 購入価格差異	WRX	入庫/請求仮勘定
161	仕入返品	WRX	入庫/請求仮勘定	BSX	原材料
301	プラント間転送	BSX	原材料	BSX	原材料
311	保管場所間転送	―	（仕訳なし）	―	（仕訳なし）
561	利用可能在庫初期化	BSX	製品	GBB *	移行仮勘定
601	出庫確認	GBB	売上原価	BSX	製品
653	受注返品	BSX	製品	GBB	売上原価
701	棚卸増	BSX	製品	GBB	棚卸差益
702	棚卸減	GBB	棚卸差損	BSX	製品

＊**GBB**：内部処理キーのGBBは在庫勘定の相手勘定で、処理ごとに「勘定修正キー」で取引と勘定を区別する。

9-5

製造関連の自動仕訳

製造関連の自動仕訳の代表例を示します。

▶▶ 製造関連の自動仕訳の対象

PP（生産管理）モジュールの「原材料払出➡製造➡完成品入庫」の流れでは、完成した製品の入庫時に、標準原価（標準原価を採用している場合）で仕訳が計上されます。

この設定は、MM（在庫/購買管理）モジュールの自動仕訳で行います。また、月末時点などで、製造途中の製造指図上の発生済み原価を仕掛品に振替する場合は、月次で仕掛計算➡指図決済を行うことで仕掛品に計上できます（**表1**）。

表1　製造関連の自動仕訳対象

モジュール	対象機能	主な仕訳	
PP	製品完成	製品	/ 製造振替勘定
	仕掛計上	仕掛品	/ 製造振替勘定

このほか、材料費、労務費、経費の計上仕訳や、完成時に原価差額の計上仕訳が自動仕訳されます。

● 製造指図：材料費/在庫

製造工程で使用した原材料は、材料費として在庫から製造指図に振替えられます。

● 製造指図：労務費（二次原価要素）/原価センタ：労務費（二次原価要素）

● 製造指図：経費（二次原価要素）/原価センタ：経費（二次原価要素）

労務費は作業員の時間単価を定め、活動配分の機能を使用して、作業時間×時間単価で計算した実績金額を、二次原価要素で製造指図に計上します。経費は、

9-5 製造関連の自動仕訳

直接費の割合（％）などを設定して、製造指図に計上します。

　これらは、FI（財務会計）モジュール上の会計仕訳ではありません。実際の給与や発生した経費と、この貸方の原価センタ上の労務費や経費との差額を計算し、マニュアルで賃率差異や間接費差異として会計伝票から入力します。

● 原価差額/製造振替勘定

　完成した製品の標準原価と製造指図上に計上された原価（例：材料費＋労務費＋経費）の差額は、差異計算➡指図決済を行うことで、原価差額として計上されます。

9-6

固定資産関連の自動仕訳

最後に固定資産関連の自動仕訳の代表例を示します。

▶▶ 固定資産関連の自動仕訳の対象

FI-AA（固定資産管理）モジュールでは、固定資産の各取引のほとんどは、仕訳を入力するのではなく資産番号ベースの処理となっており、仕訳は自動で計上されます。対象となる機能は、**表1**の通りです。

表1　固定資産関連の自動仕訳対象

モジュール	対象機能	主な仕訳		
AA	資産取得 （相手勘定固定）	固定資産	/	固定資産仮勘定
	建設仮勘定決済	固定資産	/	建設仮勘定
	償却記帳	価償却費	/	減価償却累計額 固定資産
	資産除却	固定資産除却損	/	固定資産
	減損処理	固定資産減損損失	/	固定資産

一方で、資産の取得、売却など債権・債務を伴う取引は、仕訳の形式で入力します。このため、完全には自動仕訳の対象にはならず、取得時の資産勘定や売却時の差損益のみ明細が自動で作成されます。

◆ 自動仕訳のカスタマイズ

FI-AAモジュールの自動仕訳に関する設定は、資産の種類ごとに行います。資産の種類ごとに、取得や減価償却、廃棄時の勘定科目を設定し、「資産マスター」に割り当てを行うことで、対象の資産に対し取引を計上した際に自動仕訳が計上されるようになります。各資産に対する各取引の勘定科目との関係は、次ページの**図1**のようになります。

245

9-6 固定資産関連の自動仕訳

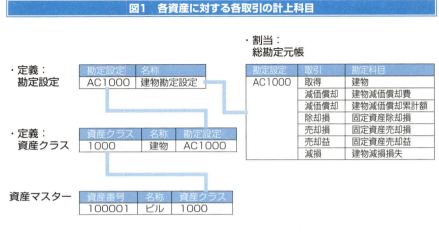

図1　各資産に対する各取引の計上科目

この設定の内容は、以下のようになっています。

● 定義：勘定設定

勘定の設定方法のパターンを表します。仕訳を計上する勘定の単位とします。

● 割当：総勘定元帳勘定

勘定設定に対し、各取引で計上する勘定コードを設定します。取得や売却、廃棄など資産の移動に関する取引、通常償却、臨時償却、特別償却など償却方法別の償却記帳、減損や再評価など決算時に計上する取引の勘定を指定します。

● 定義：資産クラス

勘定設定として定義した仕訳計上パターンを資産クラスに割り当てます。

パフォーマンスチューニング

　ERPパッケージを使用するにあたって事前に設定が必要となるパラメータ、および組織構造の考え方、マスター登録時の事前定義事項、メニューの作り方、権限設定方法、ワークフローの作り方、プログラムやパラメータの移送方法について説明します。

10-1

パラメータの設定

SAP社のERPパッケージは、使用するにあたって事前にパラメータの設定（カスタマイズ）が必要です。第2章でも述べた通り、各モジュール共通のパラメータのほか、組織構造の定義パラメータ、モジュール固有のパラメータ、チェックと代入パラメータ、GUI関係パラメータなどがあります。

▶▶ パラメータ設定の手順

サーバ上に新しい環境、例えば、クライアント100（以降、クライアントをCと略します）にパラメータ設定環境を、C200に開発環境を、C300にサンドボックス環境（調査・テスト環境）を作成した場合を例に説明します。Tr-cdは、SCC4を使用します。

まず、C000*からC100に必要なプログラムやパラメータをコピーします。その後、C100にユーザ固有のパラメータ設定やマスターを登録していきます。パラメータには、クライアント内でのみ有効なもの（クライアント依存）と各クライアントに共通して有効なパラメータ（クライアント非依存）の2種類があります。例えば、国コードや通貨コードは、クライアント非依存パラメータです。

以降、でき上がったC100からC200、C300へパラメータなどを移送して各クライアント間の同期を取っていきます。マスターは、それぞれのクライアントに登録する必要があります（**図1**）。

また、C200やC300を作る方法として、C100をコピーして作成する方法もあります。

＊**C000**：SAP社のERPパッケージの元のプログラムなどがインストールされている環境。

248

10-1 パラメータの設定

図1　パラメータ設定とクライアントの関係例

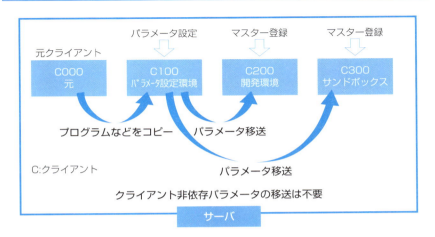

モジュール共通パラメータの例

　モジュール共通のパラメータの設定画面を例示します。Tr-cdは、SPROを使用します。例えば、国コード（**画面1**）、国情報（**画面2**）、通貨コード、数量単位、タイムゾーン、カレンダ、税コード、税率などがあります。

画面1　国コードの例

第10章　パフォーマンスチューニング

249

10-1 パラメータの設定

画面2　国情報の例

ビュー "国コードグローバルパラメータ" 照会 詳細

国	JP

一般データ
代替国コード	732
名称	日本
正式名称	日本国
国籍	日本
国籍（長）	日本
車両国コード	J	言語キー	JA 日本語
インデックス通貨		ハード通貨	USD

詳細
EU 加盟国	☐	ISO コード	JP
テキスト	JAPAN	ISO コード 3 文字	JPN
決定表	TAXJP	域内取引コード	0
投資品目フラグ	☐		

住所書式
| アドレスレイアウトキー | 113 | 国名印刷 | ☑ |
| 標準名称形式 | 01 | | |

日付書式および小数点
| 日付書式 | YYYY/MM/DD |
| 10 進書式 | 1,234,567.89 |

▶▶ 組織構造の定義パラメータ

　組織構造の定義パラメータの設定画面を例示します。組織構造の定義に関係するパラメータ（**画面3**）として、会社コード（**画面4**）や、会社情報（**画面5**）、事業領域（例：事業部）、管理領域、プラント（例：工場）などがあります。

画面3　組織構造のパラメータ設定

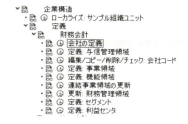

250

10-1 パラメータの設定

画面4　会社コードの例

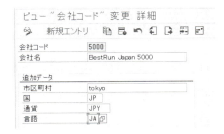

画面5　会社情報の例

モジュールごとのパラメータ

モジュール内でのパラメータの設定画面（**画面6**）を例示します。

10-1　パラメータの設定

画面6　FIモジュールのパラメータ設定②

```
∨🔲　　財務会計
 ∨🔲　　　財務会計共通設定
  ・🔲 ⊕ 有効化: 新総勘定元帳
  ∨🔲　　会社コード
   ・🔲 ⊕ 登録: グローバルパラメータ
   ∨🔲　　消費税登録番号（VAT 登録番号）
    ・🔲 ⊕ 定義: 国内消費税番号
    ・🔲 ⊕ 定義: 国外消費税番号
   ・🔲 ⊕ 有効化: 拡張源泉徴収税
   >🔲　　売上原価会計
   >　　　パラレル会計
   ∨🔲　　パラレル通貨
    ・🔲 ⊕ 定義: 追加国内通貨
    ・🔲 ⊕ 定義: 元帳の追加国内通貨
   ・🔲 ⊕ 有効化: 売掛金担保処理（会社コード別）
   ・🔲 ⊕ 設定: 会社コード -> 本稼動
  ∨🔲　　事業領域
   ・🔲 ⊕ 有効化: 事業領域別貸借対照表
   ・🔲 ⊕ チェック: 事業領域の照会権限
  ∨🔲　　会計年度
   ・🔲 ⊕ 更新: 会計年度バリアント（短縮会計年度更新）
   ・🔲 ⊕ 割当: 会社コード -> 会計年度バリアント
  ∨🔲　　伝票
   >🔲　　会計期間
   >🔲　　伝票番号範囲
   >🔲　　伝票ヘッダ
   >🔲　　明細
   >🔲　　伝票編集初期値設定
   >🔲　　繰返伝票
   >🔲　　変更照会
   >🔲　　会計伝票アーカイブ
```

◆FI（財務会計）モジュール

FIで設定が必要な主なパラメータは、**表1**の通りです。

表1　FIの主なパラメータ設定の例

パラメータ	内容
勘定コード表作成	勘定科目を登録するための表を作成➡会社コードへ割当て
会計年度バリアント作成	04 ～ 03月のバリアント作成➡会社コードへ割当て
会計期間バリアント作成	会計期間OPEN/CLOSE用➡会社コードへ割当て
項目ステータスバリアント作成	項目の表示・非表示などのコントロール用➡会社コードへ割当て
勘定グループの設定	伝票入力時などでの項目の表示・非表示、必須・任意入力のコントロール用➡勘定科目マスターにセット
伝票タイプの設定	使用する伝票タイプを登録
伝票番号範囲の設定	使用する伝票番号範囲を設定➡伝票タイプに紐づけ
消費税コードの設定	仮払い、仮受消費税のコードと税率などを登録
財務諸表バージョンの設定	B/S,P/Lのひな形を作成し、これを使用して財務諸表を作成する

10-1 パラメータの設定

例えば、会計年度バリアント（決算月など）（**画面7**、**画面8**）、会計期間バリアント（会計期間のOPEN、CLOSE用）（**画面9**）の設定、事業領域別の財務諸表を作るかどうか、使用する会計伝票タイプ（**画面10**）、会計伝票番号範囲、消費税コードと税率などのパラメータを設定します。

会計期間バリアントは、3月決算の場合は、4月が第1会計期間、5月が第2会計期間となります。

画面7　会計年度バリアント①

ビュー"会計年度バリアント"変更 概要

新規エントリ

ダイアログ構造
- 会計年度バリアント
  - 期間
  - 期間テキスト
  - 短縮会計年度

会計年度バリアント

FV	テキスト	年度依存	カレンダ年	通常会計期間数	特別会計期間数
CS	4－3月, 4 特別期間	☑	☐	12	4
EM	Exposure Management	☐	☐	4	
F1	366 期間	☐	☑	1	
K0	暦月＋1 特別期間	☐	☑	12	
K1	暦月＋1 特別期間	☐	☑	12	1
K2	暦月＋2 特別期間	☐	☑	12	2
K3	暦月＋3 特別期間	☐	☑	12	3
K4	暦月＋4 特別期間	☐	☑	12	4
KP		☐	☐	12	4
KZ		☐	☐	12	4
P1		☐	☐	12	4
PS	7－6月, 4 特別期間	☐	☐	12	4
Q1	4 半期	☐	☐	4	
R1	短縮会計年度 1994 1_	☑	☐	12	4
S4	暦月＋4 特別期間	☐	☑	12	4
SF	暦月＋4 特別期間	☐	☑	12	4
SG	暦月＋4 特別期間	☐	☑	12	4
U4	暦月＋4 特別期間	☐	☑	12	4
UL	特別目的元帳	☑	☐	100	
V3	4－3月, 4 特別期間	☐	☐	12	4
V6	7－6月, 4 特別期間	☐	☐	12	4

第10章 パフォーマンスチューニング

10-1 パラメータの設定

画面8　会計年度バリアント②

画面9　会計期間バリアント

10-1 パラメータの設定

画面10 伝票タイプ

ビュー"伝票タイプ"変更: 概要

新規エントリ

タイプ	テキスト
MA	資産記帳
MD	会計伝票
ML	品目元帳振替
NB	仕入先伝票
PR	価格変更
RA	追加クレメモ決済
RE	請求書受領(総額)
RF	請求書
RK	請求書受領(総額)
RN	請求書受領(正味額)
RR	
RV	請求書伝票振替
SA	一般会計伝票
SB	一般転記
SK	入金伝票
SU	再調整伝票
VI	仕入先請求書
VP	仕入先支払
WA	出庫
WE	入庫
WI	棚卸伝票
WL	出庫/出荷

　なお、自動仕訳で使用する勘定科目コードは、各モジュールのパラメータの1つとして設定しておきます。

◆CO（管理会計）モジュール

　COで設定が必要な主なパラメータは、**表2**の通りです。

表2　COの主なパラメータ設定の例

パラメータ	内容
バージョン設定	計画値／実績値を管理するバージョンを登録
管理会計伝票番号設定	管理会計で発生する伝票番号範囲を登録
原価要素登録	勘定科目＋2次原価要素を管理会計用として登録
標準原価センタ階層設定	原価センタを紐づける標準階層を登録
標準利益センタ階層設定	利益センタを紐づける標準階層を登録

第10章 パフォーマンスチューニング

255

10-1 パラメータの設定

◆MM（在庫 / 購買管理）モジュール

MMで設定が必要な主なパラメータは、**表3**の通りです。

表3　MMの主なパラメータ設定の例

パラメータ	内容
プラント定義	工場、物流センタなどを登録➡会社への割当て
購買組織定義	購買組織を登録➡プラントへの割当て
購買グループの更新	購買グループの登録
購買伝票タイプ設定	購買伝票タイプ（発注、返品など）の登録
番号範囲設定	MM関係で発生する伝票の番号範囲を登録

◆SD（販売管理）モジュール

SDで設定が必要な主なパラメータは、**表4**の通りです。

表4　SDの主なパラメータ設定の例

パラメータ	内容
プラント定義	工場、物流センタなどを登録➡会社への割当て
販売組織定義	販売組織を登録➡プラントへの割当て
営業所設定	営業所の登録
営業所グループ設定	営業所グループの登録
取引先機能(得意先)設定	取引先(受注先・出荷先・請求先・支払人)機能の登録
販売伝票タイプ設定	販売伝票タイプ(受注、返品、クレメモなど)の登録
番号範囲設定	SD関係で発生する伝票の番号範囲を登録

▶▶ チェックと代入のパラメータ

チェックですが、例えば、会計伝票を転記する前に、会社固有の関連チェックを組み込み、エラーやワーニング（警告）表示させることができます。もう1つ、特定の項目または項目同士の組み合わせ条件を書き込んで会計伝票を転記する前に値を代入できます。

会計関係のチェック用のTr-cdはGGB0、代入用はGGB1を使用します。

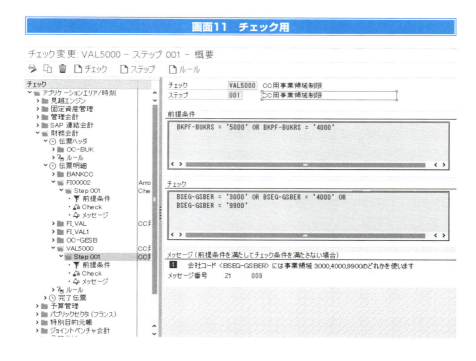

画面11　チェック用

10-1　パラメータの設定

▶▶ GUIのパラメータ

データの照会結果などを表示する際の表示項目や表示項目の並び順をパラメータ設定で変更できます。

例えば、転記された会計伝票の内容を照会する場合の例（**画面12**）を示します。

画面12　変更前/変更後の項目の表示・並び順変更

258

10-2
初期設定

いつも使用するパラメータを初期値として登録しておくことができます。SAP
の画面操作上、いつも使うパラメータを初期値として表示したり、照会結果を表示
する際の項目などを自分の使い勝手に合わせてカスタマイズできます。

▶▶ ユーザプロファイル上の初期値設定の例

SAPにログインするユーザIDを作成した場合、「Tr-cd:SU3」を使用して、ユー
ザがよく使用する固有の初期値、例えば、会社コードや管理領域、通貨コードな
どをユーザプロファイルに設定しておくことができます（**表1**）（**画面1**）。

表1　ユーザプロファイル上に初期値設定しておくと便利な項目

項目	内容
BUK	会社コード
CAC	管理領域
FWS	通貨コード
KPL	勘定コード表
KOS	原価センタ
PRC	利益センタ

画面1　ユーザプロファイル上の初期値設定の例

ユーザプロファイルの更新

パスワード

ユーザ	BASIS3118			
変更者	BASIS3118	2018/09/04 10:15:42	ステータス	変更済

アドレス　デフォルト　**パラメータ**

パラメータ

SET/GET パラメータ ID	パラメータ値	内容説明
BUK	5000	会社コード
CAC	5000	管理領域
FWS	JPY	通貨単位
KPL	CAJP	勘定コード表

第10章　パフォーマンスチューニング

10-2 初期設定

▶▶ FI（財務会計）モジュールの初期値設定の例

FI（財務会計）モジュールで使用する各プログラムを実行する際の初期値を設定しておくことができます。「Tr-cd：FB00」を使用します。

◆ 伝票入力タブ（画面2）

会計伝票の入力に際して初期値を設定できます。例えば、金額を税込みで入力するか税抜きで入力するか、発生する会計伝票の取引通貨が国内通貨のみかどうか、未転記伝票を転記する際にエラーチェックを行うかどうか、前受、前払、未収、未払、手形などの特殊仕訳入力を可能にするかどうかなどをパラメータとして事前に設定できます。

画面2　伝票入力タブ

会計編集オプション

伝票入力	伝票照会	未消込明細	明細	与信管理	支払	小口現金

一般入力オプション
- ☐ 国内通貨でのみ
- ☐ 伝票通貨のみ入力可能
- ☐ 第一明細から為替レートを設定
- ☐ 特殊仕訳不可
- ☐ 会社コード間でない伝票
- ☐ 完全伝票のみ未転記可
- ☐ 取引先事業領域非表示
- ☐ 正味金額での税を計算
- ☐ 勘定コード入力用テキストコピー
- ☐ 税コードコピーなし
- ☐ POR 番号による簡易入力
- ☐ 管理用照会での POR 入力
- ☐ コントロールトータル更新なし
- ☐ 自動マイナス転記

伝票通貨初期値
- ◉ 国内通貨
- ○ 前回使用した 伝票通貨
- ○ なし

デフォルト 会社コード
- ☐ 会社コード 提案なし

伝票入力のための画面テンプレートと明細レイアウトバリアント

勘定コード簡易入力	SAP01	標準 1 行
仕入先請求書/クレメモ簡易入力	SAP01	標準 1 行
未転記伝票	SAP01	標準 1 行
勘定割当モデル	SAP01	標準 1 行
伝票概要明細レイアウト	SAP	SAP 標準
ALV グリッドコントロールの伝票概要		☐

260

10-2 初期設定

◆未消込明細タブ（画面3）

　得意先別の売掛金未決済明細や仕入先別の買掛金未決済明細を消し込む際に、消込対象の未決済明細を1つずつ選択して消し込むか、最初に消込条件を入力して、検索された未決済明細をすべて選択した状態で表示させて消し込むかのどちらかを設定できます。

画面3　未消込明細タブ

会計編集オプション

| 伝票入力 | 伝票照会 | 未消込明細 | 明細 | 与信管理 | 支払 | 小口現金 |

未消込明細処理
　□ 選択基準として支払参照を使用
　□ コマンドで未消込明細処理
　□ 選択明細初期値無効化
　□ 残余明細用支払額入力
　□ ワークリスト使用
　□ 正味額照会
　□ 参照請求書を使用
　□ +/- 符号なしの額でソート
　消込トランザクション用明細レイアウトバリアント
　得意先　［　　］
　仕入先　［　　］
　G/L 勘定　［　　］

　自動支払用明細レイアウトバリアント
　支払　［　　］
　明細　［　　］

◆明細タブ（画面4、画面5）

　得意先別の明細や仕入先別の明細、G/L勘定別の明細を照会する場合の照会画面上に表示する項目の配列をあらかじめ用意しておき、これを初期値として設定できます。照会画面にこの設定したレイアウトで明細を表示させることができます。

第10章　パフォーマンスチューニング

261

10-2 初期設定

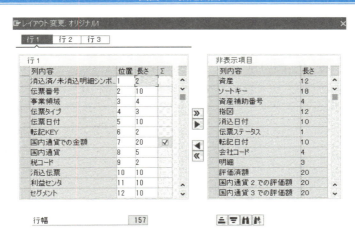

10-3

組織構造

ERPパッケージを導入する場合、まず、どの組織のどの業務を対象とするのか、どのモジュールを使用するのかスコープを決めなければなりません。その上で、どのような組織構造にするのかを定義していきます。この組織構造がこれから実現するERPシステムの処理やアウトプットに大きな影響を与えますので、慎重に、かつ優先順位高く決める必要があります。

▶▶ スコープを決める

組織構造を検討する前に、ERPシステムを利用する組織および実現する基幹業務の**スコープ**（範囲）を明確にしなければなりません。その上で、ERPパッケージのどのモジュールを使用するか決めていきます。実際にはこのスコープ決めに多くの時間がかかります（**表1**）。

表1　対象組織、対象基幹業務、導入対象モジュールを明確にする

●対象組織の例

会社	拠点
親会社Ｐ	本社
子会社Ａ	仙台、東京、名古屋、大阪、福岡
子会社Ｂ	福島工場、清水工場

●対象基幹業務の例

対象業務	対象プロセス	モジュール
購買管理業務	購買依頼、見積もり、発注、入庫、請求書照合、支払	MM
在庫管理業務	入庫、出庫、棚卸	MM
生産管理業務	生産計画、製造、原価計算	PP
販売管理業務	マーケティング、見積もり、受注、出荷、請求、入金	SD、CRM
会計管理業務	会計伝票入力、総勘定元帳作成、補助元帳作成、財務諸表作成、決算	FI
管理会計業務	予算管理、原価管理、利益管理	CO

第10章　パフォーマンスチューニング

263

10-3 組織構造

●導入 SAP　ERP モジュールの例

対象モジュール	対象プロセス
MM	購買・在庫モジュール
PP	生産管理モジュール
SD、CRM	販売管理モジュール＋CRMモジュール
FI	財務会計（GL：総勘定元帳、AR：債権管理、AP：債務管理、AA：固定資産管理）
CO	管理会計モジュール（原価センタ、利益センタ、収益性分析）

▶▶ 組織コードの定義

　組織構造を定義するために、必要な組織コードを明確にします。明確にした組織コードに基づいて、組織構造を定義していきます。

　例えば、**表2**に示したコードを定義する必要があります。

表2　使用する組織コードを定義する

コード	説明
クライアント	処理する環境
勘定コード表	勘定科目を定義したもので会社横断的に使用が可能
会社コード	対象とする会社（複数会社処理が可能）
与信管理領域	与信管理で使用
財務管理領域	資金管理で使用
管理領域	管理会計で使用
原価センタ	コストの管理単位
利益センタ	利益の管理単位
事業領域	事業部（セグメント）別の財務諸表作成用
購買組織	購買発注組織
プラント	工場、物流センタなど
販売組織	受注組織
保管場所	在庫品の管理場所など

10-3 組織構造

▶▶ 組織構造の定義

組織構造は、各コードに紐付けて設定していきます。

◆勘定コード表

勘定コード表は、勘定科目の集まりでFI（財務会計）モジュールや各モジュール
から発生する自動仕訳の勘定科目として使用します。会社に共通して登録します。
この中から、対象の会社で使用する勘定科目をコピーして登録します。

また、**与信管理領域**、**財務管理領域**、**人事管理領域**は、会社に対して割り当て
します。同様に、**購買組織**、**プラント**、**事業領域**も会社に対して割り当てします。
事業領域は、会社間でダブらないように設定します。**製品部門**、**流通チャネル**を
販売組織に割り当てします。

なお、販売組織、流通チャネル、製品部門の組み合わせを販売エリアと呼びま
す。販売エリアに対して、**営業所**、**営業所グループ**を登録できます。プラントに紐
付けて**MRP管理者**、**出荷ポイント**、**積載ポイント**を設定できます。

◆管理領域

管理領域は、CO（管理会計）モジュールで使用しますが、この管理領域の中に
会社コードを割り当てます。管理領域と会社コードを1：1で設定することもでき
ます。管理領域に紐付けて、**原価センタグループ**を原価センタグループの中に**原
価センタ**を紐付けて登録します。

また、**利益センタグループ**も管理領域に紐付けて設定します。利益センタグルー
プの中に**利益センタ**を登録します。

◆プロジェクト

プロジェクトですが、これも管理領域に紐付けて設定します。プロジェクトの中
に**WBS**をWBSの中に**ネットワーク**を紐付けて登録できます。内部指図は管理領
域に紐付けて登録します。

◆分析対象

分析対象は、CO-PA（収益性分析）を使用する場合に必要で、管理領域に紐付
けて設定します。**収益性セグメント**は、売上や売上原価、売上総利益などの分析
で使用します。分析対象に紐付けて設定します。

第10章 パフォーマンスチューニング

265

10-4

マスターの設定

SAP社のERPパッケージを使用する場合、パラメータの設定のほか、得意先、仕入先、勘定科目、品目、銀行、為替レート、支払条件などのマスター登録が必要です。どの項目をどのように使用するのか事前に決めてから登録します。

▶▶ 得意先マスター（画面1、2、3）

得意先と言ってもいろんな意味合いがあり、それらをどのようにマスター化すべきか整理することが重要です。1つの得意先の中には、受注先、出荷先、請求先、支払先（債権管理先）などの複数の意味合いがあります。

画面1　得意先マスター①

10-4 マスターの設定

画面2 得意先マスター②

勘定コード管理	支払処理	連絡文書	保険

会計情報

統制勘定	113100		ソートキー	
本店勘定コード			特恵関税区分	
権限グループ			CM計画グループ	
			価額調整	

画面3 得意先マスター③

勘定コード管理	支払処理	連絡文書	保険

支払データ

支払条件	JP01		許容グループ	
			休暇	
手形手数料支払条件			債権担保フラグ	
小切手支払期限（時刻）			□支払履歴レコード	

　これらについて取引先タイプを使用し、分けて登録できます。債権は、請求先、支払先として管理します。「得意先マスター」上に支払条件（入金条件）を登録しておき、支払条件に合わせて請求書を発行したり、入金予定日の管理などを行います。

▶▶ 仕入先マスター（画面4、5、6、7）

　「仕入先マスター」上に、**支払条件**や**支払方法**、振込先銀行情報などを登録しておくことで、支払データを自動作成できます。銀行に送付する**FBデータ**の作成や外貨送金用の依頼書の作成もできます。

　なお、S/4 HANAでは、得意先や仕入先の登録が「ビジネスパートナー」という機能に統合されています。

10-4 マスターの設定

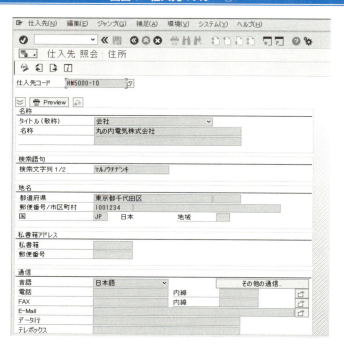

10-4 マスターの設定

画面7 仕入先マスター④

支払データ
支払条件	JP01	許容グループ	
		二重請求確認	☐
現金化期間	0		

自動支払処理
支払方法	T	支払保留		支払可能
代理受取人		取引銀行		
個別支払	☐	グループキー		
EDI 支払明細書	☐			

▶▶ 勘定科目マスター（画面8、9、10）

　勘定科目は、名称などの共通部分と、会社固有の部分に分けて登録します。会社別に勘定科目マスターを登録する際には、既に登録済みの会社の勘定科目マスターをコピーして登録することができます。

　なお、S/4 HANAでは、管理会計で登録していた原価要素の登録が、勘定科目マスターの登録に統合されています。

画面8 勘定科目マスター①

照会 勘定コード 共通

財務諸表バージョン編集　セット編集

G/L 勘定　111110　現金
会社コード　5000　BestRun Japan 5000　🔍 ✏ 🗋　🗋 テンプレート使用

| タイプ/テキスト | 管理データ | 登録/銀行/金利 | キーワード/翻訳 | 情報（勘定コード表） |

勘定コード表での管理
勘定グループ　　　　　G/L 勘定（一般）
○ 損益計算書勘定
　損益計算書勘定の詳細管理
　機能領域

◉ 貸借対照表勘定

テキスト
| テキスト（短） | 現金 |
| G/L 勘定テキスト（長） | 現金 |

勘定コード表の連結データ
取引先

第10章 パフォーマンスチューニング

269

10-4 マスターの設定

| 画面9　勘定科目マスター② |

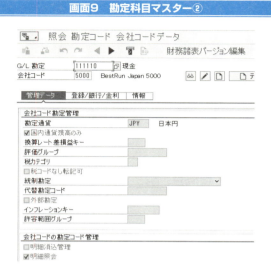

| 画面10　勘定科目マスター③ |

▶▶ 品目マスター（画面11）

　品目を種類別、例えば、原材料、半製品、製品などに分けて登録します。使用する組織階層も合わせて登録できます。

　品目名称のほか、**移動平均単価**を使用するか**標準原価**を使用するかの原価管理区分、標準原価を使用する場合には、原価積み上げ機能（Tr-cd：CK11Nなど）を使用して、その標準原価（過去、現在、将来）を登録します。

270

10-4 マスターの設定

画面11　品目マスター

品目(M)　編集(E)　ジャンプ(G)　関連処理(V)　システム(Y)　ヘルプ(H)

品目 5000-LED1 照会 (商品)

追加データ　組織レベル

品質管理　会計1　会計2　原価計算1　原価計算2　プラント在庫　保

品目　5000-LED1　LED1
プラント　5000　Tokyo

一般データ
基本数量単位　SET　SET　評価カテゴリ
通貨コード　JPY　当期　12 2016
製品部門　価格決定　□元帳有効

現行評価
評価クラス　3100
評価クラス 受注在庫　プロジェクト在庫 VC
原価管理区分　V　価格単位　1
移動平均原価　800　標準原価　0
在庫数量合計　10,000　合計額　8,000,000
　□評価単位
次期標準原価　0　有効開始日付
前期原価　0　前回原価変更日

前会計期間/年度　標準原価見積

▶▶ 銀行マスター

仕入先への代金支払時の振込先銀行（銀行コードと支店コード）などを「銀行マスター」に登録しておきます。これを「仕入先マスター」にセットします。

▶▶ 為替レートマスター（画面12）

外貨取引を自国通貨（例えば日本円）に自動的に換算するために、「為替レートマスター」に登録しておきます。いつの時点からそのレートを適用するのか（日付）、使用するレートタイプ（月中用、月末評価用など）別に登録します。

第10章 パフォーマンスチューニング

271

10-4　マスターの設定

画面12　為替レートマスター

ビュー "換算レート" 変更 概要

新規エントリ

ExRt	有効開始	間接呼値	X	係数（前）	元	=	直接呼値	X	係数（後）	先
M	2018/09/01		X		1 USD	=	111.51600	X		1 JPY
M	2001/02/14		X		1 USD	=	116.50000	X		1 JPY
M	2000/10/20		X		1 USD	=	108.48000	X		1 JPY
M	2000/09/26		X		1 USD	=	107.24000	X		1 JPY

▶▶ 支払条件マスター

　支払時または入金時の予定日を自動的に求めるために支払条件マスターを登録します。これを「得意先マスター」や「仕入先マスター」にセットします。支払条件の中に締日や支払方法なども登録しておきます。

10-5

メニューの設定

ユーザが利用できるトランザクションコードをメニュー化し、ユーザに対して割り当てて使用します。ユーザは割り当てられたトランザクションコードを利用できます。また、メニュー上に存在しているトランザクションコードの処理ケース、例えば、登録、変更、照会、削除などの処理を権限設定機能と合わせてコントロールできます。

▶▶ メニューの作り方

「Tr-cd：PFCG」を使用して、メニューを作成します。メニューを作成する場合は、あらかじめ次の作業が終了していなければなりません。

- 使用する標準のトランザクションコードの洗い出し
- ユーザタイプ（ユーザグループ）の区分け
- 対象とする業務の構成・階層の明確化
- 権限設定との調整

メニューの作成には、結構、手間がかかります。社員一人ひとり用にメニューを用意して運用することは、お勧めできません。運用段階に入ってから、社員の異動などでメニューに変更が生じた場合、そのメンテナンス作業を社員別に行うことになり大変です。一般的に、メニューはユーザタイプ別に用意します。

◆ 使用するトランザクションコードの洗い出し

使用するトランザクションコードをすべて洗い出しておく必要があります。また、Add-onプログラムについては「Tr-cd：SE93」を使用してトランザクションコードを割り当てます。

第10章 パフォーマンスチューニング

273

10-5 メニューの設定

◆ユーザタイプ（ユーザグループ）の区分け

ユーザタイプ（ユーザグループ）は、部や課などのレベルでメニューを用意します。これに職制を組み合わせたマトリックス表を作成し、この数分、用意するのが良いでしょう。部ごと、職制ごとにメニューを用意する場合の例を**表1**に示します。○のついている機能はユーザが利用でき、△は照会機能だけを利用できます。

表1　ユーザタイプ別部ごと職制ごとメニューの例

ユーザタイプ		用意するメニュー				
		マスターメンテナンス	購買・在庫処理	製造処理	販売処理	会計処理
情報システム部門	担当者	○				
	上長	△				
購買部門	担当者	△	○			
	上長	△	△			
製造部門	担当者	△		○		
	上長	△		△		
販売部門	担当者	△			○	
	上長	△			△	
経理部門	担当者	△				○
	上長	△				△

※○のついている機能についてユーザが利用できる。△は照会機能だけを利用できる。

◆対象とする業務の構成・階層の明確化

メニューを作成する場合、フォルダを階層的に用意して一番下位のフォルダの中にトランザクションコードを登録します。このフォルダを作成するにあたって、ユーザタイプ別に対象業務を明確にしておく必要があります。ユーザタイプ別対象業務別に構成されたフォルダの中にSAP上で処理するために必要なトランザクションコードを振り分けていきます。

メニューは、業務処理に沿った形で分かりやすい配列にし、階層は少ないほうが使いやすいと思います。

10-5 メニューの設定

◆ 権限設定との調整

登録だけ、変更だけ、照会だけ、削除だけできるトランザクションコードに分かれている場合は、メニュー上に必要なトランザクションコードだけを設定すれば済みますが、トランザクションコードによっては、例えば、未転記、転記の両方の機能を持っているものがあります。

担当者には未転記で入力させ、それを別の上長が承認後に転記する業務分担を取っている会社では、担当者には転記権限を与えず、未転記権限だけを与えるなどの権限設定との調整が必要になります。

▶▶ メニューの例

例えば、マスターメンテナンス、在庫/購買処理、製造処理、販売処理、会計処理業務に分け、さらにユーザタイプの職制別に分けたメニューを**表2**に例示します。

表2　具体的なメニューの例

階層1	階層2	機能	トランザクションコード
マスターメンテナンス	得意先マスター	登録	XD01、FD01
		変更	XD02、FD02
		照会	XD03、FD03
	仕入先マスター	登録	XK01、FK01
		変更	XK02、FK02
		照会	XK03、FK03
	品目マスター	登録	MM01
		変更	MM02
		照会	MM03
	勘定科目マスター	勘定コードレベル＋会社コードレベル	FS00
		勘定コードレベル	FSP0
		会社コードレベル	FSS0
	銀行マスター	登録	FI01
		変更	FI02
		照会	FI03

第10章 パフォーマンスチューニング

275

10-5　メニューの設定

会計処理	会計伝票入力	振替伝票	FB50、FB50L
		債権伝票	FB70
		債務伝票	FB60
		伝票変更	FB02
		伝票照会	FB03
	消込・支払処理	入金消込	F-28
		支払消込	F-53
		自動支払	F110
	残高照会	勘定残高	FS10N、FAGLB03
		債権残高	FD10N
		債務残高	FK10N
	明細照会	勘定明細照会	FBL3N、FAGLL03
		債権明細照会	FBL5N
		債務明細照会	FBL1N
	帳表作成	財務諸表	S_ALR_87012284
	締め処理	会計期間OPEN/CLOSE	OB52
ロジ関係処理	購買・在庫処理	購買依頼	ME51N
		購買見積依頼	ME41
		発注	ME21N
		入庫	MIGO_GR
		請求書照合	MIRO
		在庫転送	MIGO
	製造処理	製造指図登録	CO01、CO07
		指図確認	CO11N、CO15
		指図への払出	MIGO_GI
		仕掛計算	KKAX、KKAO
		差異計算	KKS2、KKS1
		指図決済	KO88、CO88
	販売処理	見積	VA21
		受注	VA01
		出荷	VL01N
		請求	VF01

10-6

権限設定

権限設定は、職務権限と関係しています。各担当者が行う業務の範囲と権限が明確に定義されていなければなりません。明確に定義された業務範囲と権限に基づいて各担当者（ユーザまたはユーザグループ別）に設定します。

▶▶ 権限設定

権限設定の考え方ですが、システム上、各担当者が行う業務範囲のプログラムが実行可能であること、また、各担当者の業務範囲外のプログラムは、実行できないようになっていなければなりません。加えて職制上、どの組織の処理および照会ができるのか、例えば、複数社の会社の処理をSAPシステム上で運用している場合、担当者が所属している会社の分だけ処理ができ、それ以外は処理できないなどのコントロールを行う必要があります。

さらに、マスターのメンテナンスのプログラムでは、登録、変更、照会、変更履歴照会、削除などの権限管理や、伝票入力プログラムでは、選択できる伝票の種類のコントロールなどができます（**図1**）。

担当者一人ひとりに、権限設定をかけると設定パターンを社員数分用意する必要があり維持管理が大変になるため、一般的に、同じ仕事を担当している人同士を1つの**ユーザグループ**として、ユーザグループ単位に権限設定を行います。

第10章 パフォーマンスチューニング

277

10-6 権限設定

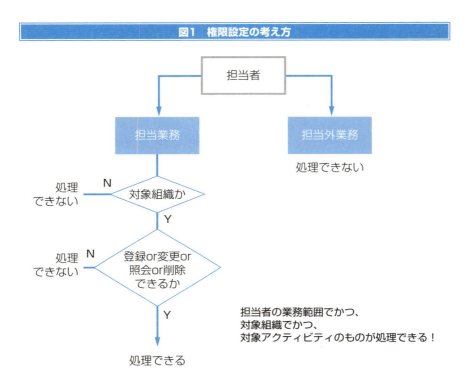

権限設定の仕組み

プログラム側に、あらかじめ権限項目と権限値から構成される**権限オブジェクト**＊を設定しておきます。これに対して、使用するユーザごとに許可する値の集まりである権限値の名前、それをまとめた**権限プロファイル**や**複合権限プロファイル**（権限プロファイルを束ねたもの）を作成して、この中に権限オブジェクト別に許可する権限値の値を登録しておきます（**図2**）。

＊**権限オブジェクト**：権限チェックをかける単位。

10-6 権限設定

図2 権限設定の仕組み

権限オブジェクトと権限値の名前、権限項目、権限値の関係

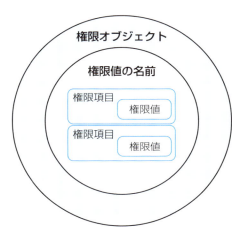

権限オブジェクト
・権限チェックをかける単位
・権限項目の集まり

権限項目
・権限チェック対象項目
・権限項目名は決まっている

権限値
・許可する値をセットする
・＊はすべて許可する

権限値の名前
・権限オブジェクトに対してセットする権限値のケースをまとめたもの
・権限オブジェクトに対して登録する
・名前は権限オブジェクトの中でユニークに登録

権限プロファイルと複合権限プロファイルの関係

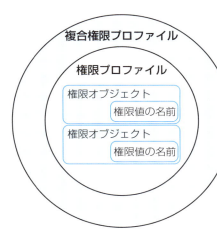

権限プロファイル
・権限オブジェクト別に割当てる権限値の名前を登録する

複合権限プロファイル
・権限プロファイルを束ねたもの
・必要であれば登録する
（権限プロファイルのみでも使用できる）

10-6　権限設定

プログラム実行時にこの2つをチェックし、許可されている条件に一致している場合に実行が開始され、そうでない場合には権限エラーになる仕組みになっています（**画面1**）。

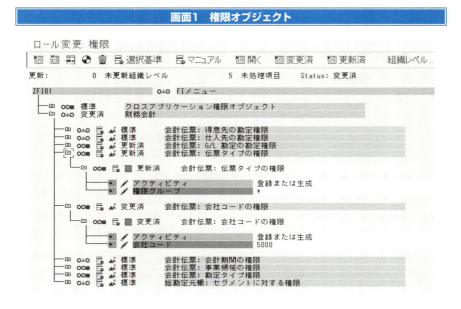

画面1　権限オブジェクト

▶▶ 権限設定手順

権限設定は、「Tr-cd：SU02」を使用し、次の手順で行います。

1 まず、使用するトランザクションコードの一覧を作成します。洗い出ししたトランザクションコードごとに、プログラム側で設定している権限オブジェクトとその権限項目、権限値を明確にします。

2 次にユーザタイプ（同じ業務処理範囲を持っている人のグループ）別に、個々のトランザクションコードの使用有無を明確にします。

3 さらに許可する組織、アクティビティ（登録、変更、照会、削除など）も明確にします。これらを取りまとめ権限プロファイルとして作成してユーザに割り当てます（**図3**）。

図3　権限設定の手順

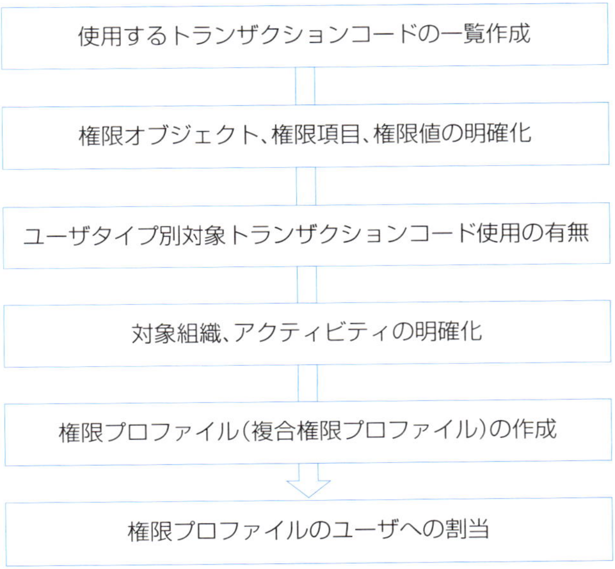

使用するトランザクションコードの一覧作成

権限オブジェクト、権限項目、権限値の明確化

ユーザタイプ別対象トランザクションコード使用の有無

対象組織、アクティビティの明確化

権限プロファイル（複合権限プロファイル）の作成

権限プロファイルのユーザへの割当

10-7
ワークフロー

対象の取引を社内の定められた承認ルートに沿って処理できるように、関係する管理者、承認者、担当者間でワークフローを使って承認できます。ここでは購買の承認プロセスを例に記載します。

▶▶ ワークフローの考え方

購買依頼伝票、または、購買発注伝票に対して、承認手続きを設定できます。特定の条件の場合、例えば、取引金額が1,000,000円以上、または発注数量が10,000個以上の条件を満たしている場合に承認を受ける必要があり、承認者から承認されないと注文書の出力や、後続の入庫処理などを行うことができません（図1）。

承認プロセスの定義には、組織構成、取引金額、取引内容があり、承認階層（課長➡部長➡社長）、承認者を割り当てることができます。

▶▶ ワークフローの作成手順

後続の記載内容をそれぞれ定義していき、承認方針を作成します。

◆ 特性

購買発注の承認プロセスに対して承認条件を登録します。

例えば、取引金額が1,000,000円以上、または発注数量が10,000個以上などの条件です。

◆ クラス

購買発注の承認プロセスに対するクラスを登録し、特性を割り当てます。承認方針に対して、承認条件を構成する特性を分類するためにクラスを使用します。

10-7 ワークフロー

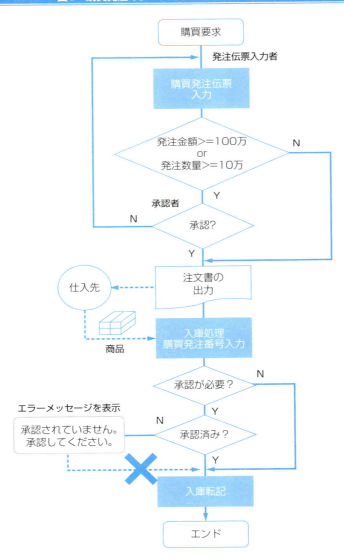

図1 購買発注のケースのワークフローの設定例

10-7　ワークフロー

◆承認グループ

　承認手続きのための承認グループを定義し、クラスを割り当てることで、承認プロセスのチェック対象となる承認条件を割り当てます。

◆承認コード

　承認方針で、必要な承認コードを登録し、承認グループに割り当てます。承認権限および、承認行為を行う担当者に割り当てるコードです。

◆承認区分

　承認済みや一部承認などの承認状況を表すコードを定義します。また、承認後の変更についても条件を定義できます。

　例えば、承認後の変更を許可/不可の設定や、許可した場合に金額変更の許容範囲を設け（例えば割合5%など）、大幅な変更などの制限を行うことも可能です。承認方針に割り当てを行い、承認コードに対して承認状況を設定します。

◆承認方針

　承認グループに対する承認方針を登録し、要件に応じて、承認コードを割り当てます。そのほか、**表1**に示した設定も行えます。

表1　承認方針の例	
項目	**内容**
承認の前提条件	承認を行う順序を定義する（例：課長承認後に部長承認）
承認状況	承認後に購買発注伝票に設定されるステータス
分類	特性に割り当てる値を設定する

10-8

移送

設定したパラメータや、Add-onしたプログラムを対象の環境（クライアント）に移送機能を使用して移送します。「Tr-cd：STMS」の移送管理システムを使用して移送を行います。

▶▶ SAPが推奨するスリーランドスケープ

SAPが推奨するシステム構成は、2-8節で述べたように開発機・検証機・本番機の3システム構成で、**スリーランドスケープ**と呼びます。

◆開発機
カスタマイズ、プログラム開発、単体テストを実施する環境です。

◆検証機
結合テストや総合テストを実施し、動作検証を行う環境です。

◆本番機
実業務として使用する環境です。

▶▶ 移送の考え方

移送により、異なるシステムにカスタマイズや開発オブジェクトを移すことができます。また、クライアント依存のカスタマイズを同システムの別クライアントに移すこともあります。例えば、開発機（C*100）➡検証機（C100）にしたり、開発機（C100）➡開発機（C900）のように移送できます。

移送を行うには、移送管理システムの移送依頼が必要となります。移送依頼は、カスタマイズや開発オブジェクトを更新することで依頼割り当てを求め、新規の移送依頼番号、または、既存の移送依頼番号に割り当てます。移送依頼には、以下の2種類のタイプがあり、対象のものを割り当てます。

＊C：クライアントのこと。

第10章 パフォーマンスチューニング

285

10-8 移送

◆ **ワークベンチ依頼**

クライアント非依存のカスタマイズ（パラメータ）、開発オブジェクト（ABAP
プログラムなど）の変更内容の移送を対象とします。

◆ **カスタマイジング依頼**

クライアント依存のカスタマイズ（パラメータ）の変更内容の移送を対象としま
す。

▶▶ 移送の手順

2種類の移送の手順について説明します。

◆ **システム間移送**

移送オーガナイザ（SE09）を起動して、**移送依頼番号**をリリースします。

担当者は移送作成者となります。移送依頼番号は、親番号と子番号の2つが採
番されます。最初に、子の移送依頼番号をすべてリリースし、最後に親の移送依
頼番号をリリースします。すべてのオブジェクトが有効になっていない場合、移送
のリリースはエラーとなります。システム間の移送作業は、移送管理者が行います。

移送管理者に移送依頼申請を行い、承認後に移送を実施する流れになります。

◆ **クライアント移送**

まず、移送先のクライアントにログインします。クライアントコピー（SCC1）
を起動し、**表1**の項目を指定して、即時開始、またはバックグラウンドで実行します。

表1　クライアント移送で指定する項目	
項目	**内容**
元クライアント	移送元クライアント（移送依頼を作成したクライアント）
移送依頼	移送依頼番号
依頼サブタスクを含む	リリースされていない依頼*を含める
Test事項	テスト実行を行う場合はONにする

＊**リリースされていない依頼**：移送依頼のリリースを行わなくても移送することができる

移送の注意点

移送で注意しておきたい点を挙げます。

◆ 移送のリリース

移送依頼のリリースを行った場合、リリースを取消すことができません。同じオブジェクトを更新すると別の移送番号を要求されます。

◆ 移送順序

移送した時点でコンパイルが行われます。順序を間違えると移送エラーとなりますので、移送の順序については十分注意してください。例えば、移送No.100にアドオンテーブルを割り当てし、移送No.102にアドオンプログラムを割り当てたとします（アドオンテーブルを参照）。そして、移送順序でNo.100➡No.102は正常終了しますが、No.102➡No.100は異常終了※します。

◆ 必要以上に移送依頼は分けない

移送依頼を分ける場合は、移送順序を意識して分けます。無意味に分けるのではなく、関連するものは極力まとめましょう。開発時は、移送を分けておき、移送前に移送依頼をマージしてから移送するやり方もあります。このやり方で移送エラーを防ぐことができます。

◆ ワークベンチ依頼、カスタマイジング依頼が混在する場合

まず、ワークベンチ依頼を移送します。次に、非依存のオブジェクトを移送し、最後に、依存オブジェクトを各クライアントに移送していきます。

◆ 移送依頼の管理

本番機への移送の適用は、まとめて行われます。そのため、移送すべきものや、移送順序を正しく管理する必要があります。ほとんどのプロジェクトで、台帳で移送管理を行っています。例えば、検証機で移送エラーを起こした場合は、本番機への移送時に再発しないようにしたり、エラーに関する調査で使用したりしますので、台帳による移送管理作業は、重要な作業の1つです。

※**異常終了**：プログラムが参照しているテーブルが存在しないため。

10-8　移送

◆ローカルオブジェクト

　ローカルオブジェクトについては、移送依頼が作成されません。移送すべきオブジェクトの更新を行った時に、移送依頼の割り当てが要求されない場合は、パッケージを変更することで、移送の割り当て要求がされます。

COLUMN　傾聴の難しさ

　人の話を聞かない、自分のことだけ主張する、聞き違いが多いと言った話をよく耳にすることがあります。

　まず、相手を理解するためには、何を悩んでいるのか何を言おうとしているのか聴くということが大切です。相手を理解し、リスペクトした上で、自分の考えを話すようにしましょう。要件定義や設計、保守などの場面でも必要な技術です。ただ、この傾聴という行為は、実に難しいものだと日頃、感じています。

第11章

SAP HANA

　SAP のデータベースの HANA の機能を紹介します。今ま
で SAP 社の ERP パッケージは、Oracle や SQL Server な
どの他社製品のデータベースを使って運用してきましたが、今
後、SAP 社は自社のデータベース製品である SAP HANA 上
に、さまざまな製品を乗せて提供していく考えで製品開発を
進めていると言われています。本章では、この SAP HANA
について説明していきます。

11-1

SAP HANA

SAP社は、自社ソフトウェアの真のリアルタイム処理（タイムラグゼロ）実現のために、インメモリーデータベースに着目し、多くの開発期間をかけて、データベースの開発に取り組んできました。その結果完成したのがSAP HANAです。なお、最新版は、SAP HANA2として提供されています。

▶▶ SAP HANAの特徴

SAP HANAは**インメモリ**や**カラムストア**などの考え方を取り入れ、従来から使われてきた、OracleやSQL Serverなどのデータベースとは異なった技術を採用しています。リアルタイム処理の実現のほか、集計テーブルなどを排除した、生のデータ中心のシンプルな方向に向かっています。また、マルチコア/並列処理対応などにより、処理スピードの高速化が図られています。

◆インメモリとは

一般的に広く使われているデータベースでは、処理の都度、ハードディスク上にデータを書き込んで処理する方式を取っていますが、SAP HANAでは、ハードディスクではなく、メインメモリ上にデータを展開しながら処理する方式を採用しています。また、処理時間がかかるハードディスクとのやり取りを切り離して、バックグラウンドで行うことで、処理性能を向上させています。

◆カラムストアとは

従来、あるファイル上のデータを検索する場合、検索キーにヒットするデータを索引などを使いながら、レコード単位に読み込んで処理してきましたが、このカラムストア方式では、各レコード上の項目単位（列単位）に検索します。もし、同じ情報があれば、それをID化して圧縮することで、アクセス回数を減らす方式を採用しています。また、検索に必要な列のみを検索対象にすることで、処理効率の向上を図っています。

11-1 SAP HANA

◆オンプレミス、クラウドのどちらでも使える

オンプレミス版の「オンプレミスエディション」のほか、クラウド版として「パ
ブリッククラウドエディション」と「プライベートクラウドエディション（マネー
ジドクラウドエディション）」があります。

▶▶ SAP HANAは単なるデータベースではない

SAP HANAには、データベース機能のほかに、アプリケーションサービス、プ
ロセッシングサービス、インテグレーションサービスが備わっています。

◆アプリケーションサービス

アプリケーションの開発および実行環境を提供します。

◆プロセッシングサービス

ビッグデータなどを分析するためのさまざまなエンジンを提供します。例えば、
次のエンジンを提供します。

- グラフエンジン
- テキスト分析エンジン
- 時系列エンジン
- 予測分析ライブラリ
- 地理空間処理エンジン
- ストリーム分析エンジン

◆インテグレーションサービス

SAPの外にある既存のデータ資産や既存のアプリケーション資産と、SAP
HANA上のデータ資産のデータ統合を支援します。

11-2

SAP HANAの仕組み

SAP HANAは、ハードウェアとソフトウェアの2つの技術の融合により実現した、インメモリ・コンピューティングです。主なハードウェアとソフトウェアのそれぞれの仕組みについて説明します。

▶▶ ハードウェアの問題の解決

従来のデータベースでは、ハードディスクのI/Oスピードが遅く、ボトルネックとなっていました。処理したデータをハードディスクに書き込んだり、変更したりするスピードと、メインメモリの処理スピードに大きな開きがあるためです。

これを解決するために、SAP HANAでは、ハードディスク側の処理を、インメモリデータベースにすることで、I/O性能が大幅に向上しました。そのほか、CPU、メモリ、ディスクなどの面でも対応技術が進化しています（**図1**）。

▶▶ ソフトウェア技術を使って解決

ソフトウェア面での主な5つの機能について説明します。

◆カラムストアとローストア

カラム（列）ストアは**OLAP**[*]に、ロー（行）ストアは**OLTP**[*]に最適化された格納方式です。OLAPと、OLTPを1つのデータベースで実現したのがSAP HANAです。カラムストアと、ローストアの両方の使用が可能ですが、OLAPでは、主にカラムストアが使用されます（**図2**）。

◆圧縮

列単位に、ディクショナリの圧縮を行うことで、カラムストア型のデータベースの圧縮効果が、1/3〜1/5になるとも言われ、効率の良い圧縮を実現しています。辞書構造は、キャッシュに格納され、メインメモリのアクセスの低減を図っています。圧縮の効果は、インメモリデータベースの使用量の低減だけでなく、検索や

＊**OLAP**：Online Analytical Processingの略。オンライン分析処理。
＊**OLTP**：Online Transaction Processingの略。オンライントランザクション処理。

292

11-2 SAP HANAの仕組み

計算処理を高速化するという効果も生み出しています。圧縮時は、カラムごとに、以下の独立した辞書構造に変換し、メモリ上に連続的に配置されます。

図1　従来のデータベースとSAP HANAの違い

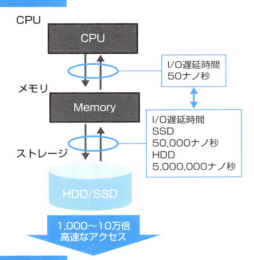

11-2　SAP HANAの仕組み

図2　カラムストアとローストア

●Dictionary

カラム値をユニークな値に圧縮し格納します。位置は、Value ID、値は、実値を表示します。

●Value ID配列

レコードごとのValue IDを格納します。位置は、Record ID、値は、Value IDを表示します。

●Inverted Index

Value IDが同一のレコード情報を格納します。位置は、Value ID、値はRecord IDの配列を表示します（**図3**）。

11-2 SAP HANAの仕組み

図3 得意先を例とした圧縮の仕組みと辞書構造

Logical Table

注文番号	得意先	製品	価格
1001	A社	米	400
1002	B社	大豆	1000
1003	C社	米	420
1004	B社	小麦	500
1005	D社	米	400
1006	D社	大豆	1000
1007	E社	米	420
1008	B社	小麦	500

項目「得意先」の辞書構造への変換例

Dictionary

位置	値
1	A社
2	B社
3	C社
4	D社
5	E社

Value ID配列

位置	値
1	1
2	2
3	3
4	2
5	4
6	4
7	5
8	2

Inverted Index

位置	値
1	1
2	2,4,8
3	3
4	5,6
5	7

◆ パーティショニング

　テーブルを、データの特性や利用目的に合わせて物理的に分割し、それを1つの論理テーブルとして管理できる**パーティショニング**機能が用意されています。パーティションごとに異なるCPUで処理できるため、登録/更新/削除/照会などの処理が高速で実現できます（**図4**）。

図4 論理テーブルとパーティションの関係（レンジの例）

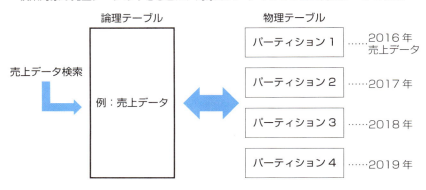

11-2　SAP HANAの仕組み

単一のパーティションのタイプとして、レンジ、ハッシュ、ラウンドロビンの3つがあります。

●レンジ

一定の範囲（例えば、月単位、年単位など）ごとに、パーティションを分割する方法です。分割対象データに、該当する範囲を指定する必要があります。

●ハッシュ

ハッシュ関数などの、一定の法則でパーティションを分割する方法です。パーティション分割する際に、分散する数を指定します。

●ラウンドロビン

ハッシュと同じように、一定の法則でパーティションを分割しますが、複数のパーティションを順に使用することで、データの分散を行います（**表1**）。

表1　パーティションのタイプ

タイプ	説明
レンジ	・一定の範囲（例：月単位、年単位）ごとにパーテイションを分割 ・分割対象のデータに、該当する範囲を指定する必要あり
ハッシュ	・ハッシュ関数を使用してデータを均一に分割 ・パーティション分割する際に分散する数を指定
ラウンドロビン	・ハッシュと同じで、一定の法則でパーティションを分割 ・複数パーティションを順に使用することで、データを分散

◆集約不要

従来、分析のパフォーマンス向上のために、**マテリアライズド集約**（min/max/sum/avg）を利用していました。これらの集約は、データ変更の際、もしくはスケジュール実行で再計算が必要という問題がありました。SAP HANAでは、大量データの集約を**オンザフライ***で実施するため、集約作成が不要です。これにより、データモデルやアプリロジックをシンプルにできるとともに、ログの出力も少なくすることが可能になりました。

***オンザフライ**：中間の集計テーブルを持たずに、必要になったらその都度、生データからデータを集計する方法。

11-2　SAP HANAの仕組み

◆読み込みと書き込みの最適化

　カラムストアは、高速読み取りが得意ですが、1件のデータを更新する際、すべ
ての列データ展開が必要になるため、更新処理が苦手です。SAP HANAでは、そ
の課題を解決するため、書き込みが得意なロードストア処理や、読み込みが得意な
カラムストア処理のそれぞれの特徴を生かし、L1デルタ、L2デルタ、メインスト
レージのデータ格納領域を使って、読み込みと書き込みの最適化を実現していま
す。ユーザからのデータの登録、更新、削除、照会などの要求に対して、データ
形式変換や、圧縮を段階的に行いながら、非同期でデータを移動させ対応します。
　具体的な各機能の役割と関係は、以下の通りです。

●Consistent View Manager

　対象データが、現在、どの領域に存在するのかを判断し、結果を返す機能です。
本機能により、ユーザは抽出したいデータが、現在、どの領域にあるのかを意識
することなく、容易に検索を行うことができます。

●メインストレージ

　メインストレージがテーブルの実態であり、テーブル読み取り用に最適化された
領域です。データの圧縮が行われ、かつソート処理が行われています。

●デルタマージ

　L2デルタのデータを、定期的にメインストレージにマージする役目を担ってい
ます。トランザクション処理と非同期で処理が行われます。マージする際に、さら
に高度な圧縮や、高速アクセスのためのソート、列の中の特定データの位置を高
速検索するための転置インデックスの配置などが行われます。

●L1デルタ

　L1デルタでは、データの登録や、更新、削除処理を高速で処理できる、ロース
トア型のデータ構造が採用されています。Insert/Update/Deleteの処理を、す
べてInsertとして処理することで、処理時間の高速化を図っています。作業領域
で処理が完了すれば、トランザクション処理は完了となります。

11-2 SAP HANAの仕組み

●L2デルタ

　L1デルタの内容は、バックグラウンド実行により、L2デルタにデータ移行が行われます。データ移行時に、ローストア型から、カラム型のデータ構造へ変換されます。辞書による圧縮（重複する情報の圧縮）が行われます。ソート処理は行われません（**図5**）。

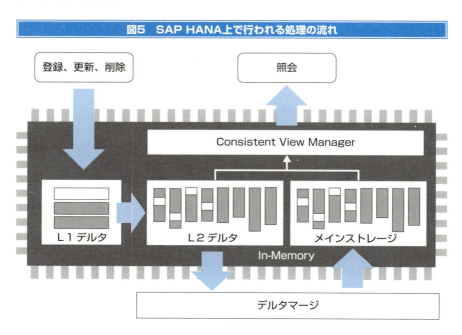

図5　SAP HANA上で行われる処理の流れ

11-3
SAP HANAの主な機能と
導入効果

SAP HANAの主な機能と、SAP HANAを使った、SAP ERPパッケージの導入効果を例示して説明します。

SAP HANAの主な機能

SAP HANAの主な機能として、**SAP HANAモデリング**があります。SAP HANAモデリングは、レポート要件を「SAP HANA VIEW」と呼ばれる、HANA独自のViewで実装します。Viewには、パフォーマンスが最適化された、HANAの計算エンジンが使用され、SQLより良好なパフォーマンスを得ることができます。

SAP HANAでは、以下の3種類のViewを要件に応じて使い分けします。

◆ Attribute View

分析次元を定義するViewです。

◆ Analytic View

ファクトテーブルと次元テーブルからスタースキーマーを定義するViewです。

◆ Calculation View

Attribute ViewやAnalytic Viewでは、実現できない要件を実現するためのViewです。

SAP HANAの導入効果

SAP HANAを導入することで、プログラム実行時間の短縮とパフォーマンス改善が図られます。データベースの処理時間が大幅に削減され、またアプリケーション処理を最適化することで、最大限のパフォーマンス改善が期待できます（**図1**）。

299

11-3 SAP HANAの主な機能と導入効果

図1 データベース処理時間とアプリケーション実行時間の短縮イメージ

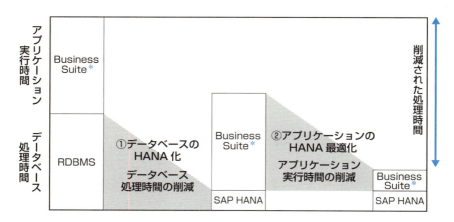

また、SoH (SAP Business Suite on HANA) を使用する場合の最適化例を示します。受注伝票一覧の照会、会計伝票明細照会、MRP、Add-onプログラムなどのケースの実装例は**表1**のようになります。

表1 SAP HANA上でのアプリケーションの最適化例

ケース	最適化方法	以前の実装状況	SAP HANA最適化の実装
受注伝票一覧 (VA05)	データ転送量/回数およびアクセスするテーブル数の削減により最適化	複数のテーブルにFAE句を利用してアクセス	・不要なインデックステーブルのアクセスの回避 ・複数のテーブルをJOINし、一括でアクセス
会計伝票明細 (FBL3N ➡ FBL3H)	①UIの変更 ②データ転送量／回数の削減 ③HANA ViewおよびProcedureを使用した並列化および集約処理の効率化	インデックステーブルにアクセス後、明細テーブルにFAE句でアクセス	SAP HANA ViewおよびProcedureを使用

＊**Business Suite**：SoHおよびS/4 HANA。

300

11-3 SAP HANAの主な機能と導入効果

| MRP on SAP HANA | ①データ転送量／回数の削減
②データ読込処理の並列化を実現 | 品目ごとに様々なテーブルにアクセス | Procedure化し、SAP HANA内で処理 |
| Add-onプログラム | アプリケーション⇔データベースサーバー間のデータ転送回数を削減 | LOOP内で複数のテーブルにアクセス | LOOP処理前に必要なデータにJOINやFAE句を使用して一括でアクセス |

301

11-3 SAP HANAの主な機能と導入効果

 コミュニケーション方法

メールやLINE、Twitterなどを使うことが多くなりました。連絡や情報共有にとても便利です。でも本当の話をする場合は、会って話すことが多いのではないでしょうか。この会って話す機会を多く持ちたいものです。

Add-on

　ECCでは、標準機能で実現できない機能にどう対処するかという問題があります。標準機能のみでは顧客の業務要件をまかなえず、標準機能に沿って顧客の業務自体を変えることも難しい場合にAdd-on開発という選択肢が浮上します。本章では、開発初心者やECCでの開発がはじめての方を対象に、Add-onとはそもそも何なのか、プロジェクトにおいて、どのような流れで開発が進められるのか、どのようなモノを作ることが可能なのかなど、具体的な例を示して紹介していきます。

12-1

Add-on開発

Add-onは、ソフトウェアの機能を拡張するためのプログラムのことです。標準
機能とはまったく別の新しい機能を作成することも可能ですし、新たに作成した機
能を標準機能と連携させることも可能です。

▶▶ Add-onはなぜ必要か

Add-on開発は、ECCの標準機能では不足している機能を補う時に必要になりま
す。一般的にECCのようなパッケージソフトは、基本的な機能は標準で用意され
ており、Add-onなしでも使うことは可能です。特にECCは、企業における経営資
源である「人」「モノ」「金」「情報」を統合管理し、効率的な経営管理ができるこ
とをコンセプトとした製品のため、顧客の業務プロセスをECCに完全に合わせる
ことができれば、一番良いのかもしれません。

しかし、各企業には固有の業務があり、それをすぐ変更することは難しいという
場合も当然あります。また、業務をシステムにすべて合わせることで、企業として
の個性が薄れる可能性も否定はできません。つまり、Add-onは、ECCの顧客業務
に適合しない部分を埋めたり、企業としての個性を発揮するためのツールとなっ
たりと、重要な役目を果たす要素になり得ます（**図1**）。

なお、Add-onに似た言葉として、**モディフィケーション**があります。モディフィ
ケーションは、標準のテーブル[＊]に項目を追加したり、標準のプログラムを直接変
更したり、User Exit[＊]などを使って、標準プログラムにロジックを追加する場合
をいいます。ここでは、プログラムを新規に開発する場合や、新規にテーブルを
作成するケースのことをAdd-onと定義します。

＊**テーブル**：データを保存したり、集計したり、照会したりする時などに使用する項目の集まり。テーブル内の
各項目は、データの型と長さで定義されている。
＊**User Exit**：標準プログラムの中のサブルーチン内にユーザ独自のロジックを記述できる。例えば、販売管理の
条件テクニックなど。

304

12-1　Add-on開発

図1　Add-onの必要性

顧客要件	
ECCの標準機能で 適合している部分(Fit)	ECCの標準機能で 適合していない部分 (Gap)
ECCの標準機能で実現できる顧客要件	アドオン

Add-on開発の流れ

　Add-on開発は、基本的に、主要なシステム開発手法である**ウォーターフォールモデル**で進めていきます。

　ウォーターフォールモデルとは、「滝」のことを表します。滝の水が上から下に落ちるように、上流工程から下流工程までを順に進めていく古くから存在している開発手法です。各工程が完全に終了してから、その成果物をもとに次工程へ進んでいきます。プロジェクト全体の工程を明確にし、工程ごとの成果物を決めるので、工程ごとの担当者を明確に分けやすく、進捗管理がしやすいといった特徴があります。

　主な工程としては、次のものがあります。

◆要件定義

　プロジェクトでまず行うことは、顧客が抱える問題をヒアリングし、課題解決のためにITでできることと、そうでないことの切り分け作業です。

　ECCの場合、ITでできることの中で、標準機能でまかなえない部分のAdd-on化を検討することとなります。顧客の要望をすべて取り込むことができればベストですが、取り込めば取り込むほど、莫大な期間や予算が必要となってしまう場合もあります。そのため、要件定義では「どれくらいの期間で」「どれくらいの予算で」という観点を常に頭に置きながら、どのような機能を作成するのかを検討していきます。

第12章

Add-on

305

12-1　Add-on開発

成果物としては、要件定義書を作成します。

◆基本設計（外部設計）

基本設計は、要件定義書をもとに、Add-onの利用者の立場から見た外見を設計します。**BD**（Basic Design）と呼ばれることもあります。入出力画面レイアウトや操作性、ファイルの入出力に関すること、必要データの選定、制約条件などの機能の基礎的な仕様を確定します。

主な成果物として、基本設計書（外部設計書）を作成します。

◆詳細設計（内部設計）

詳細設計は、基本設計で決めた内容をどうやって実装するか細かく落とし込みます。DD（Detailed Design）と呼ばれることもあります。

主な成果物として、詳細設計書（内部設計書）を作成します。1つの基本設計に対して、その機能が複数のプログラムで実現される場合は、詳細設計書も複数となる場合があります。

◆実装（コーディング）

基本設計、詳細設計の内容をもとに、実際にAdd-onの作成を行います。

◆単体テスト

単体テストは、作成したAdd-onが要求された機能を満たしているか検証します。**UT**（Unit Test）と呼ばれることもあります。詳細設計の内容が反映されているかの確認になります。

主な成果物として、単体テスト確認書を作成します。

◆結合テスト

単体テストが詳細設計単位でのテストであるのに対し、結合テストは基本設計単位のテストとなります。当該機能が他システムから受け取ったデータをもとに処理が行われるのであれば、そのI/F*部分のテストも含めて行います。**IT**（Integration Test）と呼ばれることもあります。

主な成果物として、結合テスト確認書を作成します。

＊I/F：Interfaceの略。当該システムと外部システムのやり取りを指す。

12-1　Add-on開発

◆システム（総合）テスト

　システムテストは、顧客の業務フローを意識したテストです。ST（System Test）と呼ばれることもあります。結合テストが機能単位でのテストなのに対し、システムテストは業務フローの該当箇所すべてを対象とし、可能な限り本番に近づけた状況で、作成したAdd-onが要求された機能を満たしているかどうかを検証します。

　主な成果物として、システムテスト確認書を作成します。

◆運用（ユーザ）テスト

　運用テストは、ユーザが実際の業務の流れに沿って利用してみて、問題なく動作するかを検証します。UAT（User Acceptance Test）と呼ばれることもあります。ユーザがシステムの操作や運用に慣れるための工程でもあります。開発側では、ユーザがテストを実施するための準備を手伝ったり、問い合わせ対応を行ったりします。

　すべてのテストが終了し、責任者の承認後、本場環境へAdd-onを移す作業（本番移行）を行います。移行したプログラムが本番環境で動き出したら終わりというわけではなく、システムの安定的稼働のための「運用」作業や、システムの改善・変更を行う「保守」作業は、システムを使い続ける限り続きます（**図2**）。

図2　Add-on開発の流れ								
顧客要件			下流工程					
要件定義	基本設計 （外部設計）	詳細設計 （内部設計）	実装 （コーディング）	単体 テスト	結合 テスト	システム テスト	運用(ユーザ) テスト	運用・ 保守

第12章

Add-on

307

12-2

Add-onオブジェクト

ここからはECCに特化して、Add-onそのものや、それを構成する部品など、ECCで作成できる代表的なものを紹介していきます。そのほか、プログラムの解析やエラー分析に使用するデバッグ、Add-onプログラム開発におけるルールである開発規約についても説明します。

▶▶ プログラム関連のAdd-on

ECCでは、**ABAP**＊（アバップ）というプログラム言語を使用してプログラムの作成を行います。ABAPワークベンチと呼ばれる開発環境からエディタを起動して、プログラムを作っていきます。

Add-on開発の基礎知識として、プログラムに関するAdd-onプログラムの種類を一部紹介します。Add-onプログラムには、レポートプログラム、Dynpro、インクルードプログラム、汎用モジュール、クラスなどがあります。

◆レポートプログラム（画面1）

レポートプログラムは、ECCでAdd-on開発を行う際、一番よく使用するプログラムです。名前だけを見ると、レポート（帳票）出力しかできないイメージを持つかもしれませんが、レポート出力だけでなく、用途はさまざまです。ファイルのアップロードやダウンロード、外部システムとのインターフェースなどでも使用できます。レイアウトツールなどを使わなくても、簡単な命令文で選択画面の生成も可能です。

＊**ABAP**：Advanced Business Application Programmingの略。

12-2 Add-onオブジェクト

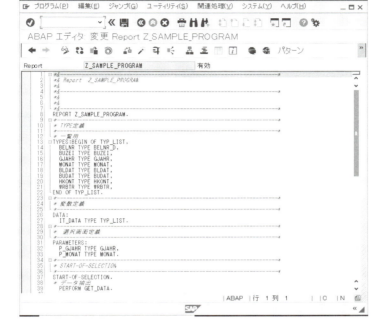

画面1　レポートプログラムの例

◆Dynpro（画面2、3、4、5）

　Dynpro（ディンプロ）は、Dynamic programming（動的プログラム）の略です。レポートプログラムでは実現できない複雑な画面の生成や、複数画面の画面遷移順序の指定などを行うことができ、複雑な顧客要件を実現する際に使われます。つまり、ここでいうプログラムは、画面の動きをプログラムするという意味になります。ECC標準の会計伝票入力画面など、基本的にすべての画面は、Dynproで構成されています。

　Dynproは、以下の要素で構成されます。

12-2 Add-onオブジェクト

- Dynpro番号（画面番号）
- 画面に配置する部品（入力項目やボタン）
- エレメント（画面上の部品の詳細）
- 制御ロジック
  - 表題設定などを行うPBO*（画面表示前処理）
  - 画面遷移や入力チェックなどを行うPAI*（画面表示後処理）
  - 値入力をサポートする検索ヘルプを表示するPOV*またはPHV*

画面2　Dynproの例（属性）

---

*PBO：Process Before Outputの略。
*PAI：Process After Inputの略。
*POV：Process on value-requestの略。
*PHV：Process on help-requestの略。

12-2 Add-onオブジェクト

画面3　Dynproの例（エレメント）

画面4　Dynproの例（制御ロジック）

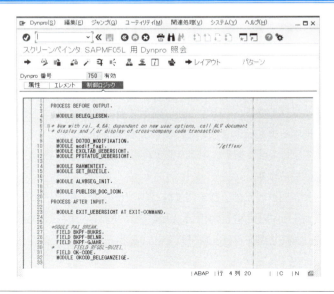

12-2 Add-onオブジェクト

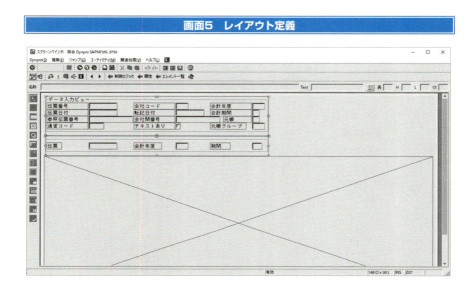

画面5　レイアウト定義

◆インクルードプログラム

　インクルードプログラムは、単体では実行できないプログラムです。レポートプログラムやDynproに組み込んで使用します。インクルードプログラムを使用する理由はいくつかあります。プログラムを作る時、すべての内容を1つのプログラムに書くこともできますが、大規模なプログラム作成の場合は行数が多くなり、どこで何の処理をしているのか分かりづらくなってしまいます。機能追加などでプログラムの修正が必要になった際も修正箇所の特定も困難です。

　そこで、メインプログラムには大まかな処理の流れだけ記述し、インクルードプログラムに詳細な処理を記述する、というやり方を取ることもできます。そうすることにより、見やすくなりますし、プログラムの修正が必要になった時も修正箇所の特定が容易になります。

　インクルードプログラムは、さまざまなプログラムへの組み込みが可能なため、複数の機能で同じ選択画面を使用したい場合や、同じ処理を行わせたい場合に、それらを切り出して共用することも可能です（**図1**）。

12-2 Add-onオブジェクト

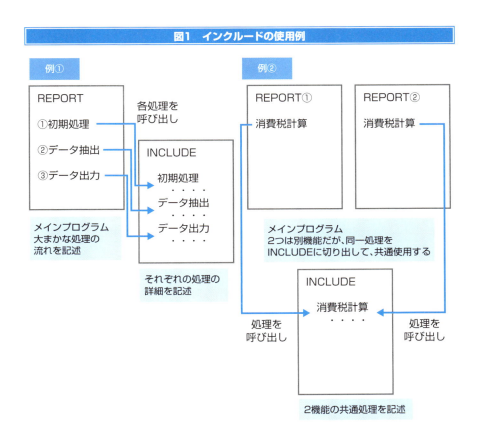

図1 インクルードの使用例

◆汎用モジュール

　汎用モジュールは、その名の通り、汎用的に使えるプログラムです。部品のような立ち位置のため、それ単体で使用するのではなく、レポートプログラムなどのメインとなるプログラムから呼び出して使用します。例えば、実行日をもとに、対象の月末日を算出するものや、ファイルのアップロード、ダウンロードを行うものなど標準で多数用意されています（**表1**）。

12-2 Add-onオブジェクト

表1　Add-on開発によく使う汎用モジュール

種別	汎用モジュール	内容説明
会計期間/ カレンダ日付関連	FI_PERIOD_CHECK	会計期間のOPEN/CLOSEチェック
	GET_CURRENT_YEAR	会計年度取得
	LAST_DAY_IN_PERIOD_GET	会計年度、会計期間、会計年度バリアントより月末日付を算出
ファイル関連	FILE_GET_NAME	論理ファイル名を使った物理ファイル名の割当
	FILE_GET_NAME_USING_PATH	ファイル名と論理パスで完全なファイル名を生成
	GUI_DOWNLOAD	ファイルのダウンロード
	GUI_UPLOAD	ファイルのアップロード
数値	CLOI_PUT_SIGN_IN_FRONT	マイナス符号を頭に持ってくる（左詰）
ポップアップ	POPUP_TO_CONFIRM	ポップアップ出力
ジョブ	JOB_OPEN	ジョブスケジューリングオープン
	JOB_SUBMIT	バックグラウンドタスク依頼
	JOB_CLOSE	ジョブの後処理
バッチ インプット	BDC_OPEN_GROUP	バッチインプットセッションオープン
	BDC_INSERT	バッチインプットセッション登録
	BDC_CLOSE_GROUP	バッチインプットセッションクローズ
テキスト	READ_TEXT	テキスト読込

　このような汎用モジュールをユーザがAdd-onできます。汎用的に使用する処理がある場合は、汎用モジュールとして準備しておくと便利です。汎用モジュールは、「汎用モジュールビルダ」と呼ばれる画面で開発を行います。

　呼び出し元プログラムと汎用モジュールは、パラメータを使用してデータのやり取りを行います。呼び出し元から受け渡されたデータをもとに、汎用モジュール内で処理を行い、その結果を呼び出し元に返すというのが基本的な流れになります。

　呼び出し元プログラムと、汎用モジュールのデータの受け渡しをまとめると、**図2**のようになります。

12-2 Add-onオブジェクト

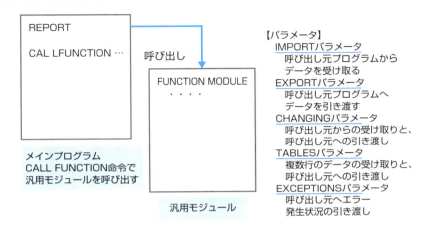

図2　汎用モジュールの呼び出し方

◆ クラス

　クラスは、これから開発する機能の設計図のようなものです。この中に情報や動作をまとめたコンポーネントを紐付けます。コンポーネントの中に属性やメソッド、イベントを記述します。属性の中にデータや情報を、メソッドの中に具体的な機能を記述します。イベントには、アクションに基づく処理内容を記述します。でき上がったクラスをオブジェクトとして使用します。

　なお、クラスには、グローバルクラスとローカルクラスがあります（**図3**）。

図3　クラスの構造

```
クラス         ・・・設計図（グローバルクラス、ローカルクラス）
└コンポーネント ・・・属性、メソッドなどの集まり
  ├属性        ・・・データ、情報に関する記述
  ├メソッド    ・・・機能、動作の記述
  ├イベント    ・・・イベントに紐づく処理を記述
  └他
```

12-2 Add-onオブジェクト

▶▶ テーブル関連のAdd-on

　伝票データやマスターデータなど、データを保管しておく場所をECCでは**テーブル**と呼びます。ECC標準で用意されているテーブルは数多くありますが、企業独自の情報や、I/Fデータと呼ばれる、ECCと連携する外部システムのデータを保持するために、Add-onテーブルを作成することが多いです。Add-onテーブルそのものや、それを構成する**データエレメント**および**ドメイン**は、「ABAPディクショナリ」と呼ばれる画面から作成できます（**図4**）。

	図4　テーブル構成

●項目

顧客ID	顧客名	住所	TEL
001	(株)○△×	○○県△△市□□町××番地	111-222-3333
002	○△×株式会社	□□県○○市××町△△番地	444-555-6666
003	○○　△△△	△△県××市○○町□□番地	777-888-9999

顧客ID、顧客名、住所、TEL
それぞれが「項目」となる

●データエレメントとドメイン

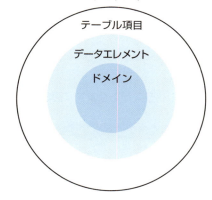

◆項目

例えば、顧客情報を保持したいといった場合、ひとえに顧客情報といっても、顧客の名前、電話番号など、さまざまな情報が含まれます。テーブルはそのような情報をそれぞれ**項目**として定義し、分けてデータを保持できます。

◆データエレメント

テーブルに項目を定義する場合、項目ごとに最大桁数や、データ型*など、その項目がどのような値を持ち得るのかを指定する必要があります。桁数などの定義情報をさまざまなテーブルで汎用的に使えるように登録しておくことができます。それが**データエレメント**です。

Add-onテーブルの作成時に、項目にデータエレメントを割り当てると、その項目がデータエレメント定義通りになります。データエレメントを割り当てず、桁数などを直接指定することも可能です。

データエレメントを指定するメリットは、例えば、企業内で使用するコードの桁数を変更したいといった場合、データエレメントの桁数を変えるだけで、そのデータエレメントを指定している項目を持つテーブルの当該項目の桁数をすべて変更できます。

◆ドメイン

ドメインは、データエレメントを構成する要素となります。ドメインに定義した桁数やデータ型がデータエレメントにコピーされます。

▶▶ デバッグ（画面6）

プログラムを実行した時、エラーになった箇所の原因を調べ、修正することを**デバッグ**といいます。

ECCではデバッグ用のツールが用意されており、出力結果が期待していた結果と違うということが起こった時、どこでおかしくなっているのかを調べる時に役立ちます。**ブレークポイント**と呼ばれるプログラムの一時停止箇所を指定でき、その箇所からプログラムを1行1行実行し、問題箇所を特定します。

＊**データ型**：例えば、数値のみ、文字のみなど。

12-2 Add-onオブジェクト

画面6 デバッグ画面

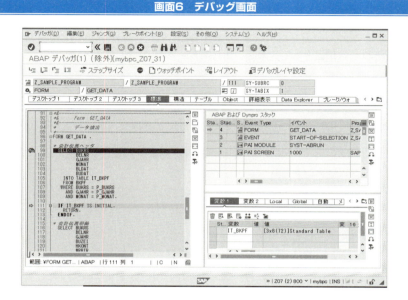

▶▶ 開発規約・命名規約

　Add-on開発は、基本的に**開発規約**や**命名規約**といわれる「開発を行うにあたって守るべきルール」に基づいて行われています。「プログラムのIDをどうするか?」といったところから、プログラムの詳細の記述方法まで、企業によって細かさは異なりますが、それぞれ決まったルールに従って開発を進めていきます。

　開発規約には、プログラムの基本的な記述方法から、履歴やコメントの付け方、使用してはいけない命令文など、開発に関する決まり事が記載されています。命名規約は、プログラムのIDの付け方など、名前に関する決まり事が記載されています。

　規約は、ただ単純に開発物に統一性を持たせたいという理由だけで存在しているわけではありません。プロジェクトはチームで進めていくことが多く、ルールを決めておかないと、書いた本人しか分からないプログラムが多くなってきます。そのようなプログラムを後から機能追加などで改修しなければいけない状況になった時、どんなことが書かれているのかを理解するのに時間がかかります。それを防ぐためにも、きちんと規約に従って開発を行うということが重要だといえます。

12-3

ドキュメント類

Add-on開発の流れを説明した際に、各工程で作成される主な成果物についても少し触れました。ここでは、それらの成果物とプロジェクト内で登場するそのほかのドキュメントについて、どのようなことを記載するのか主な内容を紹介します。

▶▶ 開発するまでに作成するドキュメント

具体的に、開発するまでに作成するドキュメントには、要件定義書、基本設計書、詳細設計書などがあります。

◆要件定義書

要件定義フェーズの目的は、ユーザの要望をもとにシステムの全体像や実装すべき機能、実現すべき性能を確定することにあります。**要件定義書**には、システム導入の目的、目標および機能概要など、どのような要件をどう満たせば完成したことになるのか、プロジェクトのゴールを記載します（**画面1**）。

画面1　要件定義書の例（仕様定義書）

◆基本設計書

基本設計書は、要件定義書をもとに、画面や帳票、ファイルなどの入出力定義や、使用するテーブル、処理の概要および機能、使用するにあたっての制約条件など

第12章 Add-on

319

12-3 ドキュメント類

を記載します。

　企業によっては、**概要設計書**や**外部設計書**と呼ばれることもあります。記載内容の深度も企業によって異なり、基本設計書と詳細設計書を1つにまとめてしまう場合もあります。プログラム単位に作成するのではなく、大まかな機能分類単位で作成される場合もあります。

　代表的な基本設計書のイメージを次に示します（**画面2**、**3**、**4**）。

画面2　基本設計書の例（選択画面項目定義）

プロジェクト			タイトル				作成日	作成者	変更日	変更者
基幹システム再構築プロジェクト			選択画面項目定義				2018/7/1	XXXXXX	2018/7/1	XXXXXX
機能名	顧客一覧			T-cd	Z_CUST	プログラムID	Z_CUST_LIST			

■画面項目

No	画面項目名	属性	桁数	入力必須	初期値	検索ヘルプ	備考
	検索条件						
1	拠点ID	CHAR	3		ログインユーザの拠点ID		
2	顧客ID	CHAR	5				
3	顧客名	CHAR	20				
	処理選択						
4	一覧表示	CHAR	1		ラジオボタンON		ラジオボタン
5	ダウンロード	CHAR	1				ラジオボタン
6	ファイルパス	STRING	-			○	コーディングによる検索ヘルプ設定
7	ファイル名	STRING	-			○	コーディングによる検索ヘルプ設定

■画面入力チェック

No	チェック方法	エラーメッセージ	エラータイプ	備考
1	全項目が未入力の場合	条件を入力しない場合、検索に時間が掛かる場合があります	W(警告)	
2	ダウンロードを選択しているがファイルパス、ファイル名が未指定	ファイルを指定してください	E(エラー)	

画面3　基本設計書の例（帳票レイアウト）

プロジェクト			タイトル				作成日	作成者	変更日	変更者
基幹システム再構築プロジェクト			帳票レイアウト				2018/7/1	XXXXXX	2018/7/1	XXXXXX
機能名	顧客一覧			T-cd	Z_CUST	プログラムID	Z_CUST_LIST			

■帳票項目

No	画面項目名	属性	桁数	データ抽出元 テーブル	項目	補足
1	拠点ID	CHAR	3	ZCUST	BASTION	-
2	顧客ID	CHAR	5	ZCUST	CUST_ID	-
3	顧客名	CHAR	20	ZCUST	CUST_NM	-
4	住所	CHAR	40	ZCUST	ADRESS	-
5	TEL	CHAR	30	ZCUST	TEL	-
6	担当	CHAR	20	ZCUST	PIC	-

■帳票レイアウト

拠点ID	顧客ID	顧客名	住所	TEL	担当
XXX	XXXXXX	XXXXXXXXXXX	XXXXXXXXXXXXXXXXXXXXXXXXX	XXXXXXXX	XXXXXX
XXX	XXXXXX	XXXXXXXXXXX	XXXXXXXXXXXXXXXXXXXXXXXXX	XXXXXXXX	XXXXXX
XXX	XXXXXX	XXXXXXXXXXX	XXXXXXXXXXXXXXXXXXXXXXXXX	XXXXXXXX	XXXXXX
XXX	XXXXXX	XXXXXXXXXXX	XXXXXXXXXXXXXXXXXXXXXXXXX	XXXXXXXX	XXXXXX
XXX	XXXXXX	XXXXXXXXXXX	XXXXXXXXXXXXXXXXXXXXXXXXX	XXXXXXXX	XXXXXX
XXX	XXXXXX	XXXXXXXXXXX	XXXXXXXXXXXXXXXXXXXXXXXXX	XXXXXXXX	XXXXXX
XXX	XXXXXX	XXXXXXXXXXX	XXXXXXXXXXXXXXXXXXXXXXXXX	XXXXXXXX	XXXXXX

12-3　ドキュメント類

画面4　基本設計書の例（ファイル定義）

◆ 詳細設計書

　基本設計書に書かれた内容を「どのようにすれば形にできるのか」という詳細な仕様を記載するのが、**詳細設計書**です。「内部設計書」と呼ばれる場合もあります。

　開発（製造）は、詳細設計書をもとに行われるため、基本設計書と同じく企業によって記載の深度は異なりますが、どの部品が必要なのか、それはどのように定義するのか、具体的なロジック（条件分岐など）や、どのテーブルから何のデータを抽出してくるかなど、細かなところまで記載します。ソースコード1行レベルまで落とし込んで処理を記載する場合もあります。

　代表的な詳細設計書のイメージを次に示します（**画面5、6、7**）。

12-3 ドキュメント類

画面5　詳細設計書の例（機能概要）

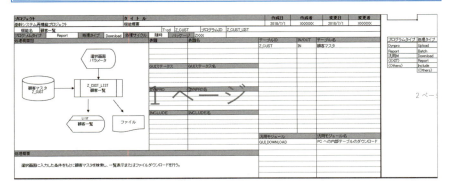

画面6　詳細設計書の例（処理詳細）

12-3 ドキュメント類

画面7　詳細設計書の例（メッセージ一覧）

◆ そのほかの定義書

カスタマイズをしたり、テーブルなどのプログラム以外のものを作成したりした場合、各々の定義書を用意することが通常です。カスタマイズ定義書の場合は、各カスタマイズの詳細な登録内容まで記録しておくことが多く、テーブル定義書の場合だと、どのような項目を持ち、その項目にはどのような値が入り得るか（例：数値のみしか許容しないなど）、桁数などを記載します。

▶▶ テストで作成するドキュメント

テストで作成するドキュメントには、以下のものがあります。

◆ 単体テスト仕様書

Add-on開発の流れで説明したように、詳細設計書の内容がきちんと反映されているかを確認するのが単体テストの工程となります。

単体テスト仕様書（**画面8**）を作成するにあたり、確認したいポイントをまず洗い出し、それがどんな条件のもとで実行した場合の結果で確認できるのかを考えます。単体テスト仕様書の基本的な構成は、実行条件、実行結果、確認内容などを一覧形式で記載し、確認結果を画面のスクリーンショットで残します（**画面9**）。

実行条件、実行結果、確認内容の組み合わせは「テストケース」と呼ばれます。

12-3 ドキュメント類

画面のスクリーンショットや、生成されたデータファイル、外部の別システムが受信したデータなどは、「エビデンス」と呼ばれることが多いです。一般的に、エビデンスは「証拠、根拠、証言、痕跡」という意味で使われていますが、IT業界では、システムが想定仕様通りに動作していることを示す証拠となる書類や、データなどのことを指すことが多いです。

◆ 結合テスト仕様書 / 総合テスト仕様書 / ユーザテスト仕様書

それぞれのテスト工程で、それぞれのテストの目的をもとにテスト仕様書は作成されます。結合テスト以降は、確認担当者と日付のみ残して、画面のスクリーンショットなどは特に残さないという場合もあります。

12-3 ドキュメント類

◆PCL

　テスト内容が妥当なものであるかどうかをチェックするためのリストとして
PCL*を作成する場合があります。分岐処理を含むプログラムの場合、すべての
ルートを通っているのかなど、機能の処理内容によって準備すべきテストケースを
定義し、テスト仕様書作成時には、そのリストをもとに過不足のないようにテスト
仕様書を作成します。

▶▶ そのほかの作成ドキュメント

　そのほか、プロジェクトを進めていく中で、さまざまなドキュメントが登場しま
す。すべてを、作成するか否かはプロジェクトによりますが、よく目にする資料を
一部紹介します。

◆開発したプログラムや部品を管理する資料

　誰がいつ何のプログラムや、それに付随する部品を作成したのか一覧化してお
くことがあります。この一覧を作成しておくことで、変更対象の部品のリストアッ
プや、製品のバージョンアップ時の影響調査など、さまざまな場面で活用できます。

◆プロジェクト管理に関する資料

　プロジェクトには、必ず納期が存在します。できるものからヤミクモに開発して
いくのではなく、きちんと計画を立てて開発は進められていきます。

　プロジェクトで、よくWBSという言葉を耳にします。WBSは、Work
Breakdown Structureの略で、プロジェクト管理の計画手法の1つです。必要な
作業を、可能な限り細分化した構成図のことを指します。プロジェクトの管理は、
このWBS単位に行われることが多いです。何の作業があり、どこまで進んでいる
のかといった作業全体の把握や、各作業のつながりを把握できるため、進捗管理
や人員配分など、計画的なプロジェクト管理に役立ちます。

第12章 Add on

＊**PCL**：Program Check Listの略。

12-4
ABAPプログラミング入門

ABAP言語を使用した、プログラミングの基礎知識を紹介します。プログラムの基本構成や、まず覚えておくべき命令文、分かりやすいプログラムを作成するための心得も含めて紹介します。

▶▶ プログラムの基本構成

ABAP言語を使用したプログラムは、まずデータ宣言部分と処理部分の2つに大きく分かれます。

◆データ宣言部分

データ宣言部分には、このプログラムで、どんなデータを扱うのかを定義します。モノを収納する箱を用意するイメージです。箱の大きさや、箱の個数、箱の中に仕切りを作るのか、タンスのように段数を重ねるのか、箱に最初から何かを入れておくかなど、具体的な指定を行います。「TYPES」や「DATA」命令を使用して定義を行います。データ宣言部分で定義した変数は「グローバル変数」と呼ばれます。

レポートプログラムでは、「PARAMETERS」や「SELECT-OPTION」命令を使用すれば、自動的に画面が生成され（選択画面）、プログラム実行時にユーザが値を入力できる箱を用意することができます。

◆処理部分

レポートプログラムの**処理部分**の中は、イベントブロックで分かれており、各イベント命令後に記述されている処理が、それぞれのタイミングで実行されます（**画面1**）。

12-4 ABAPプログラミング入門

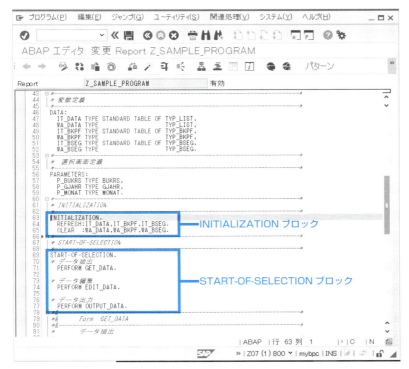

画面1　レポートプログラムのイベント

イベント	処理タイミング	記述する処理の例
INITIALIZATION	選択画面表示前	変数の初期化等
AT SELECTION-SCREEN	選択画面上でのユーザ入力後	入力内容チェック等
START-OF-SELECTION	選択画面処理後	メイン処理を記述
END-OF-SELECTION	メイン処理終了後	結果出力等

　すべてのイベント宣言が必ず必要というわけではありません。必要な時に必要なイベントを定義します。ここに挙げたもの以外にも一覧出力時や、表示された画面上でのアクション時などでイベントが用意されており、これらSAPが用意した標準のイベントだけではなく、作成した画面上のボタン押下時など、独自のイベントを定義することもでき、それぞれの処理を定義できます。

12-4　ABAPプログラミング入門

　処理部分には、**サブルーチン**と呼ばれる「処理のかたまりを部品化したもの」を定義することもできます。サブルーチンは、**PERFORM**命令を使用すれば、どのタイミングでも呼び出すことが可能です。これはレポートプログラムに限りません（**画面2**）。

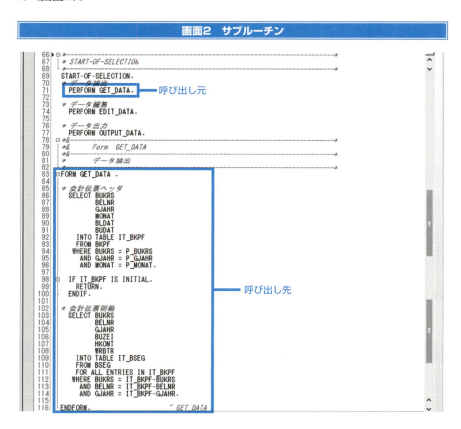

画面2　サブルーチン

▶▶ 覚えておくべき用語・命令文

　ABAP言語を使用して開発を行う際に、まず覚えておくべき用語、命令文を挙げていきます。はじめてABAP言語で開発を行う方を対象に必ず必要、またはよく使用するもののみを取り上げています。具体的には、以下の用語および命令文について説明します。詳細は、巻末資料①にまとめて記載していますので、そちら

12-4　ABAPプログラミング入門

を参照してください。

　なお、命令文は、大文字で記載していますが、エディタ上では大文字、小文字、混在いずれでも問題ありません。

　①データオブジェクトとデータ型

　②データオブジェクトの種類

　③単一項目、構造定義

　④内部テーブル定義

　⑤定数定義（値の変更不可）

　⑥選択画面の定義

　⑦システム変数

　⑧値の代入

　⑨演算

　⑩条件分岐

　⑪内部テーブル使用命令一覧

　⑫データベーステーブル使用命令一覧

　⑬文字列操作の命令一覧

　⑭ループ処理命令

　⑮画面出力関連の命令一覧

　⑯ファイル処理関連

　⑰サブルーチン

　⑱メッセージ

▶▶ プログラム作成時の心得

　プログラムは、一度作成したら終わりというわけではありません。仕様変更など、後々メンテナンスが必要になる場合があります。メンテナンスを担当する人も、その時々で変わる可能性もあります。そのため、誰が見ても分かりやすく、機能拡張がしやすいプログラムになるように常に意識して作成する必要があります。

　具体的に、どういう点に気を付ければ良いのか、主なポイントを紹介します。

12-4 ABAPプログラミング入門

◆コメントを入れる

分かりやすさを意識し、コメントも端的な文章にすることを心掛けましょう。

◆分かりやすい名前を付ける

変数名やサブルーチン名など、名前だけで内容が理解できると一番良いです。

◆処理の流れをシンプルに表現する

IF文の中にIF文があったり、処理が長くダラダラと書かれていたりすると、結局何をしたいものなのか理解しづらくなります。サブルーチンをうまく利用したり、IF文もできるだけネストしないように処理を組み立てたりと工夫が必要です。

◆拡張しやすさを意識し、ハードコーディングを少なくする

ソースコード内に直接、データを記述することを「ハードコーディング」といいます。例えば、消費税額を計算する場合、税率をソースコード内にそのまま記述すると、それはハードコーディングとなります。さまざまなプログラムで税率をハードコーディングしていると、税率が変更された場合に対象の箇所をすべて修正しなければなりません。これだと拡張性が低いということになってしまいます。消費税率を定数にしたり、Add-onテーブルで管理したりすれば、修正箇所は少なく済みます。

COLUMN

ABAP言語を使用したプログラムの基礎知識

・ 命令の終わりには必ずピリオドを付けます。

・ 命令とは別に、コメントを書くことができます。命令と区別するために行の先頭に'*'を付けたり、任意の場所に'"'を付けます。

・ 複数のデータオブジェクトを定義したい場合、'DATA'の後に':'を付けて、各データオブジェクトを','で区切ると、命令文を省略することができます。この手法は、DATA命令に限らず、様々な命令文で使用することができます。

12-5
よく使用する標準オブジェクト

ここでは、Add-on開発をするにあたり、覚えておくと便利なよく使う標準テーブル、BAPI、BAdI、トランザクションコードを紹介します。

▶▶ Add-on開発でよく使う標準テーブル

テーブルなどの部品を含め、すべてAdd-onで完結する機能を作成する機会は、ほとんどありません。**標準テーブル**からデータを読み込んだり、標準の汎用モジュールやクラスを使用する機会も多かったりと、Add-on開発をしていても標準オブジェクトはどうしても付いて回ります。

標準テーブルは、帳票を作成する場合などで使います。実際にデータがファイルされている**透過テーブル**[*]や、**ビュー**[*]などがあります。項目名や項目の桁数、データの型などが項目ごとに定義されています。「Tr-cd：SE16」または「Tr-cd：SE16N」を使用して、透過テーブルなどの内容を直接参照できます。

主な標準のテーブルについては、「巻末：標準テーブル一覧表」を参照してください。

▶▶ BAPI

BAPI[*]（バピ）は標準で用意された汎用モジュールの1つで、要件に沿った汎用モジュールをAdd-onプログラムから呼び出して使用します。バッチインプット[*]でも同じようなことはできますが、要件によって使い分けします。

BAPIとバッチインプットを比較した場合、パフォーマンスや開発のしやすさではBAPIが、機能性ではバッチインプットが優れています。BAPIは、要件に沿った汎用モジュールがなければ利用することはできません。そのような場合は、バッチインプットを利用するのが良いと考えます。

※**透過テーブル**：物理的にデータが保存されているテーブルのこと。
※**ビュー**：テーブルとテーブルを結合してユーザがデータを取り出しやすくした仮想のテーブル。
※**BAPI**：Business Application Programming Interfaceの略。
※**バッチインプット**：データを登録する方法の1つ。あらかじめ登録したいデータを作っておき、ABAPプログラムなどでユーザが画面からデータを入力したかのように画面遷移をさせながら、一括でデータを取り込む方法。

331

12-5 よく使用する標準オブジェクト

BAPIは、インターフェースの役割もあるため、外部システムと連携することも可能です。また、BAPIはリモート可能モジュールとして登録されており、SAP以外から呼び出すことが可能です。バッチインプットなどと違って、「BAPI_TRANSACTION_COMMIT」命令を使用しないとテーブルの内容が更新されません。例えば、よく使われるBAPIとして、**表1**に示したものがあります。

表1　Add-on開発でよく使うBAPI

BAPI	概要	補足
BAPI_ACC_DOCUMENT_POST	会計管理：会計伝票転記	FI
BAPI_CCODE_GET_FIRSTDAY_PERIOD	会社コード：会計期間初日	FI
BAPI_COAREA_GETPERIODLIMITS	管理領域：会計期間の初日および最終日	CO
BAPI_COMPANYCODE_EXISTENCECHK	会社コード存在チェック	共通
BAPI_COMPANYCODE_GET_PERIOD	会社コード　：　転記日付 ー＞　期間、会計年度	FI
BAPI_COMPANYCODE_GETDETAIL	会社コード詳細情報の取得	共通
BAPI_COMPANYODE_GET_PERIOD	会社コードと日付より会計年度と会計期間を取得する	FI
BAPI_CONTROLLINGAREA_FIND	管理領域 検索	CO
BAPI_GOODSMVT_CREATE	在庫移動登録 (MB_CREATE_GOODS_MOVEMENT)	MM
BAPI_INCOMINGINVOICE_CREATE	請求書照合：請求書登録	MM
BAPI_MATPHYSINV_CREATE_MULT	実地棚卸伝票登録	MM
BAPI_PO_CREATE	購買発注登録	MM
BAPI_PROFITCENTER_CREATE	利益センタ登録	CO
BAPI_REQUISITION_CREATE	購買依頼登録	MM
BAPI_SALESORDER_CREATEFROMDAT2	受注伝票登録	SD
BAPI_USER_CREATE1	ユーザ登録	共通
BAPI_USER_PROFILES_ASSIGN	ユーザ：プロファイル割当	共通

▶▶ BAdI

BAdI＊（バディ）は、**カスタマEXIT**＊のオブジェクト指向版で、クラスのメソッドにロジックを実装して使います。従来は、標準機能に対して機能拡張をする場合、**ユーザEXIT**と呼ばれるインクルードプログラムなどを実装することで実現してきましたが、BAdIは、専用のABAPオブジェクトを実装することにより、機能拡張を実現するものです。

＊**BAdI**：Business Add Inの略。
＊**カスタマイズEXIT**：標準プログラムにEXIT用の汎用モジュールが組み込まれていて、その汎用モジュール内にロジックが記述できる。

12-5 よく使用する標準オブジェクト

業種ごとに専用の機能が必要な場合も多いため、SAPでは、ソフトウェアに事前定義することでユーザの要件に対応しています。今後は、EXITが追加されることはなく、拡張技術としては、BAdIが主流になっていくものと思われます。

▶▶ Add-on開発でよく使うトランザクションコード

Add-on開発でよく使うトランザクションコードを**表2**にまとめます。プログラムの作成時に使用するエディタやテーブル関連（メンテナンス、照会）、移送関連、メッセージ関連、プログラムのトレースやダンプ分析なとで使うトランザクションコードです。

このほか、標準のプログラムを実際に動かして動作確認を行う場合があります。その時に使う主なトランザクションコードについては、10-5節の**表2**「具体的なメニューの例」を参考にしてください。

表2 Add-on開発でよく使うトランザクションコード

種別	トランザクション	内容説明
移送関連	SE01	移送オーガナイザ（拡張）
	SE09	移送オーガナイザ
	STMS	移送管理
	SCC1	クライアント間移送
エディタ	SE24	クラスビルダ
	SE37	汎用モジュールビルダ
	SE38	ABAPエディタ
	SE80	オブジェクトナビゲータ
ディクショナリ	SE11	ABAPディクショナリ更新
	SE14	ディクショナリテーブルユーティリティ
	SE16	データブラウザ
	SE16N	一般テーブル照会
	SM30	ビュー更新
その他	SE91	メッセージ更新
	SE93	トランザクションコード更新
	SM04	ユーザー覧
	SM12	ロックの照会と削除
	SM37	ジョブ管理
	SAT	ABAP トレース
	ST22	ABAP ダンプ分析

第12章 Add-on

巻末資料

巻末資料①　Add-on プログラミングで覚えておくべき用語・命令文

巻末資料②　SAP 用語集

巻末資料③　SAP でよく使用するテーブル一覧

巻末資料①

Add-onプログラミングで覚えておくべき用語・命令文

　12-4節で説明したAdd-onプログラミングで覚えておくべき用語・命令文について、以下に補足説明します。

▶▶ データオブジェクトとデータ型

　ABAP言語を使用したプログラムを作る際、はじめにプログラム内で使用するデータを入れる箱を用意します。

　箱はデータオブジェクトと呼ばれます。箱自体は、データオブジェクトと呼ばれますが、箱の大きさや入れるものなどの定義情報はデータ型と呼びます。

▶▶ データオブジェクトの種類

　箱（データオブジェクト）にもさまざまな種類があります。

◆ 単一項目

　仕切りも段数も何もないシンプルな1つの箱のようなイメージです。表計算ソフトで例えるとセルに値します。

【例】

顧客ID

　箱を作った時点で物を入れておくことも可能ですし（初期値）、はじめに入れたものを出し入れ不可にすることも可能です（定数）。

◆ 構造

　箱を横に複数個くっつけた、または細長い箱に仕切りを付けたイメージです。表計算ソフトでは1行の表に値します。

【例】

顧客ID	顧客名称	TEL

◆ 内部テーブル

　構造を何段も重ねたキャビネットのようなイメージです。表計算ソフトでは、複数行の表に値します。

【例】

顧客ID	顧客名称	TEL

　これらのデータオブジェクトをプログラム上でどのように定義するかを次に示します。

▶▶ 単一項目、構造定義

　単一項目および構造定義は、次のように記述します。

```
DATA <単一項目名/構造名> TYPE <データ型>.
```

　データ型には、C（文字型）やN（数字型）などのSAPが事前に用意したデータ型や構造データ型、データエレメント、プログラム内で定義したユーザ独自のデータ型を指定できます。

SAP事前定義データ型

データ型	初期項目長	初期値	説明
C	1	空白	テキスト項目
N	1	'00…0'	数字のみのテキスト項目
D	8	'00000000'	日付（YYYYMMDD）
T	6	'000000'	時刻（HHMMSS）
I	4	0	整数
P	8	0	パック数値
F	8	'0.0'	浮動小数点数値
X	1	X'00'	バイト（16進数）

巻末資料

・プログラムでのユーザ独自のデータ型(構造データ型)定義

```
TYPES:BEGIN OF <項目名>,
  項目名1 TYPE <データ型>,
  項目名2 TYPE <データ型>,
      :
  項目名n ,
END OF <項目名>.
```

▶▶ 内部テーブル定義

　内部テーブルは、プログラム内に宣言するデータの一時保存用のテーブルで、次のように記述します。

```
DATA <内部テーブル名> TYPE STANDARD TABLE OF <データ型>.
```

　データ型には、構造データ型やユーザ独自のデータ型を指定することができます。標準テーブル（STANDARD TABLE）のほかに、ソートテーブル（SORTED TABLE）、ハッシュテーブル（HASHED TABLE）、インデックステーブル（INDEX TABLE）なども定義可能です。

▶▶ 定数定義（値の変更不可）

　ある項目に対して、定数を持たせる場合に使います。

```
CONSTANTS <項目名> TYPE <データ型> VALUE <値>.
```

単一項目、構造、内部テーブル、定数定義のコーディング例

```
55  * 単一項目
56  DATA V_CHAR(10) TYPE C.                        " 10桁の文字型
57  DATA V_NUM(3)   TYPE N VALUE '123'.            " 3桁の数字型 初期値は'123'
58  DATA V_INT      TYPE I.                        " 数値型
59  DATA V_DEC(16)  TYPE P DECIMALS 3.             " 小数3桁の数値型
60  DATA V_STRING   TYPE STRING.                   " 可変長の文字型
61  DATA V_GJAHR    TYPE BKPF-GJAHR.               " 品目コードのデータエレメントを参照した型
62
63  * ユーザ独自のデータ型を使用する場合
64 □TYPES: BEGIN OF TYP_DATA,
65      V_CHAR(10)  TYPE C,
66      V_NUM(10)   TYPE N,
67   END OF TYP_DATA.
68
69  * 構造/内部テーブル
70  DATA: S_STRUC  TYPE TYP_DATA,          " 構造
71        T_TABLE  TYPE STANDARD TABLE OF TYP_DATA. " 内部テーブル
72  * 定数
73  CONSTANTS C_CONS1(5) TYPE C VALUE 'Japan'.
74  CONSTANTS C_CONS2    TYPE P DECIMALS 5 VALUE '3.29863'.
75
```

▶▶ 選択画面の定義

　下記の命令文を使用すると、レイアウトツールなどを使用することなく自動で画面が作成されます。

・単一選択

```
PARAMETERS <項目名> TYPE <データ型> [オプション].
```

オプションの値

値	内容
DEFAULT ＜値＞	デフォルト値
MEMORY ID ＜パラメータID＞	SAPメモリ値表示（確認：システム-> ユーザプロファイル-> 自分のデータ）
MATCHCODE OBJECT ＜検索ヘルプ＞	検索ヘルプ
OBLIGATORY	必須入力
NO-DISPLAY	非表示
AS CHECKBOX	チェックボックス
RADIOBUTTON GROUP ＜グループ名＞	ラジオボタン
USER-COMMAND ＜関数名＞	関数実行

巻末資料

・範囲 / 複数選択

```
SELECT-OPTIONS <項目名> FOR <定義済み項目名> [オプション].
```

オプションの値	
値	**内容**
DEFAULT ＜値＞	デフォルト値
MEMORY ID ＜パラメータID＞	SAPメモリ値表示
MATCHCODE OBJECT ＜検索ヘルプ＞	検索ヘルプ
OBLIGATORY	必須入力
NO-DISPLAY	非表示
NO INTERVALS	範囲選択なし
NO-EXTENTION	複数選択なし

・ブロック

```
SELECTION-SCREEN BEGIN OF BLOCK <ブロック名> [オプション].
  :
    PARAMETERS命令/SELECT-OPTIONS命令等…
  :
SELECTION-SCREEN END OF BLOCK <ブロック名>.
```

オプションの値	
値	**内容**
WITH FRAME [TITLE ＜タイトル＞]	・WITH FRAMEオプションを使用すると、フレームがブロックを囲うように作成される ・タイトルを指定するとフレームにタイトルを表示することができる

選択画面作成例

```
53
54   * 選択画面定義
55  *----------------------------------------------------------*
56  * 会社選択
57  SELECTION-SCREEN BEGIN OF BLOCK BL01 WITH FRAME TITLE TEXT-001.
58  PARAMETERS P_BUKRS TYPE BUKRS OBLIGATORY MEMORY ID BUK.   " 会社コード
59  SELECTION-SCREEN END OF BLOCK BL01.
60
61  * ファイル指定
62  SELECTION-SCREEN BEGIN OF BLOCK BL02 WITH FRAME TITLE TEXT-002.
63  PARAMETERS:
64  P_LOCAL   RADIOBUTTON GROUP RD01 DEFAULT 'X',              " ローカル
65  P_L_FILE TYPE RLGRAP-FILENAME DEFAULT 'C:\TEST_FILE.txt'. " ファイル名
66  SELECTION-SCREEN SKIP.   " 空白行
67  PARAMETERS:
68  P_SERV    RADIOBUTTON GROUP RD01,                          " サーバ
69  P_S_FILE TYPE RLGRAP-FILENAME.                             " ファイル名
70  SELECTION-SCREEN END OF BLOCK BL02.
71
72  * テスト実行
73  SELECTION-SCREEN BEGIN OF BLOCK BL03 WITH FRAME TITLE TEXT-003.
74  PARAMETERS P_TEST AS CHECKBOX DEFAULT 'X'.
75  SELECTION-SCREEN END OF BLOCK BL03.
76
```

▶▶ システム変数

SAPが自動で値をセットしている変数で、プログラム内で利用することができます。

システム変数の例	
システム変数	**内容**
SY-SUBRC	リターンコード（0が正常時）
SY-TABIX	現在のループカウント（テーブルLOOP中なら何行目を読み込んでいるか）
SY-DATUM	システム上の現在日付
SY-UZEIT	システム上の現在時刻
SY-BATCH	バックグラウンド実行時に'X'がセットされる
SY-VLINE	一覧表での縦線
SY-ULINE	一覧表での横線
SY-DBCNT	SQL処理件数（SELECT COUNT(*)時のカウント数など）
SY-MSGID	メッセージID
SY-MSGTY	メッセージタイプ
SY-MSGNO	メッセージ番号
SY-MSGV1〜4	メッセージ変数

▶▶ 値の代入

データオブジェクト間の値の代入は、下記の命令を使用します。n(n)は、最初のnは開始位置とします（1桁目を0とする）。カッコ内のnは、何桁分かを定義します。

・通常の代入

<項目b> = <項目a>. または MOVE <項目a> TO <項目b>.

・オフセット代入（代入開始位置や代入桁数を指定した代入）

<項目b>+n(n) = <項目a>+n(n).

また次のようにも記述できます。

<項目b>+n(n) = <項目a>.

<項目b>= <項目a>+n(n).

　さらに、「MOVE <項目a>+n(n) TO <項目b>+n(n).」「MOVE <項目a> TO <項目b>+n(n).」「MOVE <項目a>+n(n) TO <項目b>.」を使うこともできます。

・構造間での値の代入

MOVE-CORRESPONDING <構造体a> TO <構造体b>.

値の代入コーディング例

```
78▶   * 項目Aの値を項目Bに代入
79▶     A = B.
80▶     MOVE A TO B.
81▶   * 項目Aの頭3桁を項目Bの4桁～6桁に代入
82▶     B+0(3) = A+3(3).
83▶     MOVE A+3(3) TO B+0(3).
84▶   * 構造Aに保持する値を、構造Bの同一項目名のところへ代入
85▶     MOVE-CORRESPONDING A TO B.
```

▶▶ 演算

　各演算は、下記のように定義します。

演算子の記述例

種類	記述例	値
加算	A = B + C.	A = 10　B = 8　C = 2
減算	A = B - C.	A = 5　B = 8　C = 3
乗算	A = B * C.	A = 32　B = 8　C = 4
除算	A = B / C.	A = 4　B = 8　C = 2
整数部	A = B DIV C.	A = 2　B = 5　C = 2
余り	A = B MOD C.	A = 1　B = 5　C = 2

巻末資料

343

▶▶ 条件分岐

「もし○○が△△だった場合は□□します」というように、条件に応じて処理を分けたい場合、下記の命令文を使用します。

・IF文

```
IF <条件式1>.
  処理.
ELSEIF <条件式2>.  ……上記条件式1が偽の場合
  処理.
ELSEIF <条件式3>.  ……上記条件式2が偽の場合
  処理.
ELSE.  ……………………上記条件式がすべて偽の場合
  処理.
ENDIF.
```

IF文を使用したコーディング例

```
 87▶
 88▶  *  データ定義
 89▶  DATA: V_TEXT1(10)  TYPE C VALUE 'RED',
 90▶        V_TEXT2(10)  TYPE C VALUE 'BLUE',
 91▶        V_TEXT3(10)  TYPE C VALUE 'YELLOW',
 92▶        V_BLUE(10)   TYPE C VALUE 'BULE',
 93▶        V_RESULT(10) TYPE C.
 94▶
 95▶  *  IF文
 96▶    IF V_TEXT1 = V_BLUE.
 97▶
 98▶      V_RESULT = V_TEXT1.
 99▶
100▶    ELSEIF V_TEXT2 = V_BLUE.
101▶
102▶      V_RESULT = V_TEXT2.
103▶
104▶    ELSEIF V_TEXT3 = V_BLUE.
105▶
106▶      V_RESULT = V_TEXT3.
107▶
108▶    ELSE.
109▶
110▶      V_RESULT = 'BLACK'.
111▶
112▶    ENDIF.
```

この条件分岐だと、V_RESULTには'BLUE'が代入されます

・CASE 文

```
CASE  <項目または値>.
  WHEN  <比較項目または比較値>.
    処理
  WHEN  <比較項目または比較値>.
    処理
  WHEN  OTHERS.
    処理
ENDCASE.
```

CASE文を使用したコーディング例

```
114
115 ▶  *  CASE文①
116 ▶ ⊟  CASE 'BULE'.
117 ▶      WHEN V_TEXT1.
118 ▶
119 ▶        V_RESULT = V_TEXT1.
120 ▶
121 ▶      WHEN V_TEXT2.
122 ▶
123 ▶        V_RESULT = V_TEXT2.
124 ▶
125 ▶      WHEN V_TEXT3.
126 ▶
127 ▶        V_RESULT = V_TEXT3.
128 ▶
129 ▶      WHEN OTHERS.
130 ▶
131 ▶    ENDCASE.
132 ▶
133 ▶  *  CASE文②
134 ▶ ⊟  CASE V_TEXT2.
135 ▶      WHEN 'RED'.
136 ▶
137 ▶        V_RESULT = 'RED'.
138 ▶
139 ▶      WHEN 'BLUE'
140 ▶
141 ▶        V_RESULT = 'BLUE'.
142 ▶
143 ▶      WHEN 'YELLOW'.
144 ▶
145 ▶        V_RESULT = 'YELLOW'.
146 ▶
147 ▶      WHEN OTHERS.
148 ▶
149 ▶        V_RESULT = 'BLACK'.
150 ▶
151 ▶    ENDCASE.
```

この場合も、Ｖ_RESULTには'BLUE'が代入されます

巻末資料

345

内部テーブル使用命令一覧

内部テーブルへの操作は、下記の命令文を使用します。「itab」は内部テーブル、「wa」は構造の略語です。「wa」は「itab」と互換性を持たなければなりません。

なお、COLLECT命令は、数値データが集計の対象で、対象以外の項目が集計のキーになります。

◆行の挿入

行の挿入は、タンスに物を収納していくイメージとなります。

・指定行に挿入

```
INSERT wa INTO itab INDEX i.
```

・テーブルごと挿入

```
INSERT LINES OF itab1 INTO TABLE itab2.
```

・最後に追加

```
APPEND wa TO itab.
```

・テーブルごと追加

```
APPEND  LINES OF itab1 TO itab2.
```

・集計

```
COLLECT wa INTO itab.
```

◆行の変更

タンスに収納しているものを変更するイメージです。なお、「wa」は「itab」と互換性を持たなければなりません。

```
MODIFY  TABLE itab FROM  wa  [オプション].
```

オプションの値	
値	**内容**
TRANSPORTING 項目 1 項目 2 ...	特定の項目への変更
WHERE ＜条件式＞.	特定行への変更

◆行の削除

　条件にもとづいた該当段のタンスの中身をすべてなくすイメージです。なお、「wa」は「itab」と互換性を持たなければなりません。

・同一 1 次キーを持つ行を削除

```
DELETE  TABLE  itab  FROM  wa.
```

・指定したキー値を持つ行を削除

```
DELETE  TABLE  itab  WITH TABLE KEY キー1 = 項目1…キーn = 項目n.
```

・条件に合致するデータを削除

```
DELETE  itab  WHERE  ＜条件式＞.
```

◆ループ

　タンスの引き出しを1つ1つ開けて中身を確認していくイメージです。

```
LOOP AT itab INTO wa [オプション].
  :
ENDLOOP.
```

オプションの値	
値	**内容**
WHERE ＜条件式＞	条件に合致する行のみ読み込み対象

347

◆データ読み込み

タンスの特定の引き出しを選び、中身を確認するイメージです。

検索が成功の場合は、システム変数のリターンコード（SY-SUBRC）に0がセットされます。失敗の場合は、4がセットされます。また、キーで検索するのではなく、INDEX iと指定して行数で検索も可能です。データ有無の確認のみの場合は、INTO waを指定せず、TRANSPORTING NO FIELDSと指定します。

・テーブルキーを指定しての検索

```
READ TABLE itab INTO wa WITH TABLE KEY k1 = f1 ... kn = fn.
```

・任意のキーを指定しての検索

```
READ TABLE itab INTO wa WITH KEY      k1 = f1 ... kn = fn.
```

◆格納データの削除

タンスの収納物をすべて取り出すイメージです。

```
CLEAR itab.
```

◆メモリ領域の開放

タンス自体をなくしてしまうイメージです。

```
FREE itab.
```

◆行数の確認

収納物が入っている段の数を数えるイメージです。

```
DESCRIBE TABLE itab LINES i.
```

◆ソート

ルールに従って段を並べ変えるイメージです。

```
SORT itab [オプション].
```

オプションの値

値	内容
ASCENDING	昇順ソート（指定なしも昇順となる）
DESCENDING	降順ソート
BY 項目 1 [ASCENDING¦DESCENDING] 項目 2 [ASCENDING¦DESCENDING]...	指定した項目順にソートされ、項目ごとに昇順／降順の指定が可能

内部テーブル関連のコーディング例

```
154▶  * データ定義
155▶⊟ TYPES: BEGIN OF TYP_LINE,
156▶    FIELD1 TYPE I,
157▶    FIELD2 TYPE I,
158▶  END OF TYP_LINE.
159▶
160▶  DATA:
161▶    T_TABLE1 TYPE STANDARD TABLE OF TYP_LINE,   " 内部テーブル
162▶    T_TABLE2 TYPE STANDARD TABLE OF TYP_LINE,   " 内部テーブル
163▶    S_STRUC TYPE TYP_LINE,   " 構造
164▶    V_LINES TYPE I.          " 数値項目
165▶
166▶  * データ挿入
167▶    S_STRUC-FIELD1 = 1.
168▶    S_STRUC-FIELD2 = 1.
169▶    INSERT S_STRUC INTO T_TABLE1 INDEX 1.
170▶⊟ DO 5 TIMES.
171▶    S_STRUC-FIELD1 = S_STRUC-FIELD2.
172▶    S_STRUC-FIELD2 = S_STRUC-FIELD2 + 1.
173▶    APPEND S_STRUC TO T_TABLE1.
174▶  ENDDO.
175▶  APPEND LINES OF T_TABLE1 TO T_TABLE2.
176▶
177▶  * データ変更
178▶    MODIFY T_TABLE2 FROM S_STRUC
179▶      TRANSPORTING FIELD1 WHERE FIELD1 = 1.
180▶
181▶  * ループ
182▶⊟ LOOP AT T_TABLE1 INTO S_STRUC.
183▶    * データ読み込み
184▶    READ TABLE T_TABLE2 INTO S_STRUC
185▶      WITH KEY FIELD1 = S_STRUC-FIELD1.
186▶
187▶⊟    IF SY-SUBRC = 0.
188▶    *    データ削除
189▶      DELETE T_TABLE2 WHERE FIELD1 = S_STRUC-FIELD1.
190▶    ENDIF.
191▶  ENDLOOP.
192▶
193▶  * 件数確認
194▶    DESCRIBE TABLE T_TABLE2 LINES WK_LINES.
195▶  * ソート
196▶    SORT T_TABLE2 BY FIELD1 DESCENDING.
197▶  * データ全削除
198▶    CLEAR T_TABLE2.
199▶  * メモリ領域の開放
200▶    FREE T_TABLE2.
201▶
```

▶▶ データベーステーブル使用命令一覧

SAP標準テーブルや、アドオンテーブルへの操作は、下記の命令文を使用します。
「itab」は内部テーブル、「dbtab」はデータベーステーブル、「wa」は構造の略語です。

◆抽出

SELECT句は抽出する項目の指定、INTO句は格納先の指定（指定なしでも可）、
FROM句は抽出元データベース指定、WHERE句は条件指定（指定なしでも可）
になります。

・項目指定

```
SELECT <抽出項目1>…<抽出項目n> FROM dbtab INTO TABLE itab WHERE <選択条件>.
```

・全項目

```
SELECT * FROM dbtab INTO TABLE itab WHERE <選択条件>.
```

全項目は「*」と指定します。INTO句、WHERE句はなくても問題ありません。

・SINGLE 指定

```
SELECT SINGLE * FROM dbtab INTO wa WHERE <選択条件>.
```

必ず該当が1件になるように、1次キー項目をすべて指定します。

・件数カウント

```
SELECT COUNT(*) INTO count FROM dbtab WHERE <選択条件>.
```

選択条件に合ったデータの件数がcountに格納されます。

◆挿入

・単一行の挿入

```
INSERT INTO dbtab VALUES wa.
```

・単一行の挿入

```
INSERT dbtab FROM wa.
```

・複数行の挿入

```
INSERT dbtab FROM TABLE itab [オプション].
```

オプションの値	
値	**内容**
ACCEPTING DUPLICATE KEYS	重複行挿入時にリターンコード(SY-SUBRC)が4となる。MODIFYも同じ機能を果たすが、パフォーマンスはあまり良くない

◆ 変更

・単一行の変更

```
UPDATE dbtab SET <項目1> = <セット値>
                 <項目2> = <セット値>... [オプション].
```

オプションの値	
値	**内容**
WHERE <選択条件>	dbtabの特定項目に更新を行う。WHERE条件を指定しない場合はすべての行が変更される

・単一行の変更(別法)

```
UPDATE dbtab FROM wa.
```

　waと同一の1次キーを持つ行が変更されます。MODIFYも同じ機能を果たしますが、パフォーマンスはあまり良くありません。

・複数行の変更

```
UPDATE dbtab FROM TABLE itab.
```

　itabのデータと同一の1次キーを持つ行が変更されます。MODIFYも同じ機能を果たしますが、パフォーマンスはあまり良くありません。

◆削除

・単一行の削除

```
DELETE dbtab FROM wa.
```

　waと同一の1次キーを持つ行が変更されます。

・複数行の削除

```
DELETE dbtab FROM TABLE itab.
```

　itabの同一の1次キーを持つ行が変更されます。

・条件を使用した行の削除

```
DELETE FROM dbtab WHERE <選択条件>.
```

　条件を満たすデータベースのすべての行が削除されます。

データベーステーブル操作のコーディング例

```abap
* データ定義
TYPES: BEGIN OF TYP_BSEG,
  BELNR TYPE BSEG-BELNR,   " 会計伝票の伝票番号
  BUSEI TYPE BSEG-BUZEI,   " 会計伝票の明細番号
END OF TYP_BSEG.

DATA: T_BSEG1 TYPE STANDARD TABLE OF TYP_BSEG,  " 内部テーブル
      T_BSEG2 TYPE STANDARD TABLE OF BSEG,      " 内部テーブル
      S_BSEG1 TYPE BSEG,   " 標準テーブルBSEGの項目を参照した構造
      V_COUNT TYPE I.      " 数値項目

* データ抽出(項目指定)
SELECT BELNR
       BUZEI
  FROM BSEG
  INTO TABLE T_BSEG1
  WHERE BUKRS = 'X999'
    AND GJAHR = '2018'
    AND HKONT = '9999999999'.

* データ抽出(全項目)
SELECT *
  FROM BSEG
  INTO TABLE T_BSEG2
  WHERE BUKRS = 'X999'
    AND GJAHR = '2018'.

* データ抽出(SELECT SINGLE)
SELECT SINGLE *
  FROM BSEG
  INTO S_BSEG1
  WHERE BUKRS = 'X999'
    AND BELNR = '1234555'
    AND GJAHR = '2018'
    AND BUZEI = 1.

* 件数カウント
SELECT COUNT(*)
  INTO V_COUNT
  FROM BSEG
  WHERE BUKRS = 'X999'
    AND BELNR = '1234555'
    AND GJAHR = '2018'
    AND BUZEI = 1.

* データ定義
DATA:S_TABOO TYPE TABOO,
     T_TABOO TYPE STANDARD TABLE OF TABOO.

* 単一行挿入(定義済みアドオンテーブルTABOOへ)
S_TABOO-BELNR = S_BSEG-BELNR.  " 上記で取得したS_BSEGの伝票番号
S_TABOO-BUSEI = S_BSEG-BUSEI.  " 上記でSELECTしたS_BSEGセット値
S_TABOO-FLAG  = SPACE.
INSERT TABOO
  FROM S_BSEG2.

* 複数行挿入(定義済みアドオンテーブルへ)
INSERT TABOO FROM TABLE T_BSEG1.

* 更新(項目指定)
UPDATE TABOO SET BUSEI = '2019'.
```

巻末資料

353

▶▶ 文字列操作の命令一覧

文字列に対する操作は、下記の命令文を使用します。

・連結

```
CONCATENATE <文字列1> <文字列2>…<文字列n> INTO <結合結果> [オプション].
```

<文字列1>～<文字列n>、オプションの<区切文字>には「文字列が格納されている変数」と「文字列そのもの」を指定することができます。<文字列1>～<文字列n>の文字列を結合して<結合結果>に格納します。

オプションで指定した文字列を<文字列1>…<文字列n>の間に配置することができます。

オプションの値	
値	**内容**
SEPARATED BY <区切文字>	結合する文字列の間に追加したい文字列を指定

・分割

```
SPLIT <分割対象> AT <区切文字> INTO <項目1> <項目2>…<項目n>.
```

<分割対象>の文字列から<区切文字>を検索し、区切文字前後部分を<項目1>…<項目n>に格納します。格納項目数が不足した場合は、残りの文字列が区切文字を含んだまま最後の項目に格納されます。

・文字列シフト

```
SHIFT <文字列> [BY n PLACES] [mode].
```

「BY n PLACES」を省略すると、nは1として解釈されます。nが0または負の値の場合、文字列は変更されません。nが文字列の長さを超えると、文字列は空白で埋め込まれます。

また、modeを「LEFT」にした場合は、位置がn個分左に移動され、右端に移動した分の空白が追加されます。modeを「RIGHT」にした場合は、位置がn個分右に移動され、左端に移動した分の空白が追加されます。modeを「CIRCULAR」にした場合は、文字列を周期的に移動します。右側のn個分の文字が左に移動され、左側のn個の文字が右に移動されます。modeを指定しない場合は、LEFTが設定されます。

オプションの値	
値	**内容**
BY n PLACES	文字列がn個分移動する
mode	LEFT、RIGHTまたはCIRCULARを指定する

・検索

```
FIND [オプション] <検索文字列> IN <文字列>.
```

　文字列の中から対象の文字列を検索します。見つかった場合は、システム変数SY-SUBRCに0が自動で設定されます。

オプションの値	
値	**内容**
FIRST OCCURRENCE OF	初回発生のもののみを検索
ALL OCCURRENCES OF	検索文字列をすべて検索

・圧縮

```
CONDENSE <文字列> [オプション].
```

　<文字列>に含まれる空白を削除します。空白が連続している場合は、1つの空白に置換されます。

オプションの値	
値	内容
NO-GAPS	すべての空白が削除される

・置換

```
REPLACE <置換対象> IN <文字列> WITH <置換文字列>.
```

<文字列>から<置換対象>を検索し、<置換文字列>に変換します。

・変換

```
TRANSLATE <文字列> TO UPPER CASE.
TRANSLATE <文字列> TO LOWER CASE.
```

<文字列>が大文字（UPPER CASE）または小文字（LOWER CASE）に変換されます

・上書き

```
OVERLAY <文字列> WITH <上書き文字列> [オプション].
```

<上書き文字列>で<文字列>を上書きします。オプションを使用すると、<文字列>内で上書きする対象を限定することができます。

オプションの値	
値	内容
ONLY <文字列>	上書き対象の限定

文字列操作のコーディング例

```
268▶  * データ定義
269▶  DATA:
270▶    V_ABC(3)   TYPE C VALUE 'ABC',
271▶    V_DEF(3)   TYPE C VALUE 'DEF',
272▶    V_GHI(3)   TYPE C VALUE 'GHI',
273▶    V_HYP(1)   TYPE C VALUE '-',
274▶    V_CHAR(11) TYPE C,
275▶    V_C1(3)    TYPE C,
276▶    V_C2(3)    TYPE C,
277▶    V_C3(3)    TYPE C.
278▶
279▶  * 連結
280▶  CONCATENATE V_ABC V_DEF V_GHI INTO V_CHAR SEPARATED BY V_HYP.
281▶  ┌ " V_CHARに'ABC-DEF-GHI'が格納される
282▶  └ " 連結合対象や区切文字は、変数ではなく文字列でも問題なし。下記でも同じ結果となる
283▶  CONCATENATE 'ABC' 'DEF' 'GHI' INTO V_CHAR SEPARATED BY '-'.
284▶
285▶  * 分割
286▶  SPLIT V_CHAR AT V_HYP INTO V_C1 V_C2 V_C3.
287▶  ┌ " INTO後のそれぞれの変数に下記の値が格納されます
288▶  └ " V_C1 = 'ABC'  V_C2 = 'DEF'  V_C3 = 'GHI'
289▶
290▶  * 文字列シフト
291▶  V_CHAR = 'ABCDEFGHIJK'.
292▶  SHIFT V_CHAR BY 3 PLACES RIGHT.
293▶  " V_CHARに'   ABCDEFGH'が格納されます
294▶
295▶  * 検索
296▶  V_CHAR = 'ABCDEFGHIJK'.
297▶  FIND V_ABC IN V_CHAR.
298▶  " V_CHARにはV_ABC('ABC')が含まれているため、SY-SUBRCには0がセットされます
299▶
300▶  * 圧縮
301▶  V_CHAR = 'ABC DEF  GHI'.
302▶  CONDENSE V_CHAR.
303▶  " V_CHARは'ABCDEF GHI'となります
304▶  CONDENSE V_CHAR NO-GAPS.
305▶  " V_CHAR全ての空白が削除され'ABCDEFGHI'となります
306▶
307▶  * 置換
308▶  V_CHAR = 'ABC-DEF-GHI'.
309▶  REPLACE '-' IN V_CHAR WITH 'X'.
310▶  " V_CHARは'ABCXDEFXGHI'となります
311▶
312▶  * 変換
313▶  V_CHAR = 'abcdefghi'.
314▶  TRANSLATE V_CHAR TO UPPER CASE.
315▶  " V_CHARは'ABCDEFGHI'となります
316▶  V_CHAR = 'ABCDEFGHI'.
317▶  TRANSLATE V_CHAR TO LOWER CASE.
318▶  " V_CHARは'abcdefghi'となります
319▶
320▶  * 上書き
321▶  V_CHAR = 'ABCDEFGHIJ'.
322▶  OVERLAY V_CHAR WITH 'XYZ' ONLY V_DEF.
323▶  " V_CHARには、'DEF'が'XYZ'に上書きされた'ABCXYZGHIJ'が格納されます
324▶
```

▶▶ ループ処理命令

　DO WHILEを使用したループ命令は、以下のように記述します。LOOP命令の使い方は、内部テーブル使用命令一覧を参照してください。

◆DO ループ命令

・回数を指定しないループ

```
DO.
  :
ENDDO.
```

　DO 〜 ENDDO内の処理で、強制終了命令を発行しない場合は無限ループ状態となります。

・回数を指定するループ

```
DO n TIMES.
  :
ENDDO.
```

　指定した回数（n）分だけDO 〜 ENDDO内の処理を繰り返し行います。

◆WHILE ループ命令

```
WHILE <条件式>.
  :
ENDWHILE.
```

　条件が真の間、WHILE 〜 ENDWHILE内の処理を繰り返し行います。

◆強制終了命令（すべてループ内以外でも使用可能）

・CHECK 命令

```
CHECK <条件式>.
```

　条件が真の場合のみ、以降の処理が行われます。ループ内の場合、条件が偽となると次のループ処理が行われます。

・CONTINUE 命令

```
CONTINUE.
```

現在のループパスを終了し、次のループ処理が行われます。

・EXIT 命令

```
EXIT.
```

ループ処理を終了します（次のループへ行かない）。

ループ処理のコーディング例

```
325▶
326▶⊟* 回数を指定しないループ
327▶└ * V_COUNTが3になった際、ループを終了します
328▶    DATA V_COUNT TYPE I.
329▶    V_COUNT = 1.
330▶
331▶⊟  DO.
332▶│     V_COUNT = V_COUNT + 1.
333▶⊟     IF V_COUNT = 3.
334▶         EXIT.
335▶│     ENDIF.
336▶└  ENDDO.
337▶
338▶⊟* 回数を指定するループ
339▶└ * ループ終了時、V_COUNTは6となっています
340▶    V_COUNT = 1.
341▶
342▶⊟  DO 5 TIMES.
343▶│     V_COUNT = V_COUNT + 1.
344▶└  ENDDO.
345▶
346▶⊟* 条件ループ
347▶│ * V_COUNTが5になった際、V_FLAGに'X'がセットされるため
348▶└ * ループ条件が偽となり終了する
349▶    DATA:V_FLAG TYPE ABAP_BOOL.
350▶    V_FLAG = SPACE.
351▶⊟  WHILE V_FLAG = SPACE.
352▶│     V_COUNT = V_COUNT + 1.
353▶⊟     IF V_COUNT = 5.
354▶         V_FLAG = 'X'.
355▶│     ENDIF.
356▶└  ENDWHILE.
357▶
358▶   * 強制終了命令
359▶⊟  TYPES:BEGIN OF TYP_DATA,
360▶│     NO(3)     TYPE N,
361▶│     FIELD(10) TYPE C,
362▶└  END OF TYP_DATA.
363▶
364▶   DATA:T_DATA TYPE STANDARD TABLE OF TYP_DATA,
365▶        S_DATA TYPE TYP_DATA.
366▶
367▶⊟ LOOP AT T_DATA INTO S_DATA.
368▶│    CHECK V_FLAG = SPACE.
369▶⊟    IF S_DATA-NO = 5.
370▶        V_FLAG = 'X'.
371▶│    ELSE.
372▶│       CONTINUE.
373▶│    ENDIF.
374▶└  ENDLOOP.
375▶
```

巻末資料

359

▶▶ 画面出力関連の命令一覧

　画面にデータを出力する際の最も基本的な命令を紹介します。下記の命令を使用すると、図○○のように単純なデータ出力を行うことが可能です。

・WRITE 命令

```
WRITE <項目>.
```

　画面へデータ出力します。<項目>には、「出力したい内容が格納されている変数」や「出力したい内容そのもの」を指定することができます。

・ULINE 命令

```
ULINE.
```

　また、次のように記述できます。

```
ULINE  AT  出力位置(出力長).
```

　下線を出力します（SY-ULINEと同じ）。ATオプションを使用すると、出力位置と出力長が指定できます。

・SKIP 命令

```
SKIP.
```

　また、次のように記述できます。

```
SKIP  n.
```

　空白行を出力します。nに行数を指定することができます。

・NEW-LINE 命令（改行）

```
NEW-LINE.
```

・NEW-PAGE 命令（改ページ）

```
NEW-PAGE.
```

画面出力関連のコーディング例

```
378
379  WRITE 'Sunday'.
380  WRITE 'Monday'.
381  ULINE /.
382  SKIP.
383  WRITE /'Tuesday'.
384  WRITE /10 'Wednesday'.
385  SKIP 2.
386  ULINE 5(30).
387  WRITE 'Thursday'.
388  NEW-PAGE.
389  WRITE 'Friday'.
390  NEW-LINE.
391  WRITE 'Saturday'.
392
```

出力結果

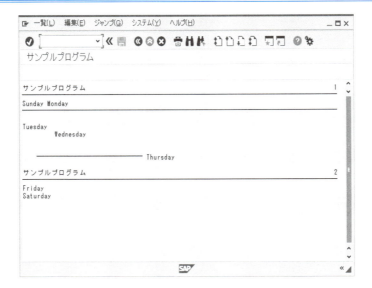

ファイル処理関連

ファイル処理に関しては、アプリケーションサーバ上と、プレゼンテーションサーバ上（ローカルPC上）での処理方法が異なります。

◆アプリケーションサーバでのファイル処理

アプリケーションサーバへのファイル入出力は、命令文の発行にて行います。プレゼンテーションサーバへの入出力に関しましては、SAP標準の汎用モジュールを使用します。

アプリケーションサーバでのファイル処理の流れは、ファイルオープン➡ファイル読込または書込➡ファイルクローズになります。

・ファイルオープン

```
OPEN  DATASET <ファイル名> [オプション]
```

<ファイル名>には、ファイルパスとファイル名を結合して指定します。FOR INPUT、FOR APPENDING指定時に、ファイルが存在しない場合はエラーとなります。MODEは、記載を省略すると、TEXT MODEとなります。

オプションの値	
値	**内容**
FOR INPUT	ファイル読み込み時
FOR OUTPUT	ファイル書き込み時
FOR APPENDING	ファイルデータ追加時
IN BINARY MODE	データをバイト単位で処理
IN TEXT MODE	データを行単位で処理

・ファイル読み込み

```
READ  DATASET <ファイル名> INTO wa [オプション].
```

<ファイル名>にはファイルパスとファイル名を結合して指定します。waに読み込んだデータが格納されます。waはファイル構造と互換性がなければなりません。

オプションの値	
値	**内容**
LENGTH len	読み込んだデータの長さ

・ファイル書き込み

```
TRANSFER wa TO <ファイル名>[オプション].
```

<ファイル名>にはファイルパスとファイル名を結合して指定します。waは、ファイルに転送したいデータです。waは、ファイル構造と互換性がなければなりません。

オプションの値	
値	**内容**
LENGTH len	書き込んだデータの長さ

・ファイルクローズ

```
CLOSE DATASET <ファイル名>.
```

<ファイル名>にはファイルパスとファイル名を結合して指定します。

・ファイル削除

```
DELETE DATASET <ファイル名>.
```

<ファイル名>にはファイルパスとファイル名を結合して指定します。

	アプリケーションサーバファイル処理関連のコーディング例

```
394    * 選択画面定義
395    PARAMETERS: P_FILE TYPE RLGRAP-FILENAME. " ファイルパス＋ファイル名
396
397    * 変数定義
398    TYPES: BEGIN OF TYP_LFA1,
399      LIFNR TYPE LFA1-LIFNR,   " 仕入先
400      NAME1 TYPE LFA1-LAND1,   " 国
401    END OF TYP_LFA1.
402
403    DATA: S_LFA1 TYPE TYP_LFA1,   " 構造
404          T_LFA1 TYPE STANDARD TABLE OF TYP_LFA1. " 内部テーブル
405
406    * データ取得(仕入先マスタ)
407    SELECT LIFNR
408           NAME1
409      FROM LFA1
410      INTO TABLE T_LFA1
411      WHERE LAND1 = 'JP'.
412
413    * ファイル書き込み
414    OPEN DATASET P_FILE IN TEXT MODE FOR OUTPUT ENCODING DEFAULT.
415    LOOP AT T_LFA1 INTO S_LFA1.
416      TRANSFER S_LFA1 TO P_FILE.
417    ENDLOOP.
418    CLOSE DATASET P_FILE.
419
420    * ファイル読み込み
421    CLEAR S_LFA1.
422    REFRESH T_LFA1.
423    OPEN DATASET P_FILE IN TEXT MODE FOR INPUT ENCODING DEFAULT.
424    READ DATASET P_FILE INTO S_LFA1.
425    APPEND S_LFA1 TO T_LFA1.
426    CLOSE DATASET P_FILE.
427
```

◆プレゼンテーションサーバでのファイル処理

プレゼンテーションサーバのファイル処理は、SAPの標準汎用モジュールを使
用します。

・アップロード

汎用モジュール：GUI_UPLOAD

TABLEパラメータのDATA_TABは、アップロードファイルのデータ構造と互
換性がなければなりません。

364

主な引数		
パラメータ	**引数**	**内容**
IMPORTパラメータ	FILENAME	ファイルパス＋ファイル名
	FILETYPE	ファイルタイプ（ASC、BIN、DAT）
	CODEPAGE	アップロードファイルの文字コード
TABLEパラメータ	DATA_TAB	アップロードされたデータを格納する内部テーブル

・ダウンロード

汎用モジュール：GUI_DOWNLOAD

　TABLEパラメータのDATA_TABは、アップロードファイルのデータ構造と互換性がなければなりません。

主な引数		
パラメータ	**引数**	**内容**
IMPORTパラメータ	FILENAME	ファイルパス＋ファイル名
	FILETYPE	ファイルタイプ（ASC、BIN、DAT）
	CODEPAGE	ダウンロードファイルの文字コード
TABLEパラメータ	DATA_TAB	ダウンロードデータが格納されている内部テーブル

プレゼンテーションサーバファイル処理関連のコーディング例

```abap
430
431  * 変数定義
432  DATA:V_FILENAME TYPE STRING,    " ファイル名
433       V_FILETYPE TYPE CHAR10,    " ファイルタイプ
434       T_DATA     TYPE STANDARD TABLE OF ZTEST. " アップロードデータ格納用
435
436  * パラメータ設定
437  V_FILENAME = 'C:\upload\upload_test.txt'.  " ファイル名
438  V_FILETYPE = 'ASC'.                        " ファイルタイプ
439
440  * ファイルアップロード
441  CALL FUNCTION 'GUI_UPLOAD'
442    EXPORTING
443      FILENAME                = V_FILENAME
444      FILETYPE                = V_FILETYPE
445    TABLES
446      DATA_TAB                = T_DATA
447    EXCEPTIONS
448      FILE_OPEN_ERROR         = 1
449      FILE_READ_ERROR         = 2
450      NO_BATCH                = 3
451      GUI_REFUSE_FILETRANSFER = 4
452      INVALID_TYPE            = 5
453      NO_AUTHORITY            = 6
454      UNKNOWN_ERROR           = 7
455      BAD_DATA_FORMAT         = 8
456      HEADER_NOT_ALLOWED      = 9
457      SEPARATOR_NOT_FOUND     = 10
458      HEADER_TOO_LONG         = 11
459      UNKNOWN_DP_ERROR        = 12
460      ACCESS_DENIED           = 13
461      DP_OUT_OF_MEMORY        = 14
462      DISK_FULL               = 15
463      DP_TIMEOUT              = 16
464      OTHERS                  = 17.
465
466  IF SY-SUBRC = 0.
467  * リターンコード0(正常終了)
468    ELSE.
469  * リターンコード0以外(異常終了)
470    ENDIF.
471
472  * パラメータ設定
473  V_FILENAME = 'C:\upload\upload_test.txt'.  " ファイル名
474  V_FILETYPE = 'ASC'.                        " ファイルタイプ
475
476  * ファイルダウンロード
477  CALL FUNCTION 'GUI_DOWNLOAD'
478    EXPORTING
479      FILENAME                = V_FILENAME
480      FILETYPE                = V_FILETYPE
481    TABLES
482      DATA_TAB                = T_DATA
483    EXCEPTIONS
484      FILE_WRITE_ERROR        = 1
485      NO_BATCH                = 2
486      GUI_REFUSE_FILETRANSFER = 3
487      INVALID_TYPE            = 4
488      NO_AUTHORITY            = 5
489      UNKNOWN_ERROR           = 6
490      HEADER_NOT_ALLOWED      = 7
491      SEPARATOR_NOT_FOUND     = 8
492      FILESIZE_NOT_ALLOWED    = 9
493      HEADER_TOO_LONG         = 10
494      DP_ERROR_CREATE         = 11
495      DP_ERROR_SEND           = 12
496      DP_ERROR_WRITE          = 13
497      UNKNOWN_DP_ERROR        = 14
498      ACCESS_DENIED           = 15
499      DP_OUT_OF_MEMORY        = 16
500      DISK_FULL               = 17
501      DP_TIMEOUT              = 18
502      FILE_NOT_FOUND          = 19
503      DATAPROVIDER_EXCEPTION  = 20
504      CONTROL_FLUSH_ERROR     = 21
505      OTHERS                  = 22.
506
507  IF SY-SUBRC = 0.
508  * リターンコード0(正常終了)
509    ELSE.
510  * リターンコード0以外(異常終了)
511    ENDIF.
512
```

▶▶ サブルーチン

ABAPでは、処理のかたまりを部品化して、プログラム内のさまざまなタイミングで呼び出して使用することができます。部品化された処理のかたまりのことをサブルーチンと呼びます。

・サブルーチン定義

```
FORM <サブルーチン名>.
  ：
ENDFORM.
```

サブルーチン名は、任意の名称を指定します。FORMとENDFORMの間に処理を記載します。

・サブルーチン呼び出し

```
PERFORM <サブルーチン名>.
```

定義済のサブルーチン名を指定します。サブルーチン処理後、呼び出し元に戻り処理が続行されます。

◆パラメータの受け渡し

サブルーチン呼び出し時にデータの受け渡しを行うことができます。

・呼び出し

```
PERFORM <サブルーチン名> USING    <項目または固定値>
                        CHANGING <項目または固定値>
                        TABLES   <内部テーブル>.
```

「USING」は、項目または固定値の引き渡し時に使用します。引き渡された項目の値をサブルーチン内で変更しても呼び出し元は変わりません。

「CHANGING」は、項目または固定値の引き渡しと、引き渡された項目値の変更時に使用します。引き渡された項目の値をサブルーチン内で変更すると、呼び

367

出し元の項目値も書き換わります。

「TABLES」は、内部テーブルの引き渡しと、引き渡された内部テーブルの変更時に使用します。引き渡された内部テーブル内の値をサブルーチン内で変更すると呼び出し元の内部テーブル内の値も書き換わります。

・定義

```
FORM <サブルーチン名> USING    <項目>
                     CHANGING <項目>
                     TABLES   <内部テーブル>.
  :
ENDFORM.
```

◆サブルーチン内のデータ定義

サブルーチン内でもデータ定義（単一項目や構造、内部テーブルの作成）を行うことはできますが、サブルーチン内のみでしか使用できません。

データ宣言部分で定義した変数をグローバル変数と呼ぶのに対し、サブルーチン内で定義した変数はローカル変数と呼ばれます。

サブルーチンの定義・呼び出しのコーディング例

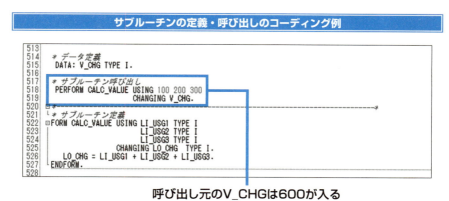

呼び出し元のV_CHGは600が入る

▶▶ メッセージ

メッセージは、さまざまな機能で、汎用的に使用できるように登録しておくことが可能です。メッセージが集まったグループのようなものを、メッセージクラスと言います。メッセージクラスは、12-4節の「Add-on開発でよく使うトランザクション」で紹介したトランザクションSE91にて登録できるメッセージのグループ名のようなものです。プロジェクトごとに作成したり、財務会計用、在庫管理用など、モジュールごとに作成したり、自由に設定可能です。

プログラムでエラーなどが発生した場合に、メッセージを出力することができます。下記の命令文を使用してメッセージを出力します。

・メッセージクラス指定あり

```
MESSAGE ID <メッセージクラス> TYPE <メッセージタイプ> NUMBER <メッセージ番号> [オプション].
```

```
MESSAGE <メッセージタイプ><メッセージ番号>(<メッセージクラス>) [オプション].
```

オプションの値	
値	**内容**
WITH <項目または値1> ... <項目または値4>	指定メッセージ内に含まれるアンパサンド文字(&)部分に値を転送することができる（最大4つ）
DISPLAY LIKE <メッセージタイプ>	見た目だけ指定した別のメッセージタイプで出力しているように見せることができる

メッセージタイプはA、E、I、S、WまたはXのいずれかが指定できます。メッセージタイプA、E、Xは、主に異常発生時に使用し、メッセージ出力と同時に処理が終了したりするため注意が必要です。

巻末資料

369

メッセージタイプの種類

メッセージタイプ	内容
A	強制終了
E	エラー
I	情報
S	ステータス
W	警告
X	終了

・メッセージクラス指定なし

```
MESSAGE <メッセージタイプ><メッセージ番号> [オプション].
```

　この記述法を使用する場合は、プログラムのはじめに使用するメッセージクラスを宣言しておく必要があります。オプションは、メッセージクラス指定ありと同様です。

メッセージクラス

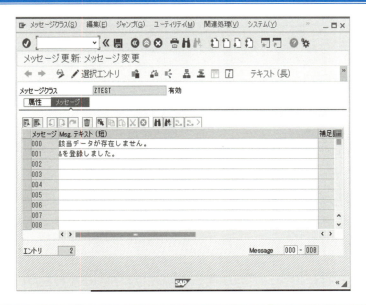

メッセージ出力のコーディング例

```
 1  *&---------------------------------------------------------------------*
 2  *& Report  Z_TEST_MESSAGES
 3  *&
 4  *&---------------------------------------------------------------------*
 5  *&
 6  *&
 7  *&---------------------------------------------------------------------*
 8
 9  REPORT Z_TEST_MESSAGES MESSAGE-ID ZTEST.
10
11  * メッセージクラス指定なし
12    MESSAGE S001.
13    " メッセージクラスZTESTのメッセージ番号001の正常メッセージを出力
14
15  * メッセージクラス指定あり
16    MESSAGE S002(ZTEST) WITH TEXT-001 DISPLAY LIKE 'E'.
17    " メッセージクラスZTESTのメッセージ番号001のメッセージを出力
18    " 正常メッセージだが、DISPLAY LIKEオプションで見た目はエラーメッセージ
19
```

巻末資料

巻末資料②

SAP用語集

SAPで使われている専門用語について解説します。

◆ALV

ABAP List Viewerの略で、リスト表示を行うことができる機能です。リストタイプ、およびExcelのような表形式のグリッドタイプの2種類のタイプが用意されています。

リストタイプは、表示だけのタイプですが、グリッドタイプは、ツールバーを表示させることができ、項目の表示・非表示の制御、ソート、フィルタ、ダウンロード、集計などの操作ができます。

ALVは、汎用モジュールを使用して実装するので、アドオンプログラムでALVを使用したい場合は、汎用モジュールの使い方を理解している必要があります。

◆Background Processing（バックグラウンド処理）

画面からオンラインでデータ入力を行う処理に対して、ジョブと呼ばれる一連のバッチ処理手順をあらかじめ登録しておき、データを一括で処理する方法をバックグラウンド処理と言います。オンライン処理の裏で行う処理とも言えます。

実行するプログラムやバリアント、実行時刻、実行間隔などをジョブに登録して使用します。例えば、「毎月月末の夜間○○時に実行させる」などのように、一定期間ごとに実行するようスケジューリングを行い、大量データをまとめて処理することができます。

即時性がなく、期限までに間に合えば済むようなデータ処理は、バックグラウンドでのバッチ処理が有効であると考えます。

◆Batch Input（バッチインプット）

データを登録する方法の1つで、あらかじめExcelなどでSAPに登録したいデータを作っておきます。これをABAPプログラムなどを使い、ユーザが画面からデータを入力したかのように画面遷移をさせながら、一括でデータを取り込む方法の

ことです。

例えば、ABAPプログラム上に、プログラム名、Dynpro番号、機能コード、入力項目の名称などを指定してバッチインプットプログラムを作り、外部システムから、夜間に、大量の会計伝票などを取り込むという場合に使います。

◆Client（クライアント）

000 ～ 999までの3桁の数字で構成される、独立したデータ管理を行うことができる環境のことです。SAPにLOGONする際に入力が求められます。1つのサーバ上に複数のクライアントを作成することができ、開発用とかサンドボックス用、プロトタイプ実施用、システムテスト用、移行テスト用、トレーニング用などにクライアントを分けて使います。クライアント別にデータを保持することができますし、パラメータ設定を行うこともできます。

ただし、パラメータには、クライアント依存とクライアント非依存の2種類があり、このクライアント非依存（例：xxxの有効化パラメータなど）のパラメータは、各クライアント間で共通で使用しますので、パラメータの管理に注意が必要です。

◆Fiori（フィオーリ）

SAP S/4 HANAで利用されているユーザインターフェースです。ECCのように画面にボタンを多く配置するのではなく、ユーザの役割と業務フローを意識した、シンプルで直観的な画面になっているのが特徴です。そのため、SAPを初めて利用する人でも、操作方法が分かり易くなっています。

PCやスマホ、タブレットでも使用することができるので、場所や時間に制約されることなくシステムにアクセスすることができます。ワークフローの申請や承認、データ分析などに使えます。

◆IDoc（アイドック）

Intermediate Documentの略です。XMLファイルなどのような構造化されたファイルを利用して、ECCと連携することができるインターフェースです。ECCで用意されているメッセージ交換機能で送受信ができます。

また、不足している部分は、拡張することもできます。IDocには、発注伝票フォーマットや仕入先マスターフォーマットなど、さまざまなフォーマットが用意されて

います。そのため、要件によっては、ノンプログラミングでECCと連携可能ですし、不足分を拡張する場合でも開発工数を削減することができます。

◆Note（ノート）

SAP社が発行している、SAP標準機能の最新の情報のことです。標準機能の機能改善情報や不具合の解決方法などに関する文書が掲載されています。法制度の改正が行われた場合や、標準プログラムを使っている際に、動作や出力結果などに疑問を感じた場合、ノートが発行されていないかどうかを確認してみると良いでしょう。

ノートには、最新のリリース情報や関連する情報などが記載されているほか、機能改善などに必要な作業手順などが書かれています。

◆OSS（オーエスエス）

Online SAP Supportの略で、SAPに関する問い合わせを直接行うことができる、SAP社のオンラインヘルプデスクのことです。SAPシステム上のヘルプからサポートメッセージを登録して、技術的な問い合わせや障害が発生した場合の対応方法などについてサポートしてもらうことができます。過去の問い合わせ内容や、回答履歴を蓄積しており、発生した問題の解決方法の1つとして便利です。

このほか、ヘルプの中には、SAPを理解するためのライブラリや用語集なども用意されています。

◆Report Painter（レポートペインタ）

主に財務会計（FI）、管理会計（CO）で使用される、レポート作成を支援するツールです。どのテーブルのどのデータを表示するのか、集計対象として、どの項目を使用するのかを定義することができます。

例えば、貸借対照表（B/S）や損益計算書（P/L）のような勘定科目単位で集計するレポートを作ることができます。標準レイアウトと呼ばれる雛形のようなものを使用して、ページ幅や高さ、合計は上に表示するか下に表示するか、ゼロはゼロのまま表示するかブランクで表示するか、小数点以下の桁数などを定義できます。

◆SAP GUI（Graphical User Interface）

ECCのユーザインターフェースのことです。ECCを利用するには、ログインが必要です。初回のログインの場合には、パスワードを変更する必要があります。

ログインするとユーザ定義メニュー、SAPメニューが表示されます。ユーザ定義メニューに、ユーザ自身が良く使用するプログラムを登録しておくことができます。SAPメニューは、モジュール単位で用意されており、階層を掘り下げていき、目的の画面にアクセスすることができます。SAP GUIはWindows、Mac、UNIXにインストールすることができるので、使い慣れたOSでECCを使用することができます。

◆Spool（スプール）

帳票などの印刷データを一時的に格納しておく場所のことです。プリンタに直接印刷すると、印刷処理速度に合わせて処理することになり、処理効率が悪くなります。それを解決するために、処理結果をスプールファイルに書き込んでおき、処理と切り離して、スプールファイルから取り出して印刷するようにします。

スプールファイルには、スプール番号と呼ばれる重複しない10桁のIDや登録日付、登録者、ページ数、ステータス、表題が保存されます。これを選択して紙やPDFに印刷します。

◆Variant（バリアント）

同じ条件で実行することが多いプログラムに対して、条件の入力値をあらかじめ登録できる機能です。

バリアントを登録しておくことにより、プログラムの実行時に、いちいち条件を入力する必要がなくなり、条件指定が楽になります。入力値の登録だけでなく、項目を非表示にしたり、入力不可にすることもできるので、入力ミスの防止にも役立ちます。

バリアントは、設定のやり方によっては、クライアント非依存（クライアント共通）として登録することもできますが、基本的には、クライアント単位で作成します。バリアントの登録方法ですが、プログラムの実行画面で一通り条件を入力した後に、バリアント名を入力し、保存ボタンを押して登録します。

巻末資料③
SAPでよく使用する テーブル一覧

SAPでよく使用する組織関連、得意先/仕入先、FIモジュール、COモジュール、ロジモジュールのテーブルについてまとめます。

▶▶ 組織関連

組織関連でよく使用するテーブルは、次の通りです。

テーブル	説明
T001	会社コードマスター
TGSB	事業領域
TKA01	管理領域
T024E	購買組織
TVKO	組織単位：販売組織
TVTW	組織単位：流通チャネル
TSPA	組織単位：販売部門

▶▶ 得意先/仕入先

得意先/仕入先でよく使用するテーブルは、次の通りです。

テーブル	説明
KNA1	得意先マスター / 一般レベル
KNB1	得意先マスター / 会社コードレベル
KNBK	得意先マスター / 銀行口座
LFA1	仕入先マスター / 一般レベル情報
LFB1	仕入先マスター / 会社コードレベル情報
LFBK	仕入先マスター / 銀行口座

▶▶ FI（財務会計）モジュール

◆マスター系

FI（財務会計）モジュールのマスター系でよく使用するテーブルは、次の通りです。

テーブル	説明
ANLA	資産マスター
BNKA	銀行マスター
SKA1	勘定科目マスター（勘定コード表レベル）
SKB1	勘定科目マスター（会社コードレベル）

◆伝票系

伝票系でよく使用するテーブルは、次の通りです。

テーブル	説明
BKPF	会計伝票ヘッダ
BSEG	会計伝票明細
ACDOCA	統合仕訳帳（S/4 HANA）
ACDOCP	統合計画データ（S/4 HANA）
FAGLFLEXT	総勘定元帳：実績合計
FAGLFLEXP	総勘定元帳：計画明細
BSIS	総勘定元帳未決済明細
BSAS	総勘定元帳決済明細
BSID	得意先未決済明細情報
BSAD	得意先決済明細情報
BSIK	仕入先未決済明細情報
BSAK	仕入先決済明細情報

巻末資料

377

▶▶ CO（管理会計）モジュール

◆マスター系

CO（管理会計）のマスター系でよく使用するテーブルは、次の通りです。

テーブル	説明
CSKS	原価センタマスター
CEPC	利益センタマスター
PROJ	プロジェクト
PRPS	WBS

◆伝票系

管理会計（CO）の伝票系でよく使用するテーブルは、次の通りです。

テーブル	説明
COBK	CO伝票ヘッダ
COEP	CO伝票明細

▶▶ ロジモジュール

◆マスター系（MM、SD、PP）

ロジモジュールのMM（在庫/購買管理）、SD（販売管理）、PP（生産管理）の
マスター系でよく使用するテーブルは、次の通りです。

テーブル	説明
T001W	プラント/支店
T001L	保管場所
T024	購買グループ
MARA	一般品目データ
AUFK	指図マスターデータ
STKO	BOM ヘッダ
STPO	BOM 明細

◆伝票系（MM）

MMの伝票系でよく使用するテーブルは、次の通りです。

テーブル	説明
EKKO	購買伝票ヘッダ
EKPO	購買伝票明細
MKPF	入出庫伝票ヘッダ
MSEG	入出庫伝票明細
RBKP	請求伝票ヘッダ
RSEG	請求伝票明細

◆伝票系（SD）

SDの伝票系でよく使用するテーブルは、次の通りです。

テーブル	説明
VBAK	受注伝票ヘッダ
VBAP	受注伝票明細
LIKP	出荷伝票ヘッダ
LIPS	出荷伝票明細
VBRK	請求伝票ヘッダ情報
VBRP	請求伝票明細情報

◆伝票系（PP）

PPの伝票系でよく使用するテーブルは、次の通りです。

テーブル	説明
AFKO	PP指図の指図ヘッダ
AFPO	指図明細

巻末資料

あとがき

　前著の『図解入門 よくわかる最新 SAP&Dynamics 365』は、いろいろな立場の方のERPビジネスの悩みを共有することで、その悩みの解決方向を示すという視点で執筆した本でした。その後、その読者の方々から「SAPについてもっと知りたいけど、何から勉強したらいいのかわからない」といった声をお聞きし、その悩みに応えようと思ったのが本書の執筆のきっかけです。

　今回、現場でSAPコンサルタントやSE、ABAPプログラマとして活躍中の仲間に、それぞれ分担して執筆してもらっています。実際にSAPのプロジェクト現場で発生した事例などをもとに、SAPの機能やアーキテクチャなどを具体的に解説してもらいました。

　ERPシステムは、基幹業務の全体最適化を目指していますので、組織としてのチームワーク力がなければ実現することができません。ERPシステムの構築や再構築にかかわるすべての人たちが自身の役割を明確にし、与えられた仕事を確実にこなしていくことでERPシステムの導入目的が達成されることを願ってやみません。

　本書を読んでSAPビジネスに興味を持ち、SAPをはじめとするERPビジネスに携わる人々が今後、たくさん増えて行くことを願っています。そして、SAPのプロジェクトに参画され、仕事として自身が担当する場合のやり方や考え方のヒントになれば幸いです。

　今回の出版にあたって、現場でプロジェクトに入りながら時間を捻出して執筆していただいた皆さんに感謝しています。また、ご協力いただいた当社の社員、関係者のすべての皆さんに感謝いたします。

◆ 参考文献

『SAP R/3ビジネス・モデルテンプレート ERP導入のために』（Thomas Curran ほか著、木村誠翻訳、トッパン刊）

『SAP HANA入門』（SAP HANA on Power Systems出版チーム著、翔泳社刊）

『SEのためのERP入門』（増田裕一監修、ソフトリサーチセンター刊）

『SAP革命 財務会計から生産・販売・人事管理まであらゆる業務を変革する新しい情報技術』（ERP研究会著、日本能率協会マネジメントセンター刊）

『図解 ERP入門 情報革命児ERPが日本的経営を変える』（ERP研究会著、日本能率協会マネジメントセンター刊）

『図解 IT担当者のためのSAP ERP入門』（厂崎敬一郎著、秀和システム刊）

『図解入門 よくわかる最新Oracleデータベースの基本と仕組み [第4版]』（水田巴著、秀和システム刊）

◆ 参考 Web サイト

https://support.sap.com/ja.html

索引
INDEX

A

AA（固定資産管理）............ 30,32,36
ABAP 30,304,326,336
Add-on 28,29,228
Add-on オブジェクト 304
Add-on 開発 304,336
Add-on プログラム 47
ALV 372
AP（債務管理）................ 30,32,36
AR（債権管理）................ 30,32,36
Ariba Network 174
ATO 101

B

B/S 勘定 88
Background Processing 372
BAdI 332
BAPI 331
Basis 担当者 34,47,182
BI（経営分析）................... 18,159
BOM 100,215
BTO 100

C

CATT 30,171
Client 373
CO（管理会計）....... 30,32,39,55,80,205
CO（管理会計）のパラメータ 255
CO-ABC（活動基準原価計算）......... 56
CO-CCA（原価センタ会計）.......... 39
CO-CEL（原価要素会計）............ 39

CO-OM-CCA（原価センタ会計）.... 56,82
CO-OM-CEL（原価要素会計）...... 56,80
CO-OM-OPA（内部指図書会計）.... 56,83
CO-OPA（内部指図会計）............ 39
CO-PA（収益性分析）........... 39,56,89
CO-PC（製品原価管理）........ 39,56,102
CRM（顧客管理）............. 18,23,205
Crystal Reports 164
CS（得意先サービス）....... 30,32,99,123
Cube 162

D

Dashboards 164
DME データ 145
DWH 162
Dynpro 305

E

EC（経営管理）................ 30,32,205
eCATT 172
EC-PCA（利益センタ会計）...... 39,56,87
ERP 10,14
ERP システム 10,13
ERP のメリット・デメリット 14,16
ERP パッケージ 194
ERP ビジネステンプレート 195,198
ETL ツール 162
ETO 101
Explorer 164

382

F

FB データ ･･････････････････････ 37,65,234

FI (財務会計) ････････････････ 36,54,205

FI (財務会計) のパラメータ ･･･････････ 252

FI-AA (固定資産管理) ･･････････････ 55,72

FI-AP (債務管理) ･･････････････････ 55,63

FI-AR (債権管理) ･･････････････････ 55,67

FI-GL (総勘定元帳) ･････････････････ 55,57

FI-SL (特別目的元帳) ･･･････････････ 55,76

FSCM ･･･････････････････････････････ 78

G

GAAP ･････････････････････････････ 76

GBB ･････････････････････････････ 242

GDPR ････････････････････････････ 158

GL (総勘定元帳) ･･･････････････ 30,32,36

H

HCM/HR (人事管理) ････････････ 32,138,140

I

IDoc ･････････････････････････････ 373

IFRS ･････････････････････････････ 74,76

IM (設備予算管理) ･･･････････････ 30,32,91

IoT ･･････････････････････････････････ 22

ISMS 審査員 ･･･････････････････････ 45

IT 基盤 ･････････････････････････ 29,48

L

LE (物流管理) ･･････････････ 30,32,98,117

LE-TRM (輸送管理) ･････････････････ 117

LE-WMS (倉庫管理システム) ･･･････ 118

LiveOffice ･･･････････････････････ 164

LSMW ･･･････････････････････ 30,169

Lumira ･･････････････････････････ 164

M

Microsoft Dynamics365 ･･･････････ 20

MM (在庫 / 購買管理) ･･･ 30,32,98,104,205

MM (在庫 / 購買管理) のパラメータ ･･･ 256

MRP ･･････････････････････････ 102,215

MTO ･･･････････････････････････････ 100

MTS ･･･････････････････････････････ 100

N

Note ･･････････････････････････････ 374

O

OLAP ･･････････････････････････････ 163

OLTP ･･････････････････････････････ 163

Oracle ERP Cloud ･･･････････････････ 20

OSS ･･･････････････････････････････ 374

P

PasS ･･･････････････････････････････ 18

Payroll (給与管理) ･･････････････ 145,206

PDCA ･････････････････････････････ 13

Personnel Management (人材管理) ･･･ 141

PM (プラント保全) ･･････････････ 30,32

PP (生産管理) ･･･････････ 30,32,98,100,203

PS (プロジェクト管理) ････ 30,32,127,204

PS (プロジェクトシステム) ･･･････････ 99

Q

QM (品質管理) ･･･････････ 30,32,98,121

R

Report Painter ･･･････････････････ 374

383

RF ···················· 17	SE/PG ···················· 33,34
RPA ···················· 22	SIer ···················· 182,183,184
	SL（特別目的元帳）············ 30,32,36
S	SoH ···················· 17
	Spool ···················· 375
SaaS ···················· 18	
SAP Analytics Cloud ············ 165	**T**
SAP Ariba···················· 18,174	
SAP BO ···················· 164	Time Management
SAP Business ByDesign········· 18,197	（従業員勤怠管理）·················· 143
SAP Business One··············· 18	To-Be ···················· 14,20,28,183
SAP BW ···················· 162	TR（財務／資金管理）··········· 30,32,78
SAP BW/4 HANA ················ 163	Training and Event Management
SAP C/4 HANA ············· 158,178	（セミナー管理）·················· 148
SAP Cloud Platform ············· 18	Tr-cd ···················· 64,233
SAP Concur···················· 18,177	TR-CM（財務／資金管理）············ 55
SAP Credit Management ········· 114	
SAP CRM ················· 18,23,152	**U**
SAP ECC···················· 17	User Exit···················· 304
SAP Fieldglass ············· 18,140,175	
SAP Fiori···················· 18,373	**V**
SAP GUI ···················· 375	Variant ···················· 375
SAP HANA ··········· 18,290,292,299	
SAP HANA VIEW·················· 165	**W**
SAP Hybris ················· 18,158,178	WBS 要素 ·················· 92,127,130
SAP Match Insights················ 18	Web Intelligence················· 164
SAP R/2・R/3 ···················· 17	WM（倉庫管理）··············· 30,32,98
SAP S/4 HANA ···················· 17	
SAP SuccessFactors········ 18,140,176	**あ行**
SAP クエリ ···················· 167	預り金···················· 64
SAP 社 ···················· 17	値の代入（ABAP）·················· 342
SAP の種類 ···················· 17	按分···················· 85
SAP プロジェクト ···················· 33	移行担当···················· 33
SD（販売管理）········· 30,32,98,110,205	移送···················· 48,285
SD（販売管理）のパラメータ·········· 256	移動タイプ···················· 108

インクルードプログラム・・・・・・・・・・・・312
インフォセット・・・・・・・・・・・・・・・・・169
インフラ構築担当・・・・・・・・・・・・・・・・33
インメモリーデータベース・・・・・・・18,290
売掛金・・・・・・・・・・・・・・・・・・・・・・・・37
運賃伝票・・・・・・・・・・・・・・・・・・・・・118
運用・維持担当・・・・・・・・・・・・・・・・・33
演算（ABAP）・・・・・・・・・・・・・・・・・343
オンプレミス・・・・・・・・・・・・・・・・・20,29

か行

買掛金・・・・・・・・・・・・・・・・・・・・・37,64
外貨評価・・・・・・・・・・・・・・・・・・・・・・61
会計監査人・・・・・・・・・・・・・・・・・・・・45
会計期間・・・・・・・・・・・・・・・・・・・・・・61
会計系モジュール・・・・・・・・・・・・・・・30
会計原則・・・・・・・・・・・・・・・・・・・・・・76
会計伝票タイプ・・・・・・・・・・・・・・・・・52
会計伝票登録・・・・・・・・・・・・・・・・・・59
会計伝票番号範囲・・・・・・・・・・・・・・・52
会計年度バリアント・・・・・・・・・・・・・・52
会社コード・・・・・・・・・・・・・・51,61,212
開発機・・・・・・・・・・・・・・・・・・・48,285
開発規約・・・・・・・・・・・・・・・・・・・・318
カスタマイズ・・・・・・・・・・・・・・・50,248
画面出力関連の命令（ABAP）・・・・・・・360
カラムストア・・・・・・・・・・・・・・290,292
為替レートマスター・・・・・・・・・・・・・271
環境構築・・・・・・・・・・・・・・・・・・・・・47
監査人・・・・・・・・・・・・・・・・・・・・・・44
監査人用メニュー・・・・・・・・・・・・・・・45
勘定科目・・・・・・・・・・・・・・・・・・・・・64
勘定科目マスター・・・・・・・・・・・・・・269
勘定残高テーブル・・・・・・・・・・・・・・・76

勘定シンボル・・・・・・・・・・・・・・・・・234
勘定ベース・・・・・・・・・・・・・・・・・・・90
管理会計・・・・・・・30,32,39,55,80,205,255
管理領域・・・・・・・・・・・・・・・・・・51,212
キーマン・・・・・・・・・・・・・・・・・・・・・16
基幹業務・・・・・・・・・・・・・・・・・・26,28
基幹業務システム・・・・・・・・・・・・・・・20
基本設計書・・・・・・・・・・・・・・・・・・319
ギャップ機能・・・・・・・・・・・・・・・・・・29
給与管理・・・・・・・・・・・・・・・・・145,206
供給元マスター・・・・・・・・・・・・・・・105
業務効率化・・・・・・・・・・・・・・・・・・・10
銀行マスター・・・・・・・・・・・・・・・・・271
勤怠管理・・・・・・・・・・・・・・・・・・・143
クエリ・・・・・・・・・・・・・・・・・・・・・・30
国コード・・・・・・・・・・・・・・・・・・・・50
国情報・・・・・・・・・・・・・・・・・・・・・・50
クライアント・・・・・・・・・・・・・・・・・373
クライアント依存／非依存・・・・・・・・・50
クラウド・・・・・・・・・・・・・・・・・・20,29
繰り返し受注生産方式・・・・・・・・・・・100
繰返伝票・・・・・・・・・・・・・・・・・・・・61
クロスアプリケーション・・・・・・・・・・・30
経営管理・・・・・・・・・・・・30,32,44,205
経営分析・・・・・・・・・・・・・・30,32,159
計画外業務サービス・・・・・・・・・・・・125
計画業務サービス・・・・・・・・・・・・・・124
計画バージョン・・・・・・・・・・・・・・・・83
消込・・・・・・・・・・・・・・・・・・・・・・・10
月次処理・・・・・・・・・・・・・・・・・・58,61
原価管理・・・・・・・・・・・・・・・・・・・129
原価計算表・・・・・・・・・・・・・・・・・・102
減価償却・・・・・・・・・・・・・・・・・・72,74
原価センタ・・・・・・・・・・・・・・・・40,82

原価センタ会計・・・・・・・・・・・・・・・・・ 39,82
原価センタグループ・・・・・・・・・・・・・・ 82
原価ベース・・・・・・・・・・・・・・・・・・・・・ 90
原価要素・・・・・・・・・・・・・・・40,80,81,86
原価要素会計・・・・・・・・・・・・・・・・・・ 39,80
権限設定・・・・・・・・・・・・・・・・・・・・・・ 277
権限設定担当・・・・・・・・・・・・・・・・・・・ 33
検証機・・・・・・・・・・・・・・・・・・・・・ 48,285
現状分析・・・・・・・・・・・・・・・・・・・・・・ 186
構造定義（ABAP）・・・・・・・・・・・・・・・ 337
購買依頼伝票・・・・・・・・・・・・・・・・・・・ 106
購買管理・・・・・・・・・・・・・・・・・・・・・・・ 42
購買発注伝票・・・・・・・・・・・・・・・・・・・ 106
購買プロセス・・・・・・・・・・・・・・・・・・・・ 43
顧客管理・・・・・・・・・ 18,23,30,32,152,205
国際会計基準・・・・・・・・・・・・・・・・・・・ 76
固定資産・・・・・・・・・・・・・・・・・・・・・ 36,37
固定資産管理・・・・・・・・・・・・・・・ 30,32,72
個別開発・・・・・・・・・・・・・・・・・・・・・・ 194
個別受注生産方式・・・・・・・・・・・・・・・ 101

■ さ行

サービス・・・・・・・・・・・・・・・・・・・ 153,157
債権管理・・・・・・・・・・・・・・・ 30,32,36,37,67
債権計上・・・・・・・・・・・・・・・・・・・・・・・ 68
在庫／購買管理
・・・・・・・・・・・・・・ 30,32,42,98,104,205,256
在庫払出・・・・・・・・・・・・・・・・・・・・・・・ 55
在庫評価・・・・・・・・・・・・・・・・・・・・・・ 109
在庫プロセス・・・・・・・・・・・・・・・・・・・・ 43
サイジング・・・・・・・・・・・・・・・・・・・・・・ 48
財務／資金管理・・・・・・・・・・・・・・ 30,32,78
財務会計・・・・・・・・・・・・・・・ 36,54,205,252
債務管理・・・・・・・・・・・・・・ 30,32,36,37,63

債務計上・・・・・・・・・・・・・・・・・・・・・・・ 64
採用管理・・・・・・・・・・・・・・・・・・・・・・ 141
作業区・・・・・・・・・・・・・・・・・・・・・・・・ 102
作業手順・・・・・・・・・・・・・・・・・・・・・・ 102
サブルーチン（ABAP）・・・・・・・・・・・・・ 367
仕入先マスター・・・・・・・・・・・・・・ 105,267
事業領域・・・・・・・・・・・・・・・・ 51,62,212
資金管理ポジション・・・・・・・・・・・・・・・ 79
資材所要量計画・・・・・・・・・・・・・・・・・ 102
資産クラス・・・・・・・・・・・・・・・・・・・・・・ 72
資産グループ・・・・・・・・・・・・・・・・・・・・ 72
システム監査人・・・・・・・・・・・・・・・・・・ 45
システム切替・・・・・・・・・・・・・・・・・・・ 190
システムの監視・・・・・・・・・・・・・・・・・・ 15
システム変数（ABAP）・・・・・・・・・・・・・ 342
実績計上・・・・・・・・・・・・・・・・・・・・・・・ 84
実地棚卸処理・・・・・・・・・・・・・・・・・・・ 108
シップメント伝票・・・・・・・・・・・・・・・・・ 118
自動支払処理・・・・・・・・・・・・・・・・・・・ 66
自動仕訳・・・・・・ 232,236,238,241,243,245
自動仕訳機能・・・・・・・・・・・・・・・・・・・ 108
支払条件マスター・・・・・・・・・・・・・・・・ 272
支払承認・・・・・・・・・・・・・・・・・・・・・・・ 65
支払手形・・・・・・・・・・・・・・・・・・・・・・・ 64
支払保留フラグ・・・・・・・・・・・・・・・・・・ 66
事務局・・・・・・・・・・・・・・・・・・・・・・・・・ 33
収益管理・・・・・・・・・・・・・・・・・・・・・・ 129
収益性セグメント・・・・・・・・・・・・・・・ 41,89
収益性分析・・・・・・・・・・・・・・・・・・・ 39,89
周期・・・・・・・・・・・・・・・・・・・・・・・・・・・ 86
出荷管理・・・・・・・・・・・・・・・・・・・・・・ 113
従業員勤怠管理・・・・・・・・・・・・・・・・・ 143
受注管理・・・・・・・・・・・・・・・・・・・・・・ 113
受注組立生産方式・・・・・・・・・・・・・・・ 101

受注生産	97,100	全体最適化	15
種類別増減明細	75	選択画面の定義（ABAP）	339
償却資産税申告	75	総勘定元帳	30,32,36,37,57
償却領域	74	倉庫移動伝票	120
条件分岐（ABAP）	344	倉庫管理	30,32,98
詳細設計書	321	倉庫管理システム	118
消費税コード	52	組織構造	51,263
情報系	23	組織コード	104,264
情報セキュリティ監査人	45	組織変更	15
初期設定	259		
所要量計算	215		

た行

仕訳	26	貸借対照表調整	61
人材開発	141	代替統制勘定	65
人事管理	32,138	タイムゾーン	50
人事系モジュール	30	多次元分析	162
数量単位	50	タスク	186,207
スコープ	263	ダッシュボード	162
スリーランドスケープ	48,285	棚番	119
セールス	153,156	タレントマネジメント	141
請求管理	114	単一項目（ABAP）	337
請求書照合	107	直課	219
請求書発行	68	通貨コード	50
税コード	50	付替	85
生産管理	30,32,42,100,203	定数定義（ABAP）	338
生産計画	98,102	データ移行	190
生産プロセス	43	データエレメント	316,317
制度会計	54	データベーステーブル使用命令	
製品原価管理	39,102	（ABAP）	350
税率	50	データマイニング	162
セグメント	62	テーブル	316,331
設備マスター	154	テスト仕様書	323
設備予算管理	30,32,91	テスト担当	33
セミナー管理	148	デバッグ	317
全銀協フォーマット	71,145	転記伝票	58

索引

統計キー数値・・・・・・・・・・・・・・・・・・・・・ 40	
統計転記・・・・・・・・・・・・・・・・・・・・・・・・ 84	
投資管理・・・・・・・・・・・・・・・・・・・・・・・・ 129	
統制勘定・・・・・・・・・・・・・・・・・・・・・・・・ 64	
導入コンサルタント・・・・・・・・・・・・・・ 33,34	
導入モジュール・・・・・・・・・・・・・・・・・・ 203	
ドキュメント・・・・・・・・・・・・・・・・・・・・ 319	
得意先サービス・・・・・・・・・・ 30,32,99,123	
特殊仕訳・・・・・・・・・・・・・・・・・・・・・・・・ 65	
特性・・・・・・・・・・・・・・・・・・・・・・・・・・・ 89	
特別目的元帳・・・・・・・・・・・・・ 30,32,36,76	
ドメイン・・・・・・・・・・・・・・・・・・・・ 316,317	
トランザクションコード・・・・・・ 58,273,333	
トレーナー・・・・・・・・・・・・・・・・・・・ 33,190	

な行

内部監査人・・・・・・・・・・・・・・・・・・・・・・ 45
内部指図・・・・・・・・・・・・・・・・・・・・・・・・ 40
内部指図会計・・・・・・・・・・・・・・・・・・・・ 39
内部指図書・・・・・・・・・・・・・・・・・・・・・・ 83
内部指図書会計・・・・・・・・・・・・・・・・・・ 83
内部処理キー・・・・・・・・・・・・・・・・・・・ 242
内部テーブル使用命令（ABAP）・・・・・・・346
内部テーブル定義（ABAP）・・・・・・・・・・ 338
内部統制・・・・・・・・・・・・・・・・・・・・ 15,44
日次処理・・・・・・・・・・・・・・・・・・・・・・・・ 58
日数別単位・・・・・・・・・・・・・・・・・・・・・・ 79
入金消込・・・・・・・・・・・・・・・・・・・・・・・・ 69
入出庫伝票・・・・・・・・・・・・・・・・・・ 107,108
ネットワーク活動・・・・・・・・・・・・・・ 127,130
ネットワークヘッダ・・・・・・・・・・・・・・・・ 130
年次処理・・・・・・・・・・・・・・・・・・・・・ 58,62

は行

配賦・・・・・・・・・・・・・・・・・・・・・・・・ 40,85
配賦処理・・・・・・・・・・・・・・・・・・・・・・・・ 86
バックアップ・・・・・・・・・・・・・・・・・・・・・ 48
バックグラウンド処理・・・・・・・・・・・・・・373
バックフラッシュ機能・・・・・・・・・ 102,215
パフォーマンスチューニング・・・・・・・・・ 48
パラメータ設定・・・・・・・・・・・・・・・ 50,248
パラレル元帳・・・・・・・・・・・・・・・・・・・・ 37
販売エリア・・・・・・・・・・・・・・・・・・・・・ 111
販売管理・・・・・・・ 30,32,43,98,110,205,256
販売サポート機能・・・・・・・・・・・・・・・・ 116
販売情報システム・・・・・・・・・・・・・・・・ 116
販売組織・・・・・・・・・・・・・・・・・・・・・・・ 111
販売プロセス・・・・・・・・・・・・・・・・・・・・ 43
汎用モジュール・・・・・・・・・・・・・・・・・・ 313
ビジネスシナリオ・・・・・・・・・・・・・・・・・ 18
ビジネスパートナーマスター・・・・・・・・154
ビッグデータ・・・・・・・・・・・・・・・・・・・・ 22
標準プログラム・・・・・・・・・・・・・・・・・・ 29
品質管理・・・・・・・・・・・・・・・ 30,32,98,121
品目マスター・・・・・・・・・・・・・ 14,105,270
ファイル処理（ABAP）・・・・・・・・・・・・・ 362
フォーミュラ・・・・・・・・・・・・・・・・・・・・ 100
物流管理・・・・・・・・・・・・・・・・30,32,98,117
部品表・・・・・・・・・・・・・・・・・・・・ 102,215
プラント・・・・・・・・・・・・・・・・・・・ 51,212
プラント保全・・・・・・・・・・・・・・・・・・ 30,32
振替伝票・・・・・・・・・・・・・・・・・・・・・・・・ 58
振替バリアント・・・・・・・・・・・・・・・・・・・ 73
プロジェクト・・・・・・・・・・・・・・・・ 127,130
プロジェクトオーナー・・・・・・・・ 33,34,182
プロジェクト管理・・・・・・・・・30,32,127,204
プロジェクトシステム・・・・・・・・・・・・・・ 99

索引

プロジェクト体制・・・・・・・・・・・・・・・・・ 182
プロジェクトマネージャー・・・・・ 33,34,182
プロジェクトリーダー・・・・・・・・・・・・ 33,34
プロセス・・・・・・・・・・・・・・・・・・・・・・・・ 26
プロトタイプ環境・・・・・・・・・ 196,198,210
分析系モジュール・・・・・・・・・・・・・・・・ 30
別表 16 ・・・・・・・・・・・・・・・・・・・・・・・ 75
ヘルプデスク・・・・・・・・・・・・・・・・・ 33,211
ベンダー管理システム・・・・・・・・・・・・・ 175
補助簿・・・・・・・・・・・・・・・・・・・・・・・・・・ 64
本番機・・・・・・・・・・・・・・・・・・・・・・ 48,285

ま行

マーケティング・・・・・・・・・・・・・・・ 153,156
マイルストーン・・・・・・・・・・・・・・・ 186,207
前払金・・・・・・・・・・・・・・・・・・・・・・・・・・ 64
マスター・・・・・・・・・・・・・・・ 10,104,266
マスターレシピ・・・・・・・・・・・・・・・・・・ 102
マニュアル作成・・・・・・・・・・・・・・・・・・・ 33
マルチテナント・・・・・・・・・・・・・・・・・・ 153
見越 / 繰延転記・・・・・・・・・・・・・・・・・・ 61
見込生産・・・・・・・・・・・・・・・・・・・27,96,100
見積伝票・・・・・・・・・・・・・・・・・・・・・・・ 106
未転記伝票・・・・・・・・・・・・・・・・ 58,59,60
未払金・・・・・・・・・・・・・・・・・・・・・・・・・・ 64
名称コード・・・・・・・・・・・・・・・・・・・・・・ 72
命名規約・・・・・・・・・・・・・・・・・・・・・・・ 318
メッセージ(ABAP) ・・・・・・・・・・・・・・・369
メニュー・・・・・・・・・・・・・・・・・・・・・・・ 273
メニュー作成担当・・・・・・・・・・・・・・・・・ 33
モジュール・・・・・・・・・・・・・・・・・・・・・・ 30
文字列操作の命令(ABAP) ・・・・・・・・・・354
モディファイ・・・・・・・・・・・・・・・・・29,228
元帳・・・・・・・・・・・・・・・・・・・・・・・・・・・ 57

や行

ユーザプロファイル・・・・・・・・・・・・・・・ 259
誘導・・・・・・・・・・・・・・・・・・・・・・・・・・・ 90
輸送管理・・・・・・・・・・・・・・・・・・・・・・・ 117
ユニバース・・・・・・・・・・・・・・・・・・・・・ 164
要件定義・・・・・・・・・・・・・・・・・・・・・・・ 188
要件定義書・・・・・・・・・・・・・・・・・・・・・ 319
与信管理・・・・・・・・・・・・・・・・・・・・・・・ 114

ら行

ランドスケープ・・・・・・・・・・・・・・・・・・ 48
利益センタ・・・・・・・・・・・・・・・・・ 41,62,87
利益センタ会計・・・・・・・・・・・・・・・・ 39,87
利益センタグループ・・・・・・・・・・・・・・・ 87
流動資産 / 負債・・・・・・・・・・・・・・・・・・ 57
流動性予測・・・・・・・・・・・・・・・・・・・・・ 79
流通チャネル・・・・・・・・・・・・・・・・・・・ 111
ループ処理命令(ABAP) ・・・・・・・・・・・357
レポートプログラム・・・・・・・・・・・・・・・ 304
レポートペインタ・・・・・・・・・・・・・・・77,374
ログの監視・・・・・・・・・・・・・・・・・・・・・ 48
ロジ系モジュール・・・・・・・・・・・・・・・・ 30
ロジスティクス・・・・・・・・・・・・・・・・・・ 42
ロジスティクスモジュール・・・・・・・・・・・ 96

わ行

ワークフロー・・・・・・・・・・・・・・・・・・ 60,282

索
引

著者

村上　均(むらかみ　ひとし)

1950年生まれ、岩手県立久慈高等学校卒業、中央大学商学部卒業。会計事務所のコンピュータ部門でプログラミング、システム開発等のSEを経験、その後、SIerに移籍し、SAPのFI(財務会計)/CO(管理会計)/PS(プロジェクト)の導入コンサルタントとなる。大原簿記学校非常勤講師、中小企業大学東京校非常勤講師なども経験。現在は、アレグス(株)代表取締役。SAP FI/CO認定コンサルタント、Dynamics365認定コンサルタントのほか、中小企業診断士、公認システム監査人などの資格を持つ。

著書：

『第一種・高度情報処理用語辞典』(共著、経林書房刊)

『図解入門 よくわかる最新SAP & Dynamics 365』(秀和システム刊)

所属団体等：

日本システム監査人協会正会員

公益財団法人 さいたま市産業創造財団専門家

派遣事業専門家登録

著者の連絡先：

murakami.hitoshi@live.jp

監修者

池上 裕司（いけがみ　ゆうじ）

1951年生まれ。東北大学・理学部化学科卒業。国際基督教大学大学院・行政学研究科卒業。外資系企業の幅広い部門で実務とプロジェクトに関わった後、SIerに転じ、SAPのSD（販売管理）コンサルタントとして、様々な会社のSAP導入プロジェクトに参画。その過程で多くのビジネスパーソンが職場や家庭で直面する問題や苦しさを自身で体験し、乗り越えてきた経験を元に、多くの人の心理相談にも応じてきた。その後、川崎市内の心療内科等にて、約500人、5000時間の幅広い分野のカウンセリングを行ってきた。カウンセラーとしては極めて珍しい、「ITコンサルタント出身の心理カウンセラー」であり、図解を使ったカウンセリングを得意とする。上級心理カウンセラー（JADP）、SAP SD認定コンサルタント、PMP。現在は、アレグス（株）取締役および、whitebox（総合輸出入ツールmaru9の開発、https://www.maru9.biz）顧問。

著書：

『クライエントの気付き・納得感が上がる　心理カウンセラーのための図解の技術』（秀和システム刊）

『図解入門　よくわかる最新SAP＆Dynamics 365』（監修、村上均著、秀和システム刊）

執筆協力

渡部 力（株式会社ライフォース）

倉持 洋一（株式会社3CA）

久米 正通（アレグス株式会社）

岡本 一城

久本 麻美子

黒子 佳之

渡真利 潤

村上 正美

黒瀬 有美

図解入門 よくわかる
最新 SAPの導入と運用

| 発行日 | 2018年 12月25日 | 第1版第1刷 |

著　者　村上　均
監修者　池上　裕司

発行者　斉藤　和邦
発行所　株式会社　秀和システム
　　　　〒104-0045
　　　　東京都中央区築地2丁目1-17　陽光築地ビル4階
　　　　Tel 03-6264-3105（販売）　Fax 03-6264-3094
印刷所　三松堂印刷株式会社　　　Printed in Japan
ISBN978-4-7980-5550-3 C3055

定価はカバーに表示してあります。
乱丁本・落丁本はお取りかえいたします。
本書に関するご質問については、ご質問の内容と住所、氏名、電話番号を明記のうえ、当社編集部宛FAXまたは書面にてお送りください。お電話によるご質問は受け付けておりませんのであらかじめご了承ください。